未来を考えるための

科学史・技術史入門

For Choosing a Better Way
at the Crossroads of Society

河村　豊・小長谷大介・山崎文徳【編著】

但馬　亨　中澤　聡
和田正法　水沢　光
佐野正博　永島　昂
由井秀樹　【著】

北樹出版

はじめに

本書は、高等専門学校、大学（理系・文系）等における、科学史、技術史、イノベーション史科目の教科書、補助教材として編集されました。

科学や技術が社会にもたらす影響力の大きさを考えると、これらを分析するツールとしての科学史、技術史の知識は、現在の社会を考えるためだけでなく、未来の社会を展望するためにも不可欠となりつつあります。その一方で、科学史や技術史に関するこれまでの教科書は、現代や未来を考えるための材料を充分には提供してこなかったように思えます。それは、科学史、技術史が、単に過去を分析する手段に終わり、そこでは未来を考えるための手段が示されてこなかったからです。

本書は、対象となる時代に、人類起源にはじまりながら現代を積極的に扱ったこと、地域では、欧米を中心にしながらも日本も含めたこと、分野では、人類の自然認識の変化を扱う科学史と、人類の生産活動の変化を扱う技術史との2つの分野を両者の結びつきがわかるようにしてあります。科学史については、科学を探究した知識人や科学者たちの視点と、科学をサポートした権力者などの視点を加え、科学の理論史と科学の社会史とのバランスをとるようにしてあります。技術史については、生産活動における労働手段という側面と、生産力を破壊する武器という側面を加え、民生技術史と軍事技術史を関係づけながら描くように工夫しました。また、科学と技術との結びつきについては、技術開発のための科学という「産業化科学」、および、科学を応用した技術という「科学依存型技術」（科学技術と省略して表現する場合もある）を描くことで、科学史、技術史とは別に科学技術史も加えました。

歴史学の方法としては、発見や発明の才能をもった人びとを描くことで終わらせないこと（天才論の克服）、また現代の常識に引きずられて過去の出来事を描くことがないように、当時の文脈を大切にして描くこと（後知恵の誤謬からの回避）などにも、注意をはらっています。

以上のような特徴をもつこのテキストを有効に利用していただき、未来にむけた科学・技術のあり方を考えるきっかけとしていただければ、幸いです。

著 者 一 同

目　次

第1章 科学・技術について考える現代的な意味

【概要】 物理学、化学、生物学などの「科学」、また機械、電力、情報などの「技術」は、私たちの社会を支える重要な要素である。それと同時に、利用法を間違うと、深刻で危険な問題を生み出してしまう可能性もある。未来を生きていく私たちにとって、科学や技術がもつ特徴を理解することは、長所を活用し、短所を小さくするために必要不可欠なことである。本章では、現代社会に現れている科学・技術と政治・経済などの問題を意識すること、また、科学と技術との両者の関連性に注目すること、さらに分析手法として、科学史と技術史とを関連づけながら学ぶことについて、解説する。

1 科学と技術をどのようにイメージしているか？

私たちの日常生活を振り返ると、最新の科学を応用した技術に取り巻かれていることがわかる。誰もが手放せなくなったスマートフォンには、セシウム原子の動きに支えられた時計機能、GPS衛星を利用したマップ機能、マイクロ波や光ファイバーを経由したインターネットや暗号機能を駆使した電子決済機能など、簡単には動作原理がわかりそうにない最新技術が用いられている。さらに、住宅・交通・通信など、社会を支える基盤設備にも、多くの科学応用の技術が利用されている。一方で、こうした科学・技術は、いつも私たちに楽しさや幸せだけをもたらすわけではない。スマートフォンを利用することで、その利用者の個人情報が悪意のある人に盗まれる危険、人びとの行動を過剰に監視する社会を生み出す危険もある。またスマートフォンを構成する電子機器には、途上国の劣悪な労働環境で入手された希少資源が使われてきたことや、不用意に廃棄されることで環境にダメージを与えていることも知られている。さらに、スマートフォンに使われている技術を利用することで、危険な殺人兵器も生み出されている。

このように科学や技術は、身近な知識や装置という形を通して、私たちの重要なパートナーとなる一方で、危険なパートナーに変身する可能性も無視できない。私たちが、これからも長く科学や技術を利用するという選択肢をとるのなら、科学や技術と上手におつき合いするための作法を学ぶことは、避けては通れないだろう。

科学のイメージ

まず、「科学」の特徴を、相反する言葉を用いて考えてみよう。①科学は、真理の探究（純粋研究）が目的である、いや利潤の追求（応用研究）が目的である。②科学は、大学で研究されている、いや企業で研究されている。③科学研究には、自由な環境が必要、いや管理された環境が必要である。④科学は、連続的に発展するもの、いや飛躍的に発展するもの。⑤科学は、人類に幸福をもたらしてきた、いや人類に不幸をもたらしてきた。

以上の５つの質問にあなたはどのように答えるだろうか。どちらともいえないという質問もあったかもしれない。自分の興味や関心から、真理探究に励む科学者もいるだろうし、企業の利潤追求のために、与えられた研究課題を、管理されながら探究する科学者もいるだろう。また、科学には「科学革命」という飛躍が存在しただろうが、時間をかけて少しずつ発展してきた事例もありそうだ。科学は人類の幸福に役立って欲しいが、人権を蹂躙するような環境破壊や殺戮兵器の開発にかかわってきた科学も指摘できる。このように、科学はこれまでの人類の進歩のなかで、多様な機能を果たしてきたことが垣間見えてくる。本書では、科学史を主に扱う章（3章、4章、5章、7章、8章、10章、17章）を通して、この複雑な個性をもっている「科学」を理解していく。

技術のイメージ

「技術」についても同様に考えてみよう。①技術とは、人間がもつ知恵である、いや人間がつくった装置である。②技術は、理論的活動である、いや実践的活動である。③技術は、芸術活動に近い、いや経済活動に近い。④技術は、大学で生み出されている、いや企業で生み出されている。⑤技術は、安全なものである、いや危険なものである。

この５つの質問にあなたはどう答えるだろうか。技術という言葉を、人間が生きるための活動から手に入れたわざや知識が集まった「方法」という意味で使っている人もいれば、人間がわざや知識を用いて作り出した道具や機械などの「手段」という意味だと思っている人もいる。一方で、芸術作品や工芸品を技術の本質であると考えることもできるし、生きるための生産活動に使う道具類を技術の本質であると考えることもできる。技術という言葉は、科学と同様に、多様に使われていることも見えてくる。本書では、技術史を主に扱う章（2章、6章、11章、12章、14章、16章、18章）を通して、「技術」の実態を理解していく。

さらに複雑なことがある。科学と技術は、もともとは別ものとして扱われてきたが、19世紀ごろになると、科学は、応用を目的にしない「純粋研究」あるいは「アカデミック科学（Academic Science）」と、応用を目的とした「基礎研究」あるいは「産業化科学」（Industrialization Science）とに分かれ、一方、技術は、職人によって支えられた「経験的知識に基づく技術」と、自然科学の知識を応用した「科学的知識に基づく技術」あるいは「科学依存型技術」（Science based Technology）とに分かれてきた。このように、「科学」は新産業を生み出すための知的源泉という役割をもち、また、「技術」は、科学的知識に強く依存した発明行為であるように考えられてきた。つまりは、科学と技術とを明確に区別することが難しくなってきているのである。したがって今日では、科学および技術の相互の関連性にも、目をむける必要が出てきている。本書では、科学技術史を主に扱う章（1章、9章、13章、15章、19章、20章）を通して、こうした「科学」と「技術」とが融合した姿を理解していく。

2　社会と科学・技術を結びつける科学技術政策

科学・技術の支援者

次に、科学や技術、そして科学技術が、その時代の権力者や国家と、どのような関係をもってきたかなど、宗教・政治、哲学・思想、経済・社会、産業・芸術との関連性について考えてみたい（図1-1）。

科学や技術を発展させる上で、その時代の権力者や国家は、資金や課題を提供する支援者として機能してきた。たとえば、古代社会では王朝の権力者は、天文学、医学、算術の発展に貢献した。中世社会では宗教界の人びとや封建領

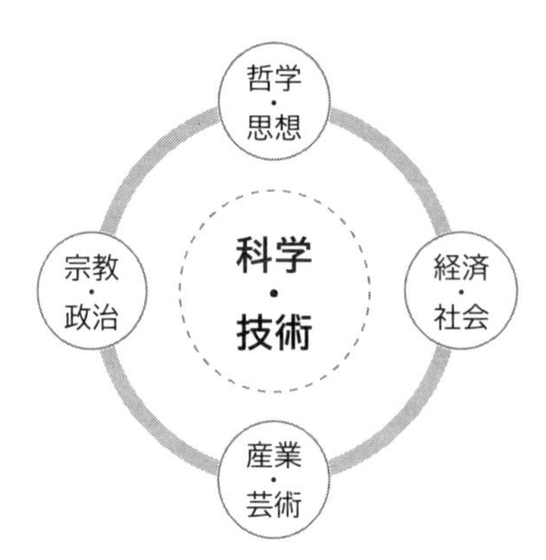

図1-1　科学・技術は、多様な社会的領域とかかわっている［筆者作成］

主たちが学問や工芸の発展に力をつくした。近代社会では、国王が、やがて商工業にかかわる人びとが、自然科学を探究する知識人や、高度なわざをもつ職人たちの支援者となっている。

現代になると、これまでの担い手に加え、国家が科学や技術に大きな影響力をもつようになる。20世紀後半からは、政府による「科学技術政策」も登場する。この「科学技術政策」は科学・技術への今日的なサポート形態であるので、その誕生から最近の動きまでを簡単に振り返っておきたい。

科学技術政策とは、国家が、科学研究や技術開発を推進する際に、目標を設定し、計画的に資金を投入する体制を整え、またそのために必要となる法律を整備する方針のことである。そのルーツは、20世紀初頭のロシア革命で登場した社会主義国家が、計画経済を進めるために研究施設などを整備したころに遡ることができる。資本主義国家では、第一次世界大戦と第二次世界大戦の時代に、戦争に勝利する手段として科学研究を動員したことから、科学技術政策が本格化した。新しい素材の開発や、新兵器の開発のために、国家が科学・技術の役割に注目し、資金援助や法律整備などの特別な対応を取りはじめたからだ。

国家の対立と技術覇権競争

1945年からは、アメリカ（アメリカ合衆国）とソ連（ソビエト連邦）を中心に、東西冷戦が約40年間続いた。この時代には、核兵器やミサイルなどの核軍拡競争が激しくなり、科学や技術は、国家の威信と新兵器開発の手段として、国家から特別の支援が与えられた。

冷戦が終了した1990年ごろからは、軍事分野（軍需）での競争に加えて、経済分野（民需）での競争も拡大した。科学研究や技術開発の主導権をどの国家が握るかという覇権競争は、軍需と民需との2つの分野にまたがることになってきた。

1991年12月のソ連崩壊により冷戦は終結したが、勝利したはずのアメリカでは、財政赤字と貿易赤字が膨らみ、製造業での優位性が低下することで、自動車産業や家電産業など民生分野で競争力が高まってきた日本に対する貿易赤字が新たな脅威となった。その対策として、アメリカは1988年に「包括通商・競争力強化法」を制定し、産業の保護と国際競争力を強化し、日本に対しては、基礎研究に十分な貢献をしていないことを批判した。これを受け、日本では、基礎研究推進を掲げた「科学技術基本法」が制定された（1995年）。

1990年代からは、もう1つの社会主義国である中国（中華人民共和国）が台頭してきた。中国は、鄧小平の指導のもと、社会主義市場経済という独特の道を選び、「科学技術の現代化」を掲げた。1993年に制定された「科学技術進歩法」では、軍事面と民生面の両方で、アメリカやソ連に遅れをとっていたことから、その第一条に、「社会主義現代化の建設において優先して科学技術を発展させ、科学技術が第一の生産力とする役割を発揮し、科学技術が経済建設に奉仕するよう推進する」と述べ、第二十条では、「科学技術進歩に依拠して、国防科学技術事業を発展させ、国防の現代化建設を促進し、国防の実力を増強する」と加えた。つまり、軍事面と民生面の競争力を同時に高める、「軍民融合」という科学技術政策を示した。

21世紀の現在では、科学・技術に関する国家の関心は、軍事面と経済面とを組み合わせた「軍民融合」におかれつつある。アカデミック科学の最前線の1つである宇宙探査研究も、米国や中国においては、国家的威信、軍事技術への利用、民生技術への応用などが組み合わさった目的で、科学技術政策に取り入れられているといえそうだ（図1-2）。

よりよい未来を選択するための科学・技術

最近の科学・技術の問題を米国、日本、中国での科学技術政策を事例にしてわざわざ説明したのには理由がある。すでに紹介してきた3カ国のような「科学技術政

図1-2　アメリカの火星探査車パーシビアランス号（下）［NASA］

策」に、何を追加すべきかを考えてもらいたいからだ。

近未来の社会を展望する場合、地球環境を意識した課題や、人びとの生活を中心にした課題の解決が不可欠である。科学・技術をこれらの課題解決に利用することを考えると、市民生活にとって必要とされる科学や技術の役割についての議論が、これまでの科学技術政策には充分には含まれておらず、一般市民の立場から、より良い「科学技術政策」を作ること、提示することの大切さが次第に見えてくる。

科学・技術を用いた未来像を手にするには、まず、科学・技術についての基礎的な知識を身につけることが不可欠となる。それには、科学・技術そのものの特質や、科学・技術が果たしてきた社会的機能などを、歴史学の手法を用いることで、客観的に理解することが有効な手段の1つになるだろう。

3 科学史と技術史とは

歴史学の手法が、科学・技術の分析に有効であるという理由はどこにあるのだろうか。ある事象を分析する方法には、現状分析の手法と歴史分析の手法の2つが存在している。たとえば自己紹介をする場合には、今の所属先や趣味などの「現状」を伝えた上で、出身地や卒業した学校名などの「歴史」を伝えることでその人物の個性をより幅広く伝えることができる。それと同様に、科学・技術がもつ特徴を深く知るためには、最近のニュースなどから知りえた「現状分析」だけではなく、科学史や技術史を通した過去の経緯を知る「歴史分析」によって、変化の経緯や原因を知り、これからの変化についての見通しを知ることが期待できる。

では、科学史と技術史はどのような理由で登場したのだろうか。1920年ごろに日本に導入された科学史・技術史を事例にして説明してみよう。

科学史のルーツ

科学史という分野は、19世紀に発展した実証的な歴史学の影響を受けながら、自然科学者の研究活動を振り返る手段として広まってきた。たとえば、ドイツのボン大学教授であったダンネマン（Friedrich Dannemann）は1910年から大著『自然科学史』を出版、ベルギーのサートン（George Sarton）は、1912

年に科学史の論文誌『アイシス』を創刊し、1928年には国際科学史学会の初代会長となった。日本では、「科学史」の言葉を使った初期の著作が、1923年に3冊刊行されている。桝山茂三郎『科学史概論』（図1-3左）、およびアメリカ人のリッビー（Walter Libby）の翻訳書である、岡邦雄・内山賢次訳『科学史概講』と藤村信次訳『科学史』の2冊である。岡邦雄の翻訳書は、科学史分野の最初の学会となった日本科学史学会（1941年創立）で、初代会長となる桑木彧雄が序文を寄せるなど、日本における本格的な科学史通史の出版物となった。

科学史を学ぶ意義として、リッビーは次のように説明している。

「科学史は将来のために過去を研究する。それは断間なき前進の物語りである。それは伝記的材料に充ちている。それは科学をその相互的連関において示し、学生をその狭い、早熟な専門化から救ふ。それは哲学の研究への特一な近接となり、外国語研究の新しい機会を与え、また知識応用の興味を注いで現代の複雑化した文明に対する手がかりを提供し、新しい発見や発明に対して個人の心を熱からしめる。」（リッビー『科学史概講』1923）

想定されている科学史の読者は理科系の学生であったが、過去に活躍した科学者の経験談、科学に関連する哲学的思索や文明への関心、さらに他の国の言語への興味をもつことは、多様な分野の専門家や一般市民にも役立つと理解されるようになった。

日本人が科学史の意義を述べた事例としては、東京帝国大学で物理学を学んだ矢島祐利の説明がある（「科学史その他」東洋学芸雑誌 1928）。そこでは、「科学史が実際の役に立つ点」として、①研究の背景がわかることで独創研究に役立つ、②知識獲得の順序がわかることで科学教育に役立つ、③哲学的考察に役立つ、④科学的精神を発揚できる、⑤文化史の一部として科学史が必要である点を示している。つまり、矢島は、科学史の意義に、「科学的精神」の発揚と、科学を文化活動として理解すべきことを、新たにつけ加えたことになる。

1930年代には、科学史の手法も具体的に探究され、科学理論の発展史に注目する「内的科学史」と、科学と社会との関係に注目する「外的科学史」に区分されるようになった。やがて、前者は、科学の理論史・学説史、後者は科学の社会史・制度史などとつながっていくことになった。

技術史のルーツ

一方、技術史はどうだろうか。技術にかかわる装置や機械の発明の歴史や、工業史や産業史から独立した部門として技術史が登場した。日本語での本格的な文献は、ソ連の学者ダニレフスキイ（Viktor Vasilevich Danilevsky）が1934年に出版した『技術史概観 18－19世紀』を岡邦雄と桝本セツが翻訳した、『近代技術史』（1937）である。訳者の１人、岡邦雄は「技術史論序説」（雑誌「中央公論」1937）のなかで、科学が発達するには実験装置という「物質的基礎」が必要なので、科学は技術史を通して理解すべきと説明したが、桝本セツは『技術史』（1938）（**図1-3右**）のなかで、生産技術には、諸文化と経済活動とをつなぐ役割があり、両者の関連を分析することが技術史の役割であると論じた。桝本の著作は、日本人による最初の技術史通史の文献となった。

1930年代から戦後にかけて、技術の定義や技術史の方法論が哲学者、経済学者、工学者たちを交えて、「技術論」として探究され、さらに機械技術史、電気技術史、軍事技術史、さらに生産技術史などの分野別の技術史も発表されるようになった。

科学史と技術史が注目されはじめた時代は、国際的な紛争がめだったころだった。植民地を支配国がどのように統治するのか、列強国での軍事対立にどのように備えるのかなど、多くの社会的課題の増大が、人びとの関心を科学や技術にむかわせるようになった。日本の場合、言論統制が強化され、物不足が深刻になった日中戦争から太平洋戦争の時代に、科学史や技術史にかかわる著作が数多く刊行され、科学史ブーム、技術史ブームが起きていたのである。

振り返って、最近の私たちを巡る社会はどうだろうか。直面している課題は、1930年代の植民地と帝国主義をめぐる問題とは相違点も多いが共通する点もある。先進国と途上国の格差、貧困、環境悪化、兵器開発競争、AIなどの技術開発競争など、科学や技術

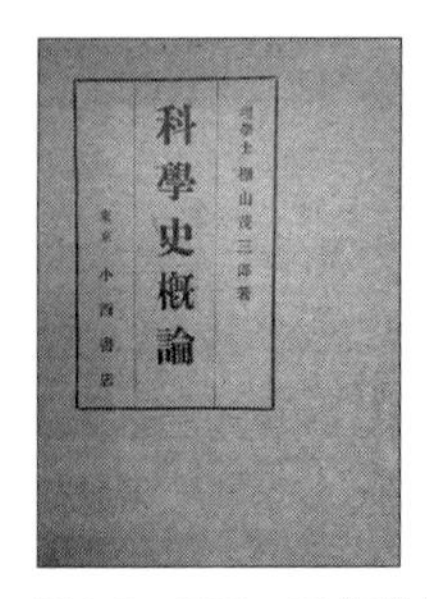

図1-3　1920～30年代に日本で刊行された科学史、技術史の概説書［（左）柵山, 1923,（右）桝本, 1938）筆者撮影］

が社会的な課題として注目されている点などは、共通している部分ではないだろうか。一方で、科学技術の発展により人間の活動が遠距離・高速・大規模・高度化することで、与える影響が地球温暖化問題などのように地球規模になり、純粋科学の分野にも軍備のハイテク化によって、国家の安全保障に結びつくという問題（経済安全保障）が登場してきた。地球環境と世界平和の維持には、科学技術の負の効果や悪用を最小限にする知恵を育てる必要がある。

その時代における個々の課題を克服する手段として登場してきた科学史、技術史を学ぶことで、現代における新たな課題を解決するヒントを手にすることが、本書の狙いの１つである。

CHALLENGE

(1)「科学のイメージ」で取り上げた①から⑤の質問について、どちらか１つを選び、選んだ理由を説明しなさい。

(2)「技術のイメージ」で取り上げた①から⑤の質問について、どちらか１つを選び、選んだ理由を説明しなさい。

(3) 1995年に日本で施行された「科学技術基本法」とはどのような内容の法律か。Webなどを利用してその特徴を説明しなさい。

BOOK GUIDE

- **古川安『科学の社会史：ルネサンスから20世紀まで』筑摩書房（ちくま学芸文庫）、2018年**……ヨーロッパを中心に、封建社会でのキリスト教会や王政、資本主義社会での国家と企業が、科学研究に与えた影響やもたらした貢献を、海外の科学史研究の成果を利用して、詳細に解説。科学史研究を志す人にむいている著作。
- **佐藤靖『科学技術の現代史：システム、リスク、イノベーション』中央公論新社（中公新書）、2019年**……現代の科学技術の事例として、原子力、宇宙開発、コンピュータを取り上げ、そのための研究組織、社会にもたらしたリスク（負の影響）、経済的・社会的価値をもつイノベーションとのかかわりを、冷戦期アメリカを舞台に解説。

（河村　豊）

第1部

近代以前の科学と技術

第2章

技術のはじまりと戦争の起源

【概要】 科学や技術が生まれるには、地球に生命が誕生し、人類が進化する必要があった。人類のあゆみからは、戦争とその手段の形成が人類の誕生とともにはじまったのではなく、歴史的に生み出されたことがわかる。本章では、地球、人類、科学と技術、戦争の起源を探ることで、それらの基本的な性格を明らかにする。

1　生命誕生の条件となる地球環境の形成

惑星に生命が誕生するには、生命誕生に必要な有機物、物質から生命への飛躍をうながす化学変化に必要なエネルギーや、液体の状態で長期間保たれる水が必要である。

初期の地球では頻繁に発生する雷によってエネルギーの条件は満たされていたが、有機物の由来は十分に解明されていない。地球の外部から隕石とともにもたらされたというのが有力な説である。天体衝突は生命進化を促進し、隕鉄などの鉱物資源をもたらしたという意味でも、適度に必要なのである。

水が液体の状態で長期間保たれた条件として、まず、太陽からの距離があげられる（図2-1）。液体の水が存在できる惑星系の空間はハビタブルゾーン（生命生存可能領域）とよばれ、恒星の表面温度とそこからの距離で決まる。太陽

図2-1　太陽系の惑星の位置と大きさ［NASA］

系のハビタブルゾーンは太陽と地球の距離の0.95～2倍の範囲であり、地球と火星が含まれる。金星は大きさも質量も地球に似ているが太陽に近すぎるため、水は蒸発して液体では保たれず、海を形成できない。

次に、地球の大きさと質量が、大気や水を表面にとどめるのに適当であったこともあげられる（**図2-1**）。火星は、大きさが地球の半分ほどで質量も10分の1と小さいため、重力が小さくて大気も薄く、温室効果もほとんどないので平均気温はマイナス55℃である。一方で、大きくて重すぎる天体は、水素やヘリウムなどのガスを引っ張り込んでガス惑星となり、陸地を形成できない。木星と土星の重さはそれぞれ地球の318倍と95倍、大きさは11倍と10倍である。

さらに、地球環境の長期的安定も水の存在と生命の生存条件である。太陽を周る地球の公転軌道は、地球と太陽の平均距離が約1億5千万kmに対して、近日点（きんじつてん）距離と遠日点（えんじつてん）距離の差が500万km程度と、ほぼ円軌道である。また、地球は月という比較的大きな衛星をもつことで、公転面の垂線に対して23.4度傾いた自転軸が安定している。太陽の寿命と光度も含めて、地球の温度や季節変化にかかわる地球環境が長期的に安定している。

銀河系だけで1千～2千億個の恒星と1～2億個の地球型惑星系が存在する可能性も指摘されるが、惑星の衝突、超新星の爆発などの危険を踏まえると、地球が生命の進化に好都合な環境を維持できたことは例外的という見方もでき、上記の条件だけを考えても、地球はきわめて稀な条件のもとで成立していることがわかる。

地球の大気に含まれる二酸化炭素などの温室効果ガス（Greenhouse Gas）が赤外線を吸収し、地球表面の大気を暖めることを温室効果という。温室効果がなければ地球の表面温度はマイナス19℃になるが、温室効果のために平均温度は14℃となっている。ところが、大気中の二酸化炭素濃度は、産業革命前に比べて40％増加し、平均気温は1880年から2012年にかけて0.85℃上昇した。温暖化を含む地球環境問題は、資本主義的生産や環境破壊の結果であり、地球の誕生以来、形成されてきた地球環境のバランスを崩すことを意味する。産業革命以来、本源的な資源としての自然は無限のものと考えられてきたが、その前提を見直し、人類は限定された条件のもとで生きていることを認識しなければならない。

人類が地球に大きな影響を与えていることから、産業革命もしくは世界大戦後の地質学上の時代（地質時代）を「人新世（じんしんせい、ひとしんせい、Anthropocene)」と名づけることも提起されている。社会が自然に対して働きかける生産力は、土地や資源といった自然の生産力（自然環境）と、社会的に編成された労働力、生産過程における労働手段の体系としての技術、自然の生産力から社会が取得した資源という社会の生産力から構成される。歴史的には、自然の生産力を基礎にして社会の生産力が発展してきたが、現代は、社会の生産力による自然の生産力の破壊が、社会の生産力発展の桎梏（しっこく）になりつつある。科学や技術も決して万能ではないのである。

2　人間社会の起源と形成

地球が誕生したのは今から46億年前とされる。生命は40億～38億年前に海で生まれ、植物や動物が陸上に進出するようになった。それでは地球の歴史のなかで、人類はいつ誕生したのであろうか。現生人類（ホモ・サピエンス）に最も近い動物はチンパンジーであり、遺伝情報の違いは1.2～1.6％程度である。人類とチンパンジーは、1千万～800万年前にアフリカの森林で樹上に住んでいた共通祖先の類人猿から別々に進化し、約700万年前に初期猿人が樹上生活のなかで直立二足歩行をはじめた。約300万年前に猿人（アウストラロピテクスなど）が出現すると、森から草原に進出して直立二足歩行で長時間歩くようになり、前肢（ぜんし、まえあし）が自由になって手や腕が進化した（図2-2）。

240万年前に出現した原人は、原始的な道具をつくるようになった（図2-3）。初期の原人のホモ・ハビリスは、親指の発達により、手全体で物をつかむ握力把握に加えて、親指と人差し指、中指で物をつかむ精密把握を獲得し、石器を本格

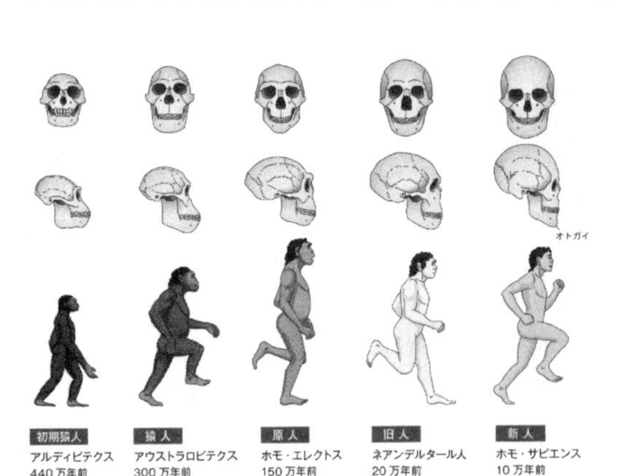

図2-2　人類の進化［NHKスペシャル「人類誕生」制作班編, 馬場監修, 2018, p.11］

的につくった。肉食動物の食べ残しや死肉を採食する際に、石材の外面に別の石をぶつけた片刃の礫石器（オルドヴァイ型石器）を利用したのである。中後期の原人であるホモ・エレクトスは、体毛がほとんどなくなり、それによって暑い昼間でも汗で体温調節しながら長時間走り続けて、獲物を追い回す積極的な狩りができた。日常的に肉を食べることで脳が増大し、石器は石の両面を加工して左右対称にした握斧（ハンドアックス）のアシュール型石器に発展した。それを使って木の先を鋭く削り、槍として狩りに使用した。人間は、道具を使ったり、つくるだけでなく、（工作）道具で道具をつくることができるのである。

猿人や原人の生産活動は、最初は本能的で反射的であったが、道具の発達とともに、労働手段（石器などの道具）を介在させて労働対象（原材料）に目的意識的に働きかける労働に発展した。技術とは、何らかの目的を達成するための手段もしくはその体系である。生産目的の技術である道具を製作し、使用することは、同時に自然認識の過程でもあり、自然や社会の体系的な認識としての科学を生み出したといえる。自然の原理を把握しなければ技術には至らないからである。ただし、技術は科学的認識を前提としながら、その条件にもなる。人類は、実験や観測の手段としての技術を媒介して自然に働きかけたり、認識することもできるからである。また、知的営みは労働と一体化してはじまったことから、労働は科学の起源ともいえる。客観的なモノである技術に対して、ある目的のために技術を合目的的に活用する技能は、労働者（労働力）に内在する能力である。

70万年前からは旧人の段階になり、ネアンデルタール人は、礫石器や握斧のように石材の中心部（石核）ではなく、外面の剥片を剥ぎ取って成形した剥片石器（ムスティエ型石器）をつくった。人類は山火事や火山から火を知ったと

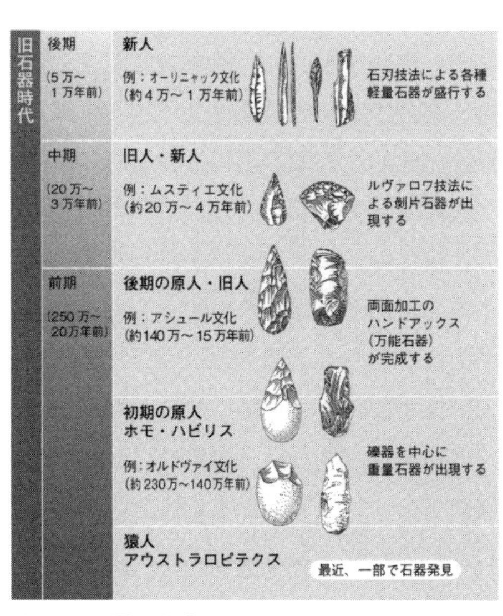

図 2-3　石器の発達［NHK スペシャル「人類誕生」制作班編, 馬場監修, 2018, p.13］

考えられ、火種を保存する炉の存在から、早ければ150万年前、遅くとも35万年前には確実に火を利用した形跡が確認できる。火打ち石による打撃式発火が発明されると、人類は必要な時に火をおこせるようになった。植物性の食べ物（果物や木の実、硬い豆、草の根）を消化するには長い腸とエネルギーが必要だったが、火を使った料理法によって硬い食べ物がやわらかくなり、肉食からより多くのエネルギーを摂取できるようになった。腸は短くてもよくなり、消化に使われていたエネルギーが脳に回ることで大脳化が進んだ。

そして20万年前に新人（ホモ・サピエンス）、つまり現生人類の段階に達した。この段階では、まず、石器製作方法に大きな変化が生じ、円錐形または円筒形状に整えた石核から、鹿角（ろっかく、しかつの）のハンマーで効率的に10枚以上の薄い剥片（石刃）が連続的に剥離された。これらの石刃からは、切る、削る、孔をあけるなど使用目的に応じた専用の石器がつくられた。機能的に多様化するだけでなく、骨や角、皮革、木材など多様な材料を容易に加工できた。木の割れ目に小型の石刃をはめ込んだり、細石器を槍先につけた投げ槍など、はめ込み式の用具や複合道具もつくられた。

2万～1万2千年前には、物理的作用によって自然物に変化をもたらす道具だけでなく、化学的作用を利用する容器として、土をこねて焼いた土器が出現した。容器を用いて、穀類の貯蔵や煮炊きによる料理、発酵作用による酒の醸造、薬液を用いた皮なめし、染めもの、金属鉱石からの金属の取得がなされた。化学的な知識の獲得は、同時に化学技術の基礎となった。

次に言語である。ネアンデルタール人は、限定的な単語を発音できた程度で、複雑な言語は話せなかったと考えられる。アフリカでみつかった7万5千年前の幾何学模様や象徴的意味、芸術の表現からは、現生人類が抽象的な概念や文法を含む複雑な言語を獲得できたことを確認できる。言語の獲得によって、集団としての行動や連携した狩猟が効果的になり、発声機構と脳が相互的に発達した。さらに言語には、外界の個別的事物を一般化して表現するという機能があり、抽象的思考を可能にする。言語を使いこなすことで、見よう見まねで石器のつくり方を覚えたネアンデルタール人とは異なり、想像力を働かせて複雑で独創的な道具をつくる手順を考えたり、発見や経験を他人に伝えることで、現生人類は集団内部に知識を蓄積できたのである。

3　農耕社会における私有財産の発生と国家の成立

人類はシリア北東部のメソポタミアに進出した1万～8千年前から農業をはじめた。狩猟採集民は、農耕民よりも働く時間が短くて労働生産性が高かったが、移住を繰り返して食料を入手するため土地の生産性は低かった。そのため人口密度は低く、農耕社会以前の世界人口は400～1千万人と推定される。狩猟採集民はほとんど食料を貯蔵せず、子どもや病人、老人以外の全員で野生の植物や動物を獲得し、生産手段（労働手段と労働対象）を共同所有して、採集した食物を平等に分配してほとんど所有物をもたなかった。

一方、農耕社会は、土地の生産性が高く、食べる以上に生産することで余剰生産物を生み出し、人口の増大と都市の形成を可能にした。中東やヨーロッパでは小麦や大麦、中国と東南アジアでは米やライ麦、中央アメリカではトウモロコシが、栽培が容易で大量に収穫して貯蔵できる穀物として栽培化された。5500年前には人口1万人を超える都市が中東に誕生した。食料生産に従事しない科学者や技術者、宗教者や統治者を集団が養うこともできるようになった。こうして人類の経済活動は、狩猟採集社会における自然に寄生した獲得経済から、農耕社会において自然を人工的に管理する生産経済に展開した。これは、打製石器を用いた旧石器時代から磨製石器を用いる新石器時代への展開でもあった。

生産力の発展を基礎にして、余剰生産物としての富（生産手段や生産物）を蓄積できるようになり、共同所有は私的所有に置き換えられた。私有財産が発生すると、共同体内部や共同体間の交流によって余剰生産物が交換・交易され、それらを奪いあう場合は戦争が発生した。労働過程や軍隊における男性の役割が契機となって母権制社会は夫権制社会に移行し、父から子に財産が相続されて富の格差が生じ、社会は富をもつ者（支配階級）ともたざる者（被支配階級）に分裂した。前者が自らのために社会秩序を維持するべく生み出したのが、支配の道具としての国家であり、物理的抑圧力として警察や軍隊、監獄が設けられた。奴隷制社会では自由民と奴隷、封建制社会では封建領主と農奴という経済的な関係のもとで、少数者によって多数者が支配されてきたのである。

農耕社会とともに、人種･部族･民族･国家という諸集団の間で、主に経済的な目的で行われる武力闘争、つまり戦争が生み出された。狩猟採集社会でも、現代社会と同じく領域の侵害や殺人に対する報復、家庭や集団内の暴力は認められる。しかし、集団が他の集団を敵と認識して、攻撃の備えだけでなく守りの備えをもって本格的な戦争をはじめたのは、農業開始以降の8千年前からである。

戦争の起源は、①防御集落（壕・防壁・城壁・逆茂木などの防御施設や狼煙の施設などをもつ守りの村・町・都市）、②人の殺傷を専用とする道具や武器、③殺傷の跡を残す人骨や大量虐殺遺体、④武器をそえた墓、⑤武力崇拝の道具や施設、⑥戦いや戦士の造形作品といった考古学的証拠から確認できる。世界最古の守りの村は8千年前のメソポタミアのテル＝エス＝サワンとされる。ドイツでは6千年前に農耕文化のなかで守りの村が発達し、中国では6500年前の長江（揚子江）中流域で矢尻の大型化が確認され、黄河流域では4500年前に矢尻が大きく重くなって狩猟具から武器に変質した。

一方、日本の弥生時代中期（紀元前後）には、防衛的性格をもつ高地性集落が増え、弓矢が狩猟具から武器に変質した。1万年前から日本における狩りの対象は鹿と猪であり、弓矢の石製矢尻は2gが適当だった。しかし、弥生時代中期には3～5gと人体にも深く突き刺さる重い石製矢尻が増え、甲冑が普及すると、それを貫通する鉄製や銅製の矢尻が発達したと考えられる。最初から人を殺すための道具を縄文人はもっていなかったが、弥生人は本格的な武器をもつようになったのである。

6千年前から3500年前（紀元前4千～1500）には、大河流域で灌漑農業による農業生産が行われ、多数の人口を養う四大文明が成立した。エジプトでは、6～10月の増水期に耕地を1カ月冠水させる貯留式灌漑が行われた。治水・灌漑事業は大規模であり、専制君主のもとで部族共同体の構成員を奴隷化し、人員を強制的・集中的に動員した。また、紀元前4千年ごろからはメソポタミア文明で青銅器時代を迎えた。

3千年前（紀元前10世紀前後）には、製鉄技術を秘匿・独占していたヒッタイトが滅亡し、鉄精錬法が東地中海に伝えられた。銅の精錬は容易だが銅鉱石の産地が限られたため高価である一方、鉄鉱石は入手しやすく、製法さえ習得すれば安価に鉄を生産できた。

鉄の製法の普及により鉄製農具で農地を開墾できるようになると、湿った堅い土地を容易に耕せるようになって農業生産性が増し、農業は雨が降る温暖な地域にも拡大した。大規模な潅漑は不要になり、小規模で効率のよい農業が可能になった。大量の人員を組織的に動員しなくてもよくなり、中央集権的な古代国家と比べ、政治的、思想的に比較的自由な国家が出現したのであった。

紀元前8世紀ごろから出現したギリシアのポリス国家は、土地の確保や略奪のために武装した重装歩兵の軍団を編成し、鉄製の労働用具だけでなく、鉄製の剣や槍、青銅製の兜や鎧、盾といった武器も製作した。ギリシア人は、地中海貿易でオリーブ油やぶどう酒、陶器、銀を輸出して、各地の特産物や奴隷を手に入れた。交易のために必要な大型船や、神殿、広場、劇場などの建造にも鉄製工具が使われた。商品経済が発達したことで、アテナイでは、財産の大小で市民を階級区分し、自由な市民同士の問題や対立に対処するために中央行政府を設け、奴隷を抑圧するための軍隊を組織して奴隷制国家が形成された。

共和制ローマは、自由民である貴族（パトリキ）と平民（プレブス）、非自由民の奴隷から構成されたが、実質的には元老院を独占する貴族によって支配され、平民の権限は弱かった。ところが、征服地の拡大にともなって、大土地所有制による大農経営に用いられる奴隷が増える一方で、移住民や征服地域の住民が土地財産をもつ権利や納税・兵役の義務をもつことで平民も増大した。自由民であるものの、平民は政治的な意思決定には参加できず、征服した公有地も分配されなかったが、経済力は大きく、戦場では重装歩兵として重要な地位を占めた。紀元前4～3世紀には平民の身分闘争が激しくなり、平民会の決議が元老院の承認なしに国法と認められることで、平民は貴族と同等の権利をもつにいたった。こうして、自由な市民、つまり奴隷所有者による奴隷制国家としてのローマ帝国が形成された。

ローマ帝国は、帝国支配のために一般生産技術を取り入れ、大規模に展開させた。広大な道路網（アッピア街道）が、周辺地域への帝国主義的な侵略のために建設され、帝国支配の要となる都市建設では水道網がめぐらされた。ローマの軍隊は、鎧兜や剣、槍と盾で武装した騎兵・重装兵・軽装兵から編成された。

4　生産力獲得の手段としての前近代の戦争

ローマ帝国は、375年からはじまるゲルマン人の民族大移動を契機として東西に分裂した（395）。東ローマ（ビザンツ）帝国が1453年にオスマン帝国に滅ぼされるまで存続した一方で、西ローマ帝国は476年に滅亡し、各地に部族国家が建設された。

西ヨーロッパでは、封建領主が主要な生産手段である土地を所有し、農奴は一定の土地を保有して再生産に必要な生産物を取得するものの、身分的には領主に隷属し封建的な生産関係を結ぶ社会が形成された。新たな生産関係のもとで三圃農法や鉄製農具が導入され、農業生産性が向上した。鉄の生産では、送風に水車を用いて炉内の温度を高めたことで、それまでのように炉を破壊することなく、鉄鉱石を溶融した銑鉄を連続的に生産できるようになった。生産力の発展は、自給自足の経済生活から商品経済への展開と、農村から都市の分離を促した。

中世社会の技術発達における特徴は、動力としての水車の普及にある。水車は、紀元前には発明されていたが、その普及は、中世になってからであった。奴隷を集めた単純協業が生産活動を支える古代社会では、専制国家のもとで家畜や奴隷が売買されることで生産量が調整された。特にローマ帝国は、強力な軍隊によって領有地を拡大して、労働力として奴隷を確保した。生産活動の労役は奴隷に任されて、支配階級は生産性の低い労働用具の改良に関心をもたなかった。労働力が過剰であった古代は、技術的発明が無視、抑制されたのである。

しかし、相対的に労働力が不足した中世社会では、水車が一般生産技術として生産活動に利用され、11～12世紀以降はその用途や利用地域が拡大した。水車は、最初は穀物の製粉に多く使われ、製粉場はミル（mill）とよばれた。その後は、製革、製紙、縮絨、槌打ちなどさまざまな生産活動に利用され、ヨーロッパ各地に普及した。

農業生産力が一定の水準に達すると、戦争で獲得した捕虜を生かすための食料を供給できるようになり、労働力として使用できるようになった。奴隷制社会では奴隷、封建制社会では領土とそこに住む農奴の獲得

図2-4　10世紀ごろのビザンツ帝国の重装騎士（左）と1480年ごろの騎士と弩兵（右）［ベネットほか, 2009, p.80, 108］

が、古代と中世における基本的な戦争の目的であった。戦争においても、人類は必ずしも徹底的に互いを殺しあってきたわけではないのである。

古代ギリシアの軍隊は、青銅製の兜（かぶと）と鎧、盾で防護して短い鉄剣を持つ装甲歩兵が中心で、ローマ軍も重装歩兵による密集隊を中心にして騎兵が補助的な役割を果たした。しかし、866年に西フランクのシャルルは出頭の際に馬に乗るよう臣下に厳命し、そのころから戦士とは騎馬戦士、つまり騎士を意味した。5～14世紀にかけて、騎士の甲冑が鎖帷子（くさりかたびら）から重量のある鎧（よろい）に変わり、鐙（あぶみ）が普及することで落馬せずに効果的に剣を使用できるようになると、重武装・重装甲の騎士がヨーロッパの戦場における主力となった。

経済的保証として土地（封土）を授与された貴族や特権階級が重装騎士となり、主君に対して忠誠を示して奉仕するという関係が、封建制の基礎をなした。馬には運搬力と持久力だけでなく、突撃時にスピードが必要になることから特別な飼育と大量の穀物が必要になり、槍、剣、兜、盾などの武器を運搬する助手や盾を持つ従士（じゅうし）、偵察を行う軽装騎兵や護衛の歩兵も重装騎士には必要になった。十字軍遠征（1096～1270）やモンゴル帝国の襲来（12～13世紀）を経て、鎖帷子の胴鎧は厚い鉄製の胸甲（きょうこう）に変化し、甲冑だけでも100kgにも達して装甲が重くなり、重装騎士は単独で乗下馬すらできなくなった。武勇によって貴族の地位を得ると、兜の前立てを飾ったり、盾に印をあしらって紋章を帯びることが貴族のシンボルとなり、戦争は儀式的になった。15世紀までには、高額な装備を自ら賄う重装騎士は戦場で役に立たなくなり、封建領主は俸給で傭兵を雇うようになった。

12世紀以来、ヨーロッパが外敵から攻撃されなくなり、人口が増大して与えられる封土が少なくなると、経済的支えがなくなった者は俸給を求めて傭兵となった。百年戦争（1339～1453）ではかつてないほど傭兵が集中した。重装騎士の役割が儀式的になる一方で、実際の戦闘を担う傭兵は名誉や儀式のために重装備をすることはなかった。傭兵は俸給のためにだけ奉仕をするので、金さえ支払われれば誰に対してでも軍務を提供した。そのため、重装騎士にとっても傭兵にとっても殺戮や破壊そのものが目的ではなかった。徹底した殺戮や破壊が戦争の一般的な姿とはいえなかったのである。

初期猿人を含めれば700万年、現生人類に限れば20万年の人類史において、戦争の歴史は8千年である。農耕社会になると、富の蓄積と分配組織、集団を統制する政治権力、つまり国家が生まれた。国家は、一方で対内的に国内を統治するが、他方で対外的に他の国家や民族、共同体に対峙する。また国家は、政治の継続、延長上で平和的・外交的手段をとることもあれば、暴力的・軍事的手段をとることもある。交易によって共同体相互が交流することもあれば、戦争という暴力的手段により、征服することで人や物を奪うこともある。そのような経済的な性質・動機のもとで、職業的な戦士集団や軍隊が組織された。戦争は人類誕生とともに生み出されたものではなく、人類史のある段階、つまり農業の開始以降に経済的な性質や動機とともに誕生した歴史的産物なのである。

8千年という戦争の歴史においても、互いを徹底的に殺しあったり、ましてや非戦闘員に被害が拡大することは一般的でなかった。むしろ、古代と中世の戦争は、基本的には生産力、つまり労働力と生産手段（労働手段と労働対象）の獲得を目的としていた。そのため、基本的には戦闘員同士の戦闘であり、戦闘員同士であっても徹底的に殺しあうものではなかったのである。

CHALLENGE

(1) 科学と技術の違いと関係を説明しなさい。

(2) 人間社会の形成について、人間らしさの獲得に着目して説明しなさい。

(3) 戦争の歴史的性格を説明しなさい。

BOOK GUIDE

- **佐原真『戦争の考古学』岩波書店、2005年**……考古学者の佐原真が、ヨーロッパ、アジアや日本における戦争の起源を、防御集落、武器、殺傷人骨、武器の副葬、武器形祭器、戦士・戦争場面の造型といった考古学的証拠から実証的に分析している。食料採集社会から農耕社会に移ったことで、経済的な性質・動機に基づいて戦いが変質して本格化し、征服して人や物を奪う戦いがはじまったと述べている。
- **M. ハワード著、奥村房夫・奥村大作訳『改訂版　ヨーロッパ史における戦争』中央公論新社（中公文庫）、2010年**……著者は、オックスフォード大学で戦争史を担当し、国際戦略研究所（IISS）の創設にもかかわった。ヨーロッパにおける戦争と社会の関係を、封建騎士の戦争、傭兵の戦争、商人の戦争、専門家の戦争、革命の戦争、民族の戦争、技術者の戦争という時代的変遷をたどりながら、政治的、経済的、社会的背景を踏まえて分析している。

（山崎　文徳）

第3章

科学のあけぼのとギリシア自然哲学

【概要】 自然を理論的に考察しようという試みがはじまったのは、他ならぬギリシア文化の特質であった。本章では、科学的思考の起源をイオニアのタレスにまず見出し、つづいてアテネにおけるギリシアの学問的最盛期を築いたアリストテレスの目的論とその科学的説明への応用を振り返る。最後に、数学（幾何学）によって天文現象を解明しようとしたアレクサンドリアのプトレマイオスの天動説のモデルについて、その研究の意義を理解する。

1 神話的世界観とタレスのアプローチ

科学の起源をどこにおくか。安直にこの問題に解答を与えることはできない。ただ、強いて言うならば、その起源の最有力候補として、今なおギリシア科学はその地位を譲らない。しかし、その理由を説明するにはギリシア以前の古代文明と比較して考察する必要がある。

たしかにギリシアよりもはるかに先んじて、巨大なピラミッドを構築したエジプト文明や、高度な暦法を完成させたメソポタミア文明などをあげることができる。たとえばピラミッドを建造するには、先端的な幾何学（数学）や力学（物理学）の知識は必要であっただろうし、実際発見されているリンド・パピルスやモスクワ・パピルスといった書物にはエジプト人による優れた数学的偉業の痕跡を現在も見ることができる。ただ、これらは偉業であっても、数千年間崩壊せず維持される堅牢なピラミッドを完成させるための理論としては不充分であり、これらよりもさらに高度な数学や科学の知識をエジプト人はもっていたと推定することも充分可能である。しかし、ここで歴史学の基本に立ち返らなければならない。つまり、実在する資料や遺物の裏づけのない事項について憶測に基づいて議論することは学問的に無効なのである。したがって、経験的知識を超え自然を理論的にとらえようと記録を残し、そのことが現在になお多く残存しているギリシアにまずは科学の起源をおいて、科学のはじまりを考えることは十分妥当であるといえる。

さて、そのようなギリシア世界で、最初に科学的発想の起源を提示したと指摘できるのは、最初の哲学者と称されるタレス（Thalēs）であろう。現在のトルコ西端である小アジアの一角、イオニア出身のタレスはさまざまな愉快な逸話をもつ人物である。天文学に精通し日食を的中させたり、気象の長期予報に成功し、億万長者として商業的に大成功を収めたり、学者然としたエピソード以外にも魅力的な生涯の記録がある、なかば伝説的学者であるが、彼についてとりわけ重要なのは、ピュシス（physis）への着目であろう。

ピュシスとは「ありのままの事物の姿」すなわち「自然」を意味するギリシア語である。タレス以前のギリシア人はさまざまな自然現象を説明する際に、多くの超自然的存在に頼ってきた。有名な例としては、落雷現象とゼウスの関係があげられる。ゼウスとは当時のギリシア人が信奉していたオリュンポス12神のなかの主神である（**図3-1**）。このゼウスは最高位の神であるのにもかかわらず、ありきたりの人間よりさらに人間的・感情的にふるまうとされた。たとえば普段居住している天界において癇癪を爆発させることもしばしばであり、自慢の武器である「いかずち」の剣を地上界に無差別的に投擲（とうてき）するという悪癖をもっていた。投げられた剣は地上に雷という形で到達したとされ、ギリシア人は落雷現象をゼウスの怒りとして理解したのである。こうした超自然的存在による自然の理解は、ギリシア叙事詩の最初期の傑作であるホメロス（紀元前8世紀頃）の『オデュッセイア』や『イリアス』のなかにも多数うかがえるが、このような自然観のことを神話的世界観とよぶ。

図3-1　雷をふるうゼウス
［ルーブル美術館］

この神話的世界観が主流であったなか、タレスの主張の革新性はこのような超自然的存在に頼るのではなく、自然を自然そのものによって説明していくことはできないか、という問題提起にあった。ここではじめて、人間は自然現象の理解に合理的な理論を採用し、人智を超えた存在に安易に依拠しないという科学的発想の基礎を得た。この点でタレスのピュシスへの着目は科学的思想の展開において重要な一歩であった。なお、このピュシスは中世において nātūra（ラテン語）となり、nature（英語）や la nature（仏語）等の近代語に置き換わっていくが、近代「物理学」を意味する英語 physics の語源となったのは、このピュシスを学ぶ学問すなわちピュシケー（φυσικὴ）であり、ギリシア人にとっては「自然学」や「自然哲学」、または「形而下の学」と称された。

さて、このタレスの活躍した地域が、現在のギリシア共和国の主たる領土であるペロポネソス半島ではなかったことも重要である。つまり、のちのギリシア古典文化の中心である、アテーナイ（現アテネ）やスパルタ、テーベといった重要な都市国家とは違う知的風土が自然科学の誕生には深く関係していたのである。タレス後のピュタゴラス学派やエレア派は南イタリアで活躍し、イオニアの自然哲学の伝統を総合した古代原子論の提唱者であるデモクリトス（Dēmokritos）も、アテーナイの人ではなかった。ギリシア人の都市国家が現在よりもはるか広大な領域に展開されていたことを加味しても、ギリシア科学の故郷はギリシア人の本拠地から大きく逸れていたのである。

つづいて、ギリシア人の残した数学について簡単にふり返ってみよう。『原論』は、アルキメデス（Archimēdēs）やペルガのアポロニオス（Apollōnios）と並ぶ古代ギリシアの三大数学者の1人であるエウクレイデス（Eukleidēs）が完成させた当時の数学の集大成・バイブルである。この本は西洋では聖書に次ぐベストセラーとなり、イギリスでは19世紀に至るまで大学で読みつづけられた最も有名な数学書である。この著作の重要性は単純に数学の分野における点だけでなく、学問全体のあるべきモデルとして機能した点である。命題とよばれる問題を立て、ある主張の正しさを立証するためにはその命題が必要とする定義や要請をまず認め、論理的連鎖で記述するというスタイルはこの後、17世紀に至るまで普遍的な学問の形式となった。またエウクレイデス以前にも『原論』の原型は存在しており、厳密な証明を基盤におく論証数学に着手した、真の先駆的数学者はキオスのヒポクラテス（Hippocratēs）だとされる。なお、三平方の定理の別名であるピュタゴラス（Pȳthagorās）の定理は、現在も残るギリシア人の発見した科学的結果としてとらえられているが、ピュタゴラスその人についてその実在は疑わしく、この定理自体はすでに古代エジプトや古代中国においても知られていた。

2　アリストテレスと科学

ギリシア哲学の最盛期はアテーナイで展開されるが、その際に考察された学問体系が近代初期までヨーロッパの学問の原型となった。とりわけ、アリストテレスの築いた学問体系は17世紀以降の科学が乗り越えるべき一大体系として2千年以上君臨していく。

アリストテレスと目的因

古代ギリシア世界の学問的発展の最盛期を飾るのは、ソクラテス（Sōkratēs）、プラトン（Platōn）、アリストテレス（Aristotelēs）ら、傑出した3人の哲学者がアテーナイで活躍した紀元前4～5世紀である。それぞれの哲学者は大きな影響を学問分野全般に与えることになるが、とりわけ自然科学の分野に大きな足跡を残したのはアリストテレスであった。プラトンの開いた学園アカデメイアの最優秀学生であった彼は、さまざまな学問分野の発端を築いた点から「万学の祖」とも称されるような多才な人であった。のちの物理学（運動学）、天文学、生物学、気象学、論理学、倫理学といったさまざまな領域で彼の足跡は確認されるが、そのなかでもとりわけ意義深いのが四原因論と目的論の考え方である。

アリストテレスによれば、自然物であれ、人工物であれ、事物はすべて4種類の原因をもつとされる。まず事物を形成するための材料となる質料因、そして形づくろうとする形態を表す形相因、質料因と形相因に基づいて事物の制作を行う始動因、そして最後に事物の存在理由を示す目的因の4種類がすべての事物にあるとされる。ここで、具体的な例を出してこの4種類の原因を考えてみよう。アリストテレスが取り扱う例として、彫像の比喩とよばれるものがある。今から彫像を制作したいとして、これら4種類の原因をどのように当てはめればよいのだろうか。まず、彫像をつくる際にはその原材料が必要である。たとえば石膏像の場合には石膏の塊が必要であるし、銅像の場合は銅塊が必要である。これがいわゆる質料因である。次に、外見上のモデルを定める必要がある。それは、具体的にはヴィーナスやアポロンといったものだが、こういった外見上の形態を定める必要が像の制作者には求められるのである。これが形相因である。さて、材料やモデルがそろったのでこれらから実際に手を動かして彫像する芸術家が必要である。これが始動因に当たる。

さて、私たちの感覚ではこれで彫像はでき上がったと結論したいところだが、アリストテレスによるとこれでは完成したとは見做されない。というのは、その事物がこの世界に存在している以上、果たすべき目的を有していないのであれば、いかに形の上での完成がなされたとしても真の意味でのでき上がりではないとされるからである。これこそが事物を完成させる最後の原因である目的因とよばれ、4原因の中核をなすものである。では彫像の比喩ではこの目的因は何を指すのであろうか。それはヴィーナス像ならばヴィーナス神のもつ美しさや気高さ、アポロン像ならばアポロン神のもつ光明や太陽のまばゆさ等といったものであり、いずれもその事物をその事物として成立させるために欠かせない目的が、いかなる事物のなかにも封入されているとアリストテレスは説くのである。

生物学と目的因

この考え方はさっそくアリストテレスが注力した生物学の研究のなかにも姿を現すことになる。さまざまな生物の生態を詳しく観察し考察する上で、何らかの目的(機能)が生物の身体のさまざまな構造に対応していると考える。ここでアンコウという魚を考えよう。アンコウはあごの周囲にヒゲのような器官(構造)をもっている(**図3-2**)。これは人間がもつヒゲとは本質的に異なるもので、発光させることができるのだが、アンコウはこれを使い周囲に小魚をおびき寄せ、およそその鈍重に見える身体からは想像できないような敏捷さで捕食する。

図3-2　オニアンコウとアゴヒゲ [Goode and Bean, 1895, plate CXXI]

ここからアリストテレスはアンコウにとって、食料を得るという目的因に対して、アゴヒゲのような器官

（構造）は存在していると考える。つまり、現実に存在する何らかの形状・構造は対応する何らかの目的をもっており、たとえば「キリンの首が長いのは高い木の葉を効率よく捕食するため」と生物学の説明として応用されていくのである。

実にこの考え方は19世紀後半に近代生物学がダーウィン（Charles Robert Darwin）によって生みだされるまで、生物学の世界で支配的な学説として君臨しつづけた。しかし、すべての自然物の構造に何らかの機能を見つけ出すことはつねに容易ではない。現在の先端的研究においても生物や人体内の構造についてその目的を明確に指摘できないものが数多く存在する。つまり、アリストテレスの説明は科学的とはいえない余地を多く抱えていたのである。また、この目的因の考え方をさらに押し広げていくと、目的のない存在は無価値であるという極論にもつながる可能性をもつ。たとえば、数ある動物のなかで神が手の使用を人間に認めたのはその知性が高いからだというように、のちに優生主義ととらえられる記述もあり（知性が低いものは手を使ってはいけないのか？）、アリストテレスの生物学を現在の生物学の元祖とよんでいいのかについては、今なお多くの疑問が残る。科学に優劣等の主観的価値観をもち込むのは禁忌であるからである。

運動学と目的因

つづいて、この考え方を運動学に応用してみる。運動学とはのちに物理学の一分野である力学に対応するこの時代特有の学問である。いまここで手にしている石ころを離すとしよう。当然、即座に石ころは鉛直方向すなわち地面に対して垂直方向下向きに落下していくだろう。このことを私たちは下向きの等加速度直線運動として理解するのだが、アリストテレスはそうではない。石の中に含まれる「土」の元素が、もともと存在していた宇宙の中心に還ろうとする働きによって落下現象を引き起こすのであると彼は考える。つまり、このような働きが土の元素の目的因なのである。すべての物質は乾湿熱冷といった特性を組み合わせてもつ4種類の元素（火、気、水、土：**図3-3**参照）から成り立つという理論は、そもそもエンペドクレス（Empedoklēs）というさらに前世代の哲学者に起因するものだが、アリストテレスは師のプラトンと同様この学説を継承・改変した。とりわけアリストテレスの運動学の独自性は、現代科学で多用される「量」の言葉を運動の説明においてほとんど使わない点にある。現在の物体の運動を扱う、物理学の一分野である力学では、速度や加速度、移動距離といった「量」の言葉で先の自由落下現象をとらえようとするので、こういった物理学的な量概念に基づいた説明がやがて一般的となり、この種の説明は「定量的分析」とよばれることになる。しかし、アリストテレスは四元素説に代表されるような事物の「質」についての考察から運動学についてもアプローチするので、量ではなくむしろ質についての議論に終始した。このようなスタイルの説明を「定性的分析」という。このように目的因的説明がさまざまな科学分野にあまねく広がっているのがアリストテレスの説明の様式であった。

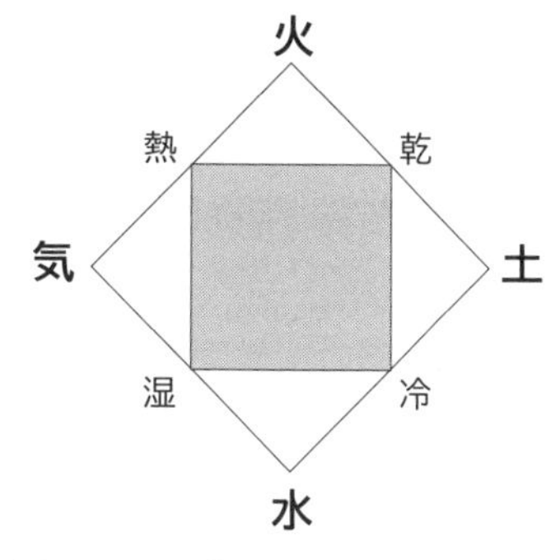

図 3-3　四元素説［筆者作成］

3　古代天文学と幾何学的世界像

古代末期の科学研究の精華の１つに、プトレマイオスによる天文学研究があげられる。自然現象を幾何学（数学）によって予測するという精密科学の原型が天動説の形式で完成する。

アレクサンドリアと古代天動説

こうして古代世界にはじまった理論的な自然把握の研究は、多くのギリシア人哲学者によって質・量ともに飛躍的に増大していったのだが、その頂点は紀元前のアテーナイの次には紀元後のアレクサンドリア（現エジプト）に移行した。アレクサンドリアは、古代世界の叡智の結晶として機能する、巨大学術都市であった。その中心部には、古代世界最大の図書館が配置されており、この図書館の周囲には多くの学者が集まり、盛んに自然哲学研究を繰り広げていた。

とりわけ、この時代に活躍した有力な天文学者・数学者として、プトレマイオス（Klaudios Ptolemaîos）の名があげられる。彼はギリシア語で『数学的集成全 13 巻』を完成させたが、この著作はのちにアラビアの有力な科学者による徹底的な分析的研究を受け、中世ヨーロッパに再導入され、通称『アルマゲスト』(Almagest：アラビア語 al-majisṭī のラテン語への音訳で、『最大の書』を指す)として知られる、古代世界における最大・最高の天文学書となった。その学問的価値は絶大で、それ以前の天文学研究を完全に駆逐しただけでなく、16 世紀の近代最初の地動説の提唱者であるコペルニクス(第5章1参照)にも大きな影響を与えることになる。

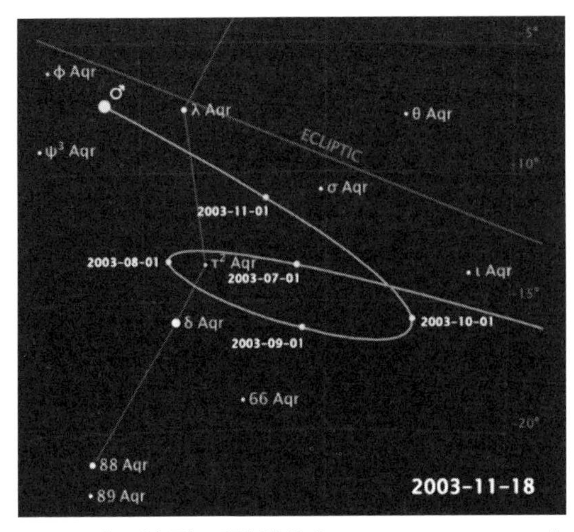

図 3-4　惑星(火星)の留と逆行［©Eugene Alvin Villar, 2008］

なお、原著の題名の「数学的」という形容詞は本来「学問的」あるいは「学ばれるべきことの」といった意味に近い。すなわち、古代世界において数学とは学ばれるべき学問の象徴であった。

さて『アルマゲスト』の革新性をあつかう前に、当時の天文学における大問題を概観してみよう。当時のギリシア世界の天文学では、惑星の年周運動の不規則性をいかに説明するか、という難題があった。この不規則性を知るためには、最初に恒星と惑星の運動の違いを理解する必要がある。一般的な恒星は地球が年周運動すなわち地球が1年かけて太陽の周りを1周する過程で、毎日同一時刻に同一の場所からその位置を定期的に観察すると毎日わずかながら西から東にずれていく。しかし**図 3-4** で示すように、このずれは惑星においては恒星とは異なる様相を呈す。つまり、惑星は恒星のようにつねに一定の東進運動(順行)だけを行うわけではなく、留(りゅう)(見かけ上、静止する期間)や逆行(東から西へ移動する運動)も加えた複雑な動きを繰り返すのである。

この事実は古代ギリシア人の目にはたいへん奇妙に映り、惑星はありふれた恒星とは違うという認識が生まれた。そもそも惑星を表す英語 planet が「惑うもの」を表すギリシア語 planētes に語源を有していることからもそれは明らかである。そこで、この惑星固有の運動の不規則性に説明をつけることが、プラトンによって「惑星運動の現象を救う」と称され、古代の自然哲学上の最重要問題として提起されていった。さらにプラトンはこの説明のためには、一様円運動（現代的には等角速度回転運動）のみ利用可能という条件を付していた点も重要である。

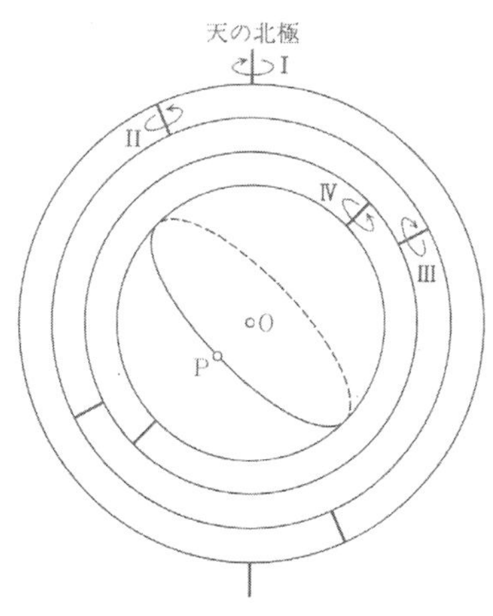

図 3-5　同心天球説の模式図（O が地球中心、P が惑星）［高橋, 1993, p.127 図］

この課題の初期の有力な解決策として、優れた数学者エウドクソス（Eudoxos ho Knidios）によって「同心天球説」が提案された。同心天球説は、まず地球（O で表される）と同じ回転の中心を共有する複数の「天球」とよばれる、地球より巨大な真球の構造物を地球の上方に仮定することからはじまる（**図 3-5** 参照）。各天体はこの天球上（**図 3-5** では 4 つ）に不動の点として配置されており、上位の天球はより下位の天球に自転運動を伝え、それらの回転運動の合成によってすべての天体の年周および日周運動が表現される。たとえば**図 3-5** における点 P は惑星の位置を示すのだが、最下層にある天球は上位の天球の運動の影響を受け、最も複雑な曲線を描くことになり、**図 3-4** で表される留や逆行を含む曲線を表すことが可能となった。

惑星の留・逆行現象の再現に成功したこの理論によってプラトンの問題への回答は一応決着し、さらにこれを高く評価したアリストテレスによって、同心天球説は近代初期までヨーロッパの大学で教科書として読まれる彼の著作『自然学』のなかでも採用されていく。だが、この理論には当時の観測レベルからしても容易に見出される致命的欠陥が含まれており、予測性を満たすモデルとは言い難いものであった。そのなかでも最悪な難点は、この理論の幾何学的構造に起因しているのだが、地球の中心から惑星の中心までの距離（地心距離、単純化すると惑星と地球間の距離にほぼ等しい）が変化しないことであった。この欠陥は天体の見かけ上の大きさや明るさの変化を表現できないという結果として現れた。惑星ではないが、月は見かけの大きさを周期的に大きく変えるので、こちらを想起するとこの理論の欠陥が理解しやすいのではないだろうか。

つまり、同心天球説はこの天体の重要な見かけ上の変化については説明能力をもたず、長らく改善が要請されていたのである。

プトレマイオス理論の核心

以上のような前史があり、プトレマイオスの完成させた新天動説「導円・周転円説」が重要な革新を天文学にもたらすことになる。そもそもこの説はもともとアポロニオスによって提案され、ヒッパルコス（Hipparchos）らの改良を受け、プトレマイオスによって最終的に完成されるという長い完成までの道があるが、この理論の本質的な構造だけを表すと以下の図3-6のようになる。

まず地球は不動の一点にあるとして、その点Xを中心として導円という大円が取り囲んでいる。次にその導円上に、一定の回転速度で導円上を巡行する動点を設定し、この動点をさらに中心として描かれる周転円を仮定する。つまり周転円は導円の円周上を公転し、同時に自転も行う。そして惑星があるのは、この周転円上の定点である。こうして、2つの回転運動の組み合わせを認めると、最初の課題であった留・逆行現象を含んだ惑星の変則軌道の説明にまず有効な理論となる。つづいて同心天球説では説明不能の難題であった地心距離の変動にもこのモデルは対応することができる。それは、異なる周転円上の任意の点から地球まで線分を引いてみると、明らかである。こうして、天動説の枠組みのなかにあっても実際の惑星運動の変則性について充分対応できる優れた天文学理論が古代末期の時点で完成しており、16世紀のコペルニクスもこれを手本として彼の地動説を勘案していくこととなる。

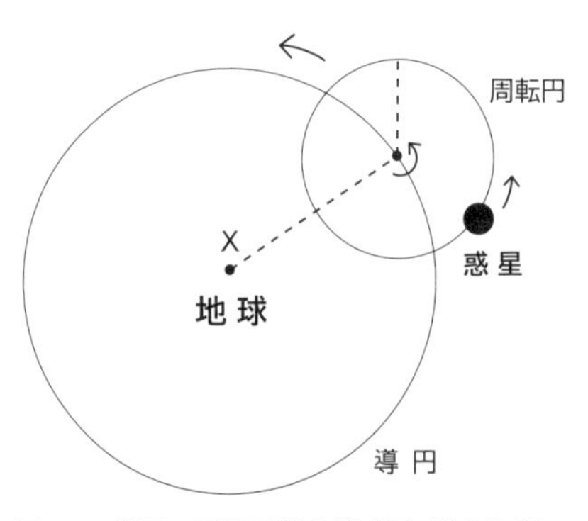

図3-6　導円・周転円説の模式図［筆者作成］

なお、プトレマイオスをはじめとした古代世界最水準の学者が集結したアレクサンドリアは、古代末期に古代多神教と新興のキリスト教勢力による宗教対立等の理由から、次第に荒廃し、栄華を誇った知の殿堂である巨大図書館も破壊されることになる。この没落を表す1つの象徴的出来事に女性数学者ヒュパティア（Hypatia）の殺害があげられる。古代末期以降、研究の中心はギリシア人のもとから離れ、8世紀以降のアラビア世界に移行し、長らくヨーロッパの科学研究は沈滞していくことになる。

CHALLENGE

(1) 神話的世界観は現代人の日常の世界観の中にも残存していないだろうか。文化的あるいは宗教的慣習を例にとって考えなさい。

(2) 現代の生物学で生物の発生やさまざまな器官の意味について、目的論的説明は有効ではないとされるが、その理由を考えなさい。

(3) 同心天球説と導円・周転円説という2つの天動説について、欠点や利点を含んだ理論的特徴をそれぞれまとめなさい。

BOOK GUIDE

- **G. E. R. ロイド著、山野耕治・山口義久訳『初期ギリシア科学：タレスからアリストテレスまで』法政大学出版局、1994年**……ギリシア科学の曙といえるイオニアの哲学者の伝統からはじめて、アテーナイの知的発展の最盛期ともいえるプラトン、アリストテレス期の科学研究の到達について信頼のおける文献に依拠した良質の解説に満ちている。
- **G. E. R. ロイド著、山野耕治・山口義久・金山弥平訳『後期ギリシア科学：アリストテレス以後』法政大学出版局、2000年**……学術研究の中心がアテーナイからアレクサンドリア等に移動し、ヘレニズム世界とよばれるギリシア人の世界が拡大していったあとの学術研究の歴史について扱う。前著の後継として平易でかつ学術的信用に満ちている。
- **コペルニクス著、高橋憲一訳・解説『完訳天球回転論：コペルニクス天文学集成』みすず書房、2017年**……日本語で原典文献を引きつつ解説している古代天文学史の専門書はこの著を除くと皆無に等しい。コペルニクスの原典翻訳だけでなく、それに至る天文学の歴史についての解説も詳しく、正確な西洋天文学史の理解には有益。

（但馬　亨）

第4章　中世とルネサンス

【概要】 古代の学術は、中世の西欧において何度かのルネサンス（復興）を経験する。12世紀から13世紀にかけては、古代の科学と哲学が東ローマ帝国からイスラム世界を経て中世の西欧に伝播し、カトリック教会との葛藤を経つつも受容された。一方、黒死病大流行後には占星術に対する関心が高まり、プトレマイオスの天文学（第3章参照）が復興するが、これはコペルニクスの登場を準備するものであった。本章ではこのような学術の受容と復興の過程を検討する。

1　古代科学の伝播とアラビア科学の興隆

紀元前6世紀ごろに共和政をしいた都市国家ローマは、その後イタリア半島で勢力を伸ばしはじめた。当時地中海の西側では北アフリカにあったカルタゴが繁栄しており、ローマにとって最大のライバルであったが、ローマはカルタゴとシチリア島のギリシア勢力を3度にわたるポエニ戦争で粉砕した。（アルキメデスは第二次ポエニ戦争でローマ兵に殺害された。）その後ローマは東地中海を支配していたプトレマイオス朝エジプトも破り、地中海全域の覇権を握る世界帝国を建設した。

ローマ人は実用的ではない科学にはほとんど興味をもたなかったといわれ、ギリシアの哲学と科学の伝統はアレクサンドリアなどで細々と受け継がれた。例外は占星術である。人の寿命を占う占星術は医学ともかかわりをもって大流行したが、皇帝の死の予言が帝位簒奪者に利用されたことから、しばしば禁令が出された。またユリウス・カエサルはエジプトから太陽暦を取り入れ、1年365日と6時間のユリウス暦を制定するが、これは後の西暦の起源となった。

一方ローマ人は、土木や建築など実用的な技術には優れた才能を発揮した。石造のアーチ工法はローマ以前から用いられていたが、ローマ時代に大きく発展し、その後のヨーロッパ石造建築の基礎となった。コンクリートを発明したのもローマ人とされる。また首都と各地を結ぶために敷設されたローマ道は、のちの欧米の道路の模範とされた。

繁栄を極めたローマ帝国も西暦3世紀ごろから衰退の徴候を見せはじめるが、このころから新興宗教であったキリスト教が広まっていった。人間の平等を説いたキリスト教は、たびたびの弾圧にもかかわらず、貧民や異民族の傭兵など帝国の下層階級を中心に信者を獲得していった。とりわけ軍隊のなかで信者を増やしたことにより、キリスト教徒は皇帝にとっても無視できない勢力となった。ついに313年、キリスト教はコンスタンティヌス帝により公認され、さらに392年には正式に国教となった。ローマがキリスト教の帝国となったことにより、その後のヨーロッパがキリスト教の社会として発展する方向性が定められた。ローマ帝国の末期には一般信者から聖職者が区別され、教会の組織が生まれた。各教区に司祭がおかれることになり、また主要都市には司教がおかれ、司教区を監督した。全教会の首長は皇帝であった。

コンスタンティヌス帝は、衰退していたローマからボスポラス海峡に面する都市ビュザンティオンに首都を移転することを決意し、330年にコンスタンティノポリスと改称された新首都への遷都を決行した。さらにローマ帝国は395年に東西に分裂し、ローマを首都とする西ローマ帝国は476年に滅亡した。以後西欧では教会が帝国の統治機構の一部を引き継いだ。主要都市では司教が信者を組織して行政機能を担い、西方教会の首位とみなされたローマの司教は教皇とよばれるようになった。一方、コンスタンティノポリスを首都とする東ローマ(ビザンツ)帝国はその後約千年にわたって繁栄した。

コンスタンティノポリスで保存されていた古代ギリシアの学術は、その後東方に伝えられることになる。その伝達者の役割を果たしたのはキリスト教異端派の人びとであった。キリスト教会では教義の解釈に関する食い違いが起こると、高位聖職者による公会議を開いて正統教義を決めていた。ローマ帝国末期に三位一体を教義とするアタナシウス派が正統と認められ、それ以外の教義は異端とされた。さらに古代の学術、とりわけ占星術はキリスト教の根本教義である意志の自由の原則に抵触すると考えられ、しばしば異端と同一視された。東ローマ帝国で迫害された異端派はシリアやペルシアなどに逃れ、東方にギリシアの科学を導入するきっかけをつくった。東方に伝播したギリシア科学はその後イスラム世界で受容され、盛んに研究されるようになる。

7世紀にメッカの商人ムハンマド(Muhammad)が創始したイスラム教は瞬

く間に多くの信者を獲得し、アラビア半島を統一した。ムハンマドの死後、後継者（カリフ）たちはペルシア、シリア、エジプトを征服し、スペインにまで達する大帝国を建設した。

当初アラブ系のイスラム教徒は古代の科学にとりたてて大きな関心を示していなかったが、ペルシア系の有力者を支持基盤として8世紀に成立したアッバース朝イスラム帝国は、占星術を重視したササン朝ペルシアの伝統を受け継ぎ、学問研究を庇護するようになった（**図4-1**）。占星術師の助言にしたがってアッバース朝第2代カリフのマンスールが建設した新都バグダードには「知恵の館」とよばれる学術機関が設置され、さまざまなギリシア科学の文献がアラビア語に翻訳された。

翻訳された文献の中には、プトレマイオスの『数学的集成』も含まれる（第3章参照）。『数学的集成』はギリシア天文学を集大成した著作であり、「最も偉大な」（$\mu \acute{\varepsilon} \gamma \iota \sigma \tau \eta$）と形容されていたが、それが転じてアラビア語では「アル・マジェスティー」とよばれ、そこから西欧では『アルマゲスト』として知られるようになった。

さらにバグダードで活躍した占星術師アブー・マアシャル（Abū Ma ʻshar Ja ʻfar ibn Muḥammad ibn ʻUmar al-Balkhi）はアリストテレスの自然学による占星術の理論的基礎づけを試みた。彼の著作はあとで見るように12世紀に西欧に紹介され、占星術とアリストテレスへの関心が高まる1つのきっかけとなった。

図4-1　イスラムの天文学者［Istanbul University Library］

イスラムの学者たちはギリシアの科学を翻訳、受容しただけでなく、メソポタミアやインドの学問も取り込み、独自の仕方で発展させた。たとえば中央アジア出身のアル・フワリズミ（Muḥammad ibn Mūsā al-Khwārizmī）は、十進位取り記数法を用いるインド式計算法を解説した著作を著したが、これはのちに『アル・フワリズミの書』

(*Liber Algorismi*) としてラテン語に翻訳された。この本は西欧の人びとにアラビア数字による計算方法を伝え、アルゴリズム (algorithm) という数学用語の語源となった。また『アル・ジャブルとアル・ムカーバラの書』では、一次および二次方程式を解く方法を解説したが、移項によって負の項をなくす操作を表す「アル・ジャブル」という言葉が代数 (algebra) の語源となった。

2 中世西欧世界の発展と古代科学の受容

西ローマ帝国滅亡後の西欧では、異民族の侵入などによる混乱が続いていたが、10世紀後半ごろから各地で森林や沼沢地、荒野の開墾が進められるようになった。これは中世の大開墾運動とよばれている。その原動力となったのが、さまざまな農業技術上の革新である。馬に引かせる鉄製の鋤 (重量有輪鋤) は、北ヨーロッパの湿って重い土を深く耕すことを可能にした。また、自然エネルギーを用いる水車や風車なども導入された。これらの技術革新は労働生産性を高めたが、水車や風車の使用には使用料が課せられたため、農民は手回しの石臼を使うなど新技術の導入に抵抗した。このためしばしば領主特権により新技術の使用が農民に強制され、その普及が図られた。

このような農業生産力の向上による経済発展を背景に、やがて西欧世界は外へむかって拡張をはじめる。その重要なきっかけをつくったのが十字軍運動であった。11世紀に、トルコ系遊牧民の集団が西方に移動してセルジューク朝を建国し、東ローマ帝国の軍隊を破って小アジアにも進出した。この脅威に直面した東ローマ皇帝は西欧の君主に支援を求め、この要請に応えて、ローマ教皇ウルバヌス2世は聖地奪還のための十字軍遠征を提唱した。

第一回十字軍では、教皇のよびかけに呼応した諸侯が陸路で聖地イェルサレムを目指した。当時イスラム勢力が内紛状態にあったこともあり、第一回十字軍は目覚ましい戦果を収め、聖地を占領してイェルサレム王国を建国したほか、シリア・パレスティナにいわゆる十字軍国家が樹立された。また三大宗教騎士団 (騎士修道会) が設立され、聖地の守護と巡礼の世話に当たった。しかしイスラム側が態勢を立て直すと、十字軍国家は守勢に立たされるようになり、三大騎士団の1つドイツ騎士団はドイツ東方の異教徒征服と植民に活路を見出すようになる (第5章参照)。

十字軍運動は北イタリアの諸都市による地中海での商業活動も活性化させた。第二回以降の十字軍は主に海路を使って行われたが、このとき兵員や物資の輸送を請け負ったのが北イタリアの諸都市であった。とりわけヴェネツィアとジェノヴァは、地中海の各地に拠点を築いて強力な海洋帝国を作り上げた。十字軍運動により北イタリア諸都市の地中海貿易参入が促進されたことは、長い間農村社会であった西欧で遠隔地商業が復活することを強力に後押しした。荒廃していた古代の都市は復興し、通商路沿いには新しい都市が誕生した。

経済発展と都市の成長を背景として西欧でも永らく沈滞していた学問が復興しはじめる。教会改革運動の結果11世紀ごろから高位聖職者に相応の学識が求められるようになると、知識への需要が大きく増大することになった。古代の末期にギリシア語からラテン語に翻訳された文献は非常に限られており、それ以外の膨大な古代の学術的著作は西欧の人びとにとって永らくアクセスできないものであった。一方、前述のように、イスラム圏ではすでにかなりの量の文献がアラビア語に翻訳されて流通していた。そのため、西欧の人びとはまずアラビア語に翻訳された古代の著作、あるいはイスラムの学者の著作をラテン語に翻訳することで学術への需要を満たそうとした。

当時翻訳活動は、イスラム文化と接触のあった地域で進められており、重要な中心が3つあった（図4-2）。1つは経済的に繁栄しつつあった北イタリアであり、もう1つは多文化的な伝統のあったシチリア島である。しかし最も重要

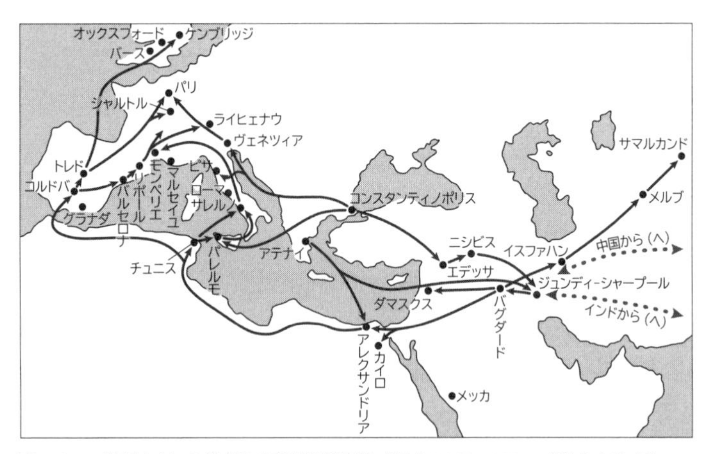

図4-2　5世紀より12世紀に至る学術移転［伊東, 1993, p.170 一部地名を改変］

であったのはイベリア半島であった。イベリア半島は一時ほぼ全土がイスラム勢力によって征服されたが、北部に残ったキリスト教徒は十字軍運動と呼応して国土再征服運動（レコンキスタ）を行っていた。中部の重要都市トレドがイスラム教徒から奪還されると、ここは翻訳者たちの重要な拠点となった。

翻訳活動の初期から注目されていたのは占星術で、前述したアブー・マアシャルの『占星術入門』は12世紀中に簡略版も含めて3回もラテン語訳がつくられた。当時アリストテレスの著作の多くが西欧ではまだ知られておらず、多くの知識人はこの『占星術入門』を通してはじめてアリストテレスの思想に触れたといわれる。またプトレマイオスの占星術書『テトラビブロス』は『アルマゲスト』よりも先に翻訳された。こうして西欧では翻訳活動の結果占星術が息を吹き返すとともに、このことは占星術の基礎にあると考えられたアリストテレスの自然学や宇宙論、そして天文学への関心が高まる1つのきっかけともなった。

当時学識の保護に熱心であった王侯の関心も多かれ少なかれ占星術や天文学に注がれていた。シチリアのフリードリヒ2世の宮廷で活躍し、アリストテレスの『霊魂論』や動物学関係の著作を翻訳したマイケル・スコット（Michael Scot）は占星術師として知られていた。またフリードリヒ亡きあと皇帝の座を争ったカスティリアの「賢王」アルフォンソ10世がつくらせた天文表『アルフォンソ表』はその後コペルニクスが登場するまで天文計算の基礎として使われることになる。

学識への社会的需要が生まれ、大量の学術文献が入手できるようになると、ヨーロッパ各地で自然発生的に教育と研究の拠点が生まれた。イタリアのボローニャはローマ法の研究で早くから名声を博し、アルプスを越えて多くの学生が集まった。またフランスのパリにはもともと大聖堂付属の学校があったが、市内にはそれ以外にも多くの私塾が生まれ、大勢の教師や学生が集まってきた。学問を擁護することが自らの立場を強くすることを理解した教皇は、学者と学生を庇護する勅書を発布して彼らにさまざまな権利を認めた。これにより法人（universitas）としての中世大学が成立した。

12世紀の翻訳活動の直後に成立した中世大学は、その成果を西欧全体に普及させる役割を果たすことになる。特に、第3章で登場したアリストテレスの著作の大半が利用できるようになり、彼の思想は、聖書の記述との矛盾やキリスト教の教義との葛藤をはらみつつも、大学教育を通じて受容された。この結果、天動説に基づく宇宙像（コスモス）はキリスト教の信仰のなかに取り込まれ、中世の人びとの基本的な世界観を形作ることになった。

3　黒死病とプトレマイオスの復興

12 世紀にピークを迎えた大開墾運動は、13 世紀から 14 世紀初めに停滞期に入った。開墾が進んだ結果、耕地化が容易で肥沃な土地が次第に少なくなったためである。この時期になると新たな開墾地のなかであまり多くの収穫を期待できない、いわゆる耕作限界地の占める割合が多くなっていった。

一方、穀物価格の上昇した 13 世紀までは、牧草地から耕作地への転換が進んだが、飼育される家畜の数が減少していたため、既存の耕地でも肥料の不足から地力が低下して、収穫率が減少する傾向にあった。農業生産力の伸び悩みにもかかわらず人口の増加は続いていたため食糧事情は悪化し、人口当たりの栄養状態は悪くなっていったと考えられる。実際、14 世紀に入るとヨーロッパ全域で飢饉が発生するようになった。

成長の停滞により西欧では政治対立が先鋭化し、フランドルの毛織物産業などの利害をめぐる英仏の対立の結果、ついに 1339 年、両国の間でその後百年にわたる戦争の火蓋が切られることとなった。飢饉と戦乱により荒廃した農村では貴族や兵士たちの略奪に苦しめられた農民たちの怒りが爆発し、各地で農民一揆が頻発した。

黒死病の大流行は、まさにこのような状況に止めを刺したといえる。1348 年にはじまり 1370 年ごろまで続いた黒死病は、ヨーロッパの総人口の 4 分の 1 から 3 分の 1 を奪ったとされる。人口減少によりそれまで右肩上がりであった穀物需要も減少に転じ、一転して供給過多となった穀物の価格は下落した。こうして西欧経済は収縮局面に入る。以上が「14 世紀の危機」とよばれる現象の概略である。

西欧では「危機」のため農業を放棄した人びとが都市に流入し、都市人口が急増した。また農村では、利益の上がらない穀物生産から、酪農や工業材料の生産など、都市の需要に対応したより生産性の高い土地利用形態への転換が図られた。一方、増大する西欧の都市人口の穀物需要は、東欧などからの輸入によって賄われるようになった。このため東欧では農奴制が強化され、不自由労働によって生産された安価な穀物が西欧に供給された。この貿易を担った北海・バルト海沿岸の諸都市は、ドイツ・ハンザを結成して繁栄する。こうして「14世紀の危機」の結果、西欧と東欧のその後の歴史的発展を特徴づける、国際的な分業体制が成立した。

一方で、黒死病の大流行は意外なところにも影響を残した。この悪疫についてフランス国王の諮問を受けたパリ大学医学部は、その原因が天の現象にあると報告したのである。

前述のように、中世のキリスト教社会で永らく占星術は異端視されてきたが、アリストテレスの宇宙論と自然哲学が受容されるのにともなって、天体が地上に影響を及ぼすことは「科学的知識」とみなされるようになっていた。パリ大学が、公に天の現象と疫病との因果関係を認めて以降、ヨーロッパの主要大学の医学部では占星術と天文学の教育がさらに普及していく。特に、ハプスブルク家のルドルフ4世によって1365年に新設されたウィーン大学では、占星術の基礎として天文学を重視する伝統が培われた。

当時占星暦の計算には前述したアルフォンソ表が使われていたが、その予測は観測と大きくずれており、より信頼できる基礎に基づく新たな天文表が望まれていた。ウィーン大学出身の数学者レギオモンタヌス（Johannes Regiomontanus）は、枢機卿となった亡命ギリシア人ベッサリオン（Bessarion）に勧められ、『アルマゲスト』のギリシア語原典の研究に着手する。1496年に出版されたレギオモンタヌスの『アルマゲスト要綱』（図4-3）は、プトレマイオス天文学（第3章参照）に関する西欧で最初の本格的研究であり、このプトレマイオス復興の延長線上に登場したのが、コペルニクスであった。

図4-3 『アルマゲスト要綱』［レギオモンタヌス, 1496, 扉絵］

CHALLENGE

(1) 古代や中世の人びとにとって占星術は「科学」だったのだろうか。実用的ではない科学に興味をもたなかったといわれるローマ人が占星術に熱狂したのはなぜだと思うか。占星術を異端視したキリスト教会の態度は科学的だったのだろうか、調べなさい。
(2) アラビア科学が果たした科学史上の役割について調べなさい。
(3) 現在われわれが用いる三角法に対するレギオモンタヌスの貢献について調べなさい。

BOOK GUIDE

- **三村太郎『天文学の誕生：イスラーム文化の役割』岩波書店、2010年**……中世のイスラム世界でなぜ科学が栄えたのか、アラビア科学史の第一線の研究者が最新の研究成果をコンパクトにまとめている。
- **伊東俊太郎『十二世紀ルネサンス』講談社、2006年**……アメリカの歴史家ハスキンズが提唱した「十二世紀ルネサンス」という概念を、中東イスラム教社会から西欧キリスト教社会への科学的知識の伝播に焦点を当ててとらえ直した著作。
- **中山茂『西洋占星術史：科学と魔術のあいだ』講談社、2019年**……西洋科学史における占星術の位置づけを解説した入門的著作。本章で扱った中世西欧での占星術の復活と学術の復興との関係に関しては、山本義隆『世界の見方の転換』（みすず書房、2014年）第1巻第2章が詳しい。

（中澤　聡）

第5章　科学革命のはじまり

【概要】　この章では、科学革命を引き起こすことになるコペルニクスとガリレオの業績を取り上げる。コペルニクスが唱えた地動説は、科学革命の出発点となった。ガリレオは、地動説を擁護するにあたって、運動の相対性や慣性の法則など近代の自然科学を特徴づける諸概念に訴えたが、今日常識とされているこれらの概念は人びとの日常的な経験に反するものであり、それが受容されるためには、当時の常識であった諸概念を根底から再検討する必要があった。またこの過程は、カトリック教会を軸とする中世西欧世界の解体という社会的展開と並行して進み、それゆえさまざまな軋轢をともなった。

1　ニコラウス・コペルニクス

コペルニクス（Nicolaus Copernicus）（図5-1）は1473年にトルン市で生まれた。トルンを含むプロイセンは、東方植民の結果ドイツ騎士団（第4章参照）の支配下にあったが、1440年の反乱後に結ばれた第二次トルン和約の結果、プロイセンはポーランド王とドイツ騎士団の間で分割され、トルンは王領プロイセンに編入されていた。トルンは重要なハンザ都市（第4章参照）の1つであり、コペルニクスの父はこの都市の有力な商人であった。

図5-1　ニコラウス・コペルニクス
[Bry, 1597]

ポーランドのクラクフ大学で学んだコペルニクスは、さらに1497年、イタリアのボローニャ大学に入学した。コペルニクスがイタリアへ旅立つ前年にはレギオモンタヌスの『アルマゲスト要綱』が出版されており、彼もこれでプトレマイオス理論（第3章参照）を学んだと考えられる。ボローニャではレギオモンタヌスの弟子であった天文学教授ドメニコ・マリア・ディ・ノヴァラ（Domenico Maria di Novara）と交流し、またローマで天文学の講義も行った。

1503年に学位を得て帰国したコペルニクスは、司教であった叔父の尽力で聖堂参事会員に任命され、生涯この職にあった。

地動説の構想

おそらく1510年ごろから、コペルニクスは太陽中心モデルを構想しはじめたとみられる。プトレマイオスの惑星理論（第3章参照）では、惑星を載せた周転円の中心Cは離心円上を運行するが、その運行は一様円運動ではなく、離心円の中心Mから地球Oと反対側に、地球と同じ離心率の位置にとったエカント（均分）点Eに関して等角速度運動することになっている（**図5-2**）。コペルニクスは、このエカントが古代以来の一様円運動の原理に抵触すると考えており、エカントを使わない惑星運動モデルを構想する過程で、太陽中心モデルを構想するに至ったと考えられる。彼が太陽中心モデルを解説した『コメンタリオルス』は少数の友人の間で回覧され、これにより一部の天文学者の間でコペルニクスの名が知られるようになった。

1512年から1517年にかけてローマでは、教会改革について話しあうため第5回ラテラノ公会議が開催された。この会議が成果なく終わったことで宗教改革がはじまることになるが、ここで取り上げられた議題の1つに改暦の問題があった。紀元前46年ごろに制定されたユリウス暦は1年の長さを365.25日とするものであったが、制定から1500年以上経て、実際の季節との間に10日ほどのズレが生じていた。1514年教皇レオ10世は改暦について広く意見を求めたが、コペルニクスも諮問された天文学者の1人であった。

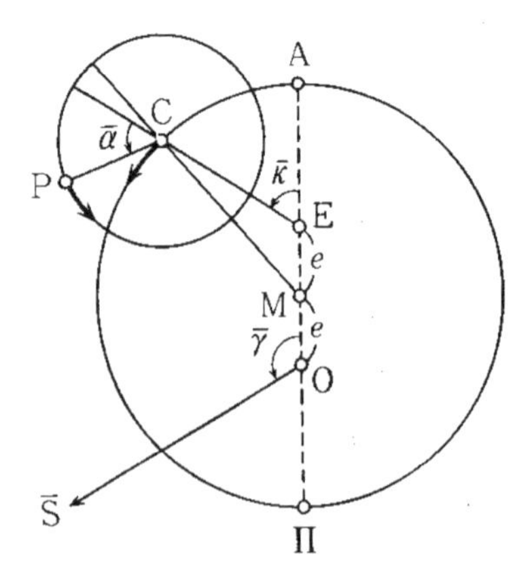

図5-2　エカントを用いた惑星モデル［高橋訳, 2017, p.579］

宗教改革と『天球回転論』

コペルニクスが時期尚早と考えていた改暦は結局先送りにされるが、彼の周辺は1512年ごろから風雲急を告げはじめる。この年には彼の叔父である司教が死去し、一方ドイツ騎士団はホーエンツォレルン家のアルブレヒトを新たな総長に迎えた。彼は前述の第二次トルン和約により、ドイツ騎士団が臣従を義務づけられたポーランド王の甥であったが、総長の立場から騎士団の失地回復を目指し、ポーランドとの間に軋轢を生じさせていく。1519年の暮れに王領への侵攻を開始した騎士団は翌1520年1月には司教座都市フロンボルクに火を放ち、街は大聖堂だけを残して灰燼に帰した。フロンボルクからオルシチンに退去したコペルニクスは1521年の休戦まで同地に陣取り、司教に代わって戦闘の指揮に当たることになる。聖堂参事会員の仕事は閑職であったかのように語られることもあるが、実際のところコペルニクスの後半生は、平穏な学究生活からはほど遠かったようである。

休戦協定締結後、政治的に追い詰められたアルブレヒトとドイツ騎士団の運命は予想外の展開を見せる。対ポーランド戦の支援を得るため1522年にニュルンベルクの神聖ローマ帝国議会を訪れたアルブレヒトは、そこで宗教改革の指導者マルティン・ルターの友人オジアンダー（Andreas Osiander）と知己になり、彼やルター本人の説得により改宗を決意するのである。アルブレヒトは、自らを領主と認めるのと引き換えに、ポーランド王の宗主権を受け容れて騎士団を解散することを提案し、1525年4月8日に結ばれたクラクフ協定によって、騎士団が領有していた東プロイセンは、ポーランド王を宗主とするホーエンツォレルン家の世襲領「プロイセン公国」となった。こうしてアルブレヒトは、最初のルター派領邦君主となる。

一方、静かな余生を送るはずだったコペルニクスを再び天文学に引き戻したのは、1539年に彼を訪ねてきたヴィッテンベルク大学の天文学者レティクス（Georg Joachim Rheticus）であった。レティクスは同僚であったギリシア語学者のメランヒトン（Philipp Melanchton）から地動説のことを聞き、興味を抱いたのである。彼はコペルニクスから新しい理論を学び、学界の反響を見るため1540年にその概要をまとめた『第一解説』を出版する。『第一解説』はプロイセン公にも寄贈され、これをきっかけに翌年コペルニクスは、旧敵アルブレヒトをケーニヒスベルクに訪ねることとなった。

レティクスに説得されたコペルニクスはついに『天球回転論』の執筆にとりかかる。出版方法についてはオジアンダーに助言を求め、結局最後の手配も彼に託された。このため、1543年ニュルンベルクで出版された『天球回転論』の初版には、地動説が「現象を救う」（第3章3参照）ための虚構であるとする無署名の序文がオジアンダーによって追加され、その後物議を醸すことになる。このときコペルニクスはすでに病床にあってほとんど意識がない状態であり、ほどなくしてこの世を去った。

翌年プロイセン公によってケーニヒスベルクにルター派の大学が創設され、49年にはオジアンダーが神学教授に迎えられた。さらにアルブレヒトは、コペルニクスの理論を用いて天文表を作成していたヴィッテンベルク大学の天文学教授ラインホルト（Erasmus Reinhold）を援助する。この天文表は『プロシア表』の名称で1551年に出版され、コペルニクスの名を広めることに貢献した。

コペルニクスは天球に載った諸惑星が一様円運動するという古代からの宇宙像（コスモス）を再生しようとしたが、彼が提案した太陽中心説はケプラー（Johannes Kepler）による円から楕円への転換を促して天球概念の維持を困難にし、最終的にコスモスの崩壊を導くことになる。一方アルブレヒトは、帝国への忠誠というドイツ騎士団の大義を墨守してポーランドとの戦争に踏み切ったが、その努力は騎士団の解体をもたらす結果となった。天動説のコスモスとキリスト教帝国の理念からなる秩序は動揺し、新たな力学に基づく地動説と、力の原理が支配する絶対主義の時代が到来しつつあった。

2　ガリレオ・ガリレイ

図5-3　ガリレオ・ガリレイ［Courtesy of Smithsonian Design Museum］

ガリレオ・ガリレイ（Galileo Galilei）（**図5-3**）は1564年、トスカナ大公国のピサ市で生まれた。父ヴィンチェンツォはガリレオを医師にするためピサ大学に入学させるが、ガリレオの関心は次第に医学から数学へとむかった。

ガリレオを数学の道へと誘ったのは、父の友人でトスカナ大公付き宮廷数学者のリッチ（Ostilio Ricci）であった。1583年にリッチと出会ったガリレオは彼からユークリッド（エウクレイデス）の『原論』を学び始め、さらにアルキメデスの諸著作を熱心に研究するようになる。1589年ピサ大学の数学教授に任命されたガリレオは、学者としての経歴を開始することになった。

ピサ時代の運動論研究

ピサ時代のガリレオが新たに取り組んだのは、運動に関する研究であった。アリストテレスによれば、地上（月下界）の物体は、それを構成する四元素の自然本性にしたがって、固有の場所へむかって運動する（第3章2参照）。一方、物体がその元素の固有の場所から離れる場合、その運動は強制されたものである。強制運動には何らかの外的な原因が必要であり、それが作用する様態はつねに接触して押すか引くか（いわゆる近接作用）であるとされた。また、運動の速さは動力の大きさに比例し、抵抗に反比例するとされたので、自然落下運動の場合、落下速度は物体の重さに比例し、重い物体の方が軽い物体よりも速く落ちることが結論される。

これに対しガリレオは、ピサ時代に執筆した『運動について』という手稿の中で、落下速度は物体の重さにではなく、物体と、それをとりまく媒質（空気や水）の比重の差に比例し、比重が等しい物体は重量の大小にかかわらず同じ時間で落下すると主張した。これはアルキメデスの浮体論を落下運動に応用したものであった。

望遠鏡による天体観測

1592年ガリレオはピサ大学からパドヴァ大学に移る。この年の冬から1610年の夏にフィレンツェに移るまでパドヴァで過ごした約18年間は、ガリレオの研究生活において最も実り多い時代であったといわれている。

学者としてはまだ無名に近かったガリレオを一躍時代の寵児に押し上げたのは、パドヴァ時代に行った望遠鏡による天体観測であった。1609年7月にヴェネツィアを訪れた際、オランダで発明されたという望遠鏡の話を聞いたガリレオは早速自作を試み、11月末までには倍率20倍の望遠鏡を製作して、世界初の望遠鏡による天体観測を開始した。

望遠鏡によって月を観測したガリレオは、月面には凹凸があり、地上と同様に山や谷があるという結論を導いた。アリストテレスによれば、月より上の天

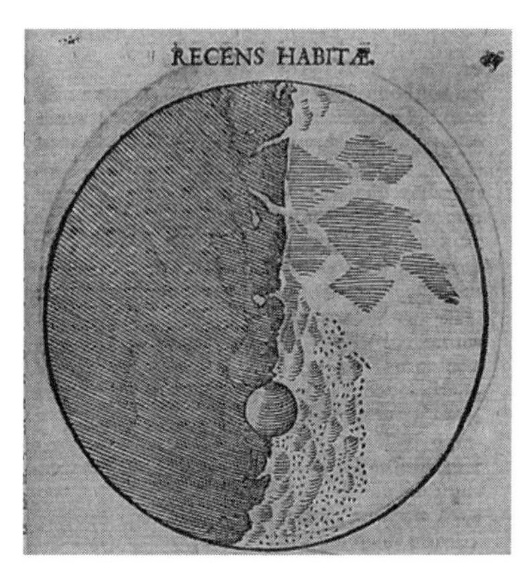

図 5-4 『星界の報告』掲載の月の図［Galileo, 1610, p.87］

界の物体は地上のものとは異なる完全な物質（第五元素）でできており、それゆえ不生不滅で完全な球形であるはずであった。月の凹凸の発見によってガリレオは、アリストテレスの宇宙論が誤りであるという確信を強めた。

さらにガリレオは、木星の付近にそれまで知られていなかった4つの天体を発見し、それらが木星の周りを回っていることを明らかにした。コペルニクスは、宇宙の中心ではない地球の周りを月が回る理由を説明することができなかったが、木星の衛星の発見は地動説の傍証を与えるものであり、ガリレオが太陽中心説の立場を支持する動機となった。

望遠鏡による天体観測の成果をまとめた『星界の報告』は、1610年3月に出版された（図 5-4）。このなかでガリレオは、木星の衛星を「メディチ星」と命名し、トスカナ大公付き首席数学者兼哲学者という称号を得る。『星界の報告』の内容は、皇帝付き天文学者であったケプラーやローマ学院のクラヴィウス（Christoph Clavius）にも認められた。

地動説の擁護と宗教裁判

1611年にローマを訪問したガリレオは、教皇パウルス5世に謁見することが許され、さらに権威ある自然研究者の集まりである、アッカデミア・デイ・リンチェイの会員にも選出された。これにより彼の名声は頂点に達するが、同時に哲学的および神学的な論争に巻き込まれるようになり、学界のなかに多くの敵をつくることになってしまった。

1624年、ガリレオの理解者であったバルベリーニ（Maffeo Barberini）枢機卿が教皇に選ばれると、ガリレオは早速ローマを訪問し、新教皇に謁見した。この訪問で好感触を得たと考えたガリレオは、長年温めていた地動説に関する著作の執筆にとりかかる。こうして完成したのが、彼の主著の1つである『天文対話』である。この著作では、天界と地上界との物質の同一性について論じられ、木星の衛星の存在や金星の満ち欠け、太陽黒点の移動が、地動説を支持する事実としてあげられている。とりわけ地動説にとって本質的であったのは、運動の相対性に関する議論であった。

地動説の受容にとって最大の障害であったのは、地球の運動がなぜ地上で感知できないのかという問題であった。プトレマイオスは、古代の地動説への反論として、もし地球が24時間で一回転するとしたら、ものすごい速さで地上の物体は弾き飛ばされ、鳥や雲は回転から取り残されてしまうだろうと述べている。これに対してコペルニクスは、日周回転は地球にとって自然な運動であり、また地球を構成する元素を共有する地上の物体も同じ自然運動で動かされていると反論していた。

一方ガリレオは、『運動について』のなかで、重さのある物体にとって世界の中心への下降は自然な運動であり、中心からの上昇は強制運動であるが、水平方向の運動は自然的でも強制的でもないと論じた。ところで地球の表面は球面であるので、水平方向の運動とは実際には円運動である。それゆえ、世界の中心から等距離を保つ円周上の運動はすべて、自然的でも強制的でもなく、中立な運動であることが導かれる。

この考え方は『天文対話』でさらに発展させられた。上昇も下降もしない水平運動は中立であり、水平面上を動く物体には加速の原因も減速の原因もない。したがってその物体は、あらゆる外的障害が除かれていれば、水平面がつづく限り運動をつづけるだろう。この主張は、慣性の法則の原型であると考えられている。

同様に、水平な海面上の船は、一旦動き始めれば、永遠に一様な水平運動をつづけるだろう。一方、この船の中にある物体は皆、船と同じ一様な水平運動を行っている。したがってその1つがマストの天辺から落ちたとしても、船から遅れて海中に没することはなく、船が停まっているときと同様に、マストの根元に着地する。すなわち、船が停まっていても一様な水平運動をしていても、船の上で観察される運動に変化はない。言い換えると、船が停まっているか動いているかは、船上の運動を観察するだけでは特定できない。ここから、いわゆる運動の相対性が結論される。それゆえ、地上の運動を観察するだけでは、地動説を反駁することはできない。

ただし『天文対話』でも、『運動について』と同様に、水平面は地球の中心から等距離の球面とされており、水平運動は依然として円運動として理解されていた。今日「力学の法則は全ての慣性系に対して同じ形で表される」という命題をガリレイの相対性とよぶが、ガリレオにとって慣性運動は依然として円運動であった（いわゆるガリレオの円慣性）という点は注意しておくべきである。（慣性運動が直線運動であることを明確に要請するのはデカルトである。）

教皇庁の検閲を受けて1632年に出版された『天文対話』は大いに物議を醸し、半年で発禁処分になってしまった。あてにしていた教皇の擁護も得られず、翌年ローマの異端審問所に召喚されたガリレオは罪を認め、異端誓絶を誓うことになる。このとき彼が「それでも地球は動く」と述べたという逸話は有名であるが、これを直接裏づける歴史的証拠は今のところ見つかっていない。

ガリレオの新科学

その後、アルチェトリの別荘で軟禁状態におかれたガリレオは、失意のなかで最後の主著『新科学論議』の執筆に取り組みはじめる。この著作でガリレオは、任意の等しい時間に等しい速さが付加される運動として等加速度運動を定義し、等加速度運動では通過距離が時間の2乗に比例することを証明した。さらに、投射体の運動を水平方向の均等運動と等加速度運動との合成運動として論じ、投射体の軌跡である「放物線」が古代から知られる円錐曲線の1つのパラボラになることを論証した。（コペルニクス以前には、「惑星」という概念に「太陽の周りを回る天体」という意味がなかったように、ガリレオ以前には「パラボラ」に「放物線」という意味はなかったわけである。）等加速度運動を表現する数学的な規則は、中世のスコラ学者にも知られていたが、真空中の投射体の軌跡を決定する数学的理論を示したことは、ガリレオの主要な業績であった。

コペルニクスの場合と同様、ガリレオの手本となったのは古代ギリシアの数学者であり、その意味で彼もまた、ルネサンスの申し子であった。一方、経験を拠り所に伝統的権威に挑戦する自信に満ちた態度には、古代の規範にとらわれない革命家としての自覚が現れている。とはいえ、彼が提示しようとした新たな世界像は、整合的というにはほど遠かった。

アリストテレスにとって、重さのある物体が地球の中心へむかうのは、世界の中心へむかう土の元素の本性が重さであり、土の元素が集まってできた地球の中心が世界の中心と一致するためであった。一方地動説において、地球はもはや世界の中心ではないが、その場合にも、重さのあるものが地球の中心へむかうのはなぜかをガリレオは説明しない。結局、ガリレオが「重さ」や「力」についての理論を提示することはなかった。

また、『天文対話』では水平方向の運動が永続することが主張されたが、前述したように、これは水平運動が地球の中心から等距離の、中立な運動であるという理由からであり、この立場は基本的に『新科学論議』でも踏襲された。放物線がパラボラであることを証明するにあたって、彼は水平方向の慣性運動を等速直線運動とみなしたが、これは、アルキメデスが天秤の平衡を論じるにあたってすべての鉛直線が平行であると仮定したのと同様、近似のための仮定であって、ガリレオにとって、厳密にいえば永続するのは円運動なのである。この原則をガリレオは最後まで崩さなかったように思われる。したがって同時代の読者にとって、彼が提示する学説が継ぎ接ぎだらけのキメラのように見えたとしても不思議はない。

ガリレオは明敏な幾何学者、巧みな観測者であり、何よりも機知に富んだ論客であったが、整合的な体系を構想する理論家ではなかった。その遺産を受け継ぎ、新たな力学的世界像を打ち立てる役割は、彼が没した年に遠く北方の島国で生を受けるもう1人の天才ニュートンの手に委ねられることになる。

CHALLENGE

(1) 高位の聖職者で、改暦の諮問も受けていたコペルニクスが地動説を公表するのに消極的だったのは、それがカトリックの教義に反すると考えていたからなのだろうか、それとも自身の理論の完成度に満足していなかったためだろうか、調べなさい。

(2) 運動が相対的であるなら、地動説の方が天動説より正しいといえる根拠は何かあるのだろうか。慣性運動はなぜ等速直線運動でなければならないのだろうか、その場合「直線」とはどういう意味だろうか、調べなさい。

BOOK GUIDE

- 高橋憲一訳『完訳　天球回転論：コペルニクス天文学集成』みすず書房、2017年……コペルニクスの『天球回転論』と『コメンタリオルス』の全訳が収められており、訳者による「解説」にはコペルニクスまでの天文学史の基本的な知識も手際よくまとめられている。

- **伊藤和行『ガリレオ：望遠鏡が発見した宇宙』中央公論新社、2013年**……観測天文学者としてのガリレオに注目し、望遠鏡製作の実際やガリレオの戦略、論争の経緯などを詳しく分析した好著。
- **内井惣七『空間の謎・時間の謎：宇宙の始まりに迫る物理学と哲学』中央公論新社、2006年**……本章の内容とは直接かかわらないが、慣性の法則や運動の相対性について深く考えてみたい人むけ。コペルニクスとガリレオが取り組んだ問題の現代の位相が垣間見える。

（中澤　聡）

第2部

産業革命以降の科学・技術

第6章 機械の登場と産業革命、そして大量生産へ

【概要】 人類史のなかで、機械（machine）が生産活動に大きな影響をおよぼしはじめたのは、1760年ごろにイギリスで始まった産業革命からである。各種の消費財を機械で効率的に生産するようになり、20世紀初頭には大量生産が可能な機械文明が形成される。この機械は、人間の労働の一部を担うことで、富（wealth）の増大に貢献し、人びとの労働に新しい可能性を示す一方で、厳しい社会的な環境を生み出す手段ともなった。本章では、機械の発明と普及の歴史を通して、技術がもたらす社会への影響を分析する。産業革命以前、たとえば15世紀に始まる大航海時代では、奴隷、紅茶、砂糖、タバコ、綿織物など多くの「資源」を植民地から収奪することで、ヨーロッパ諸国に新たな富をもたらす重商主義が広まっていた。これに代わり、消費財を生産することで新たな富を獲得するという、資本主義の社会を作り上げるきっかけとなったのが産業革命である。この変化を生み出した「機械」に注目して、この時代の技術史を描いてみよう。

1 「機械」による生産がもたらした変化

本格的な機械制生産は、植民地からもたらされていた綿製品をイギリス国内で生産することから始まった。綿花を処理した原綿はインドやアメリカから輸入するが、原綿から糸を作る紡績、糸から布を作る織布などの工程に機械を導入することから、機械制生産方式が始まった。綿製品が産業革命のきっかけになった理由は、繊維部門が、人びとの衣類を供給し、多くの需要が見込める産業であったからだ。イギリスでの衣類生産は、伝統的には毛織物業が支えてきたが、インドから輸入された綿織物製品がイギリスで流行したことや、羊や蚕（カイコ）に比べて、綿花は成長の早い植物であったことも、綿工業の急速な発展の要因といえる。

商品の生産方法に目をむけると、産業革命以前までは、農村での家内制手工業や、熟練職人らによる工場制手工業（マニュファクチュア）が主流であった。インドなどから輸入されてきた綿製品を国産化するには、品質の確保と生産量の拡大のために、これまでと異なる工夫が必要となった。その答えが「機械」の導入であった。わざをもった熟練職人が働く工場制手工業では、労働手段として特殊な道具を利用した。この道具を機械に置き換えることで、高度なわざをもたない労働者でも、ほぼ同等の生産作業を行える。これを等式のような形で表すと、熟練工＋道具＝未熟練工＋機械、となる。ここから、次のような関係が見えてくる。

機械＝道具＋(熟練工－未熟練工)

熟練工から未熟練工を引き算することで、熟練工のもつ「わざ」が抽出でき、機械は「わざの一部を組み込んだ装置」となる。

さらに機械は、人間の腕の本数や長さ、人間が出せる速さや出力の制限を超えることが可能だ。つまり機械は、「人間の器官的制限を克服した装置」でもある。こうした2種類の装置である機械は、綿産業の紡績工程と織布工程に導入され、綿製品の生産量の拡大と品質の向上に利用された。

産業革命を分析したマルクス（Karl Marx）は、『資本論』のなかで「発達した機械」の構成要素が、作業機械、伝達機械、動力機械の3つであると説明している。それぞれ、人間の手、腕、筋肉の3つに相当する。先に示した「わざ」を実現する機械は、まず人間の手に代わるものから発明され、紡績機械と織布機械とが登場した。さらに人間の腕や筋肉での「器官的制限」を超える水車や蒸気機関などの動力機械の発明が、その後に続いた。

マルクスの分析はさらにつづき、アダム・スミス（Adam Smith）が示した労働価値学説（人間の労働が価値を生み出しているという説）を踏まえ、剰余価値学説を唱えた。工場主は、労働価値の一部を「剰余価値」として搾り取り、それを増大させるために、夜間労働や新しい機械を積極的に導入する。このことが労働者の賃金の向上や待遇の改善を妨げているのだ、という主張であった。

2　綿産業の機械化

綿工業の全体を見ると、綿花の栽培と収穫、綿花から粗糸までの工程、粗糸から精糸を作る紡績工程、糸から布地を作る織布工程、その後は漂白、染色、断裁、縫製で衣料品を作る、という一連の工程がつづく。イギリスの産業革命は、まず、紡績工程と織布工程の2つの工程に機械が導入されることではじまり、やがて残りの工程の合理化にも波及していくことになる。

紡績工程での最初の機械は、職人のハーグリーブス（James Hargreaves）が1763年に開発した、16本の紡錘をもつ不連続多軸式のジェニー紡績機である（**図6-1左**）。紡績作業では、粗糸を引き伸ばし、撚りをかけ、巻き取るという3つの工程があり、均一で、強く、細くなることが追求された。糸の細さは「番手」という単位で示された。かつら職人だったアークライト（Richard Arkwright）は、均一さを高めるために、ローラーとフライヤーを組み合わせた連続多軸式紡績機（**図6-1中**）を1769年に開発した。オルガン製造者でもあったクロンプトン（Samuel Crompton）は、これまでの紡績機の長所を組み合わせることで、最高品質の糸を作ることのできる「ミュール紡績機」を1779年に完成させた（**図6-1右**）。これらの3種類の紡績機の利用割合を紡錘数でみると、1788年ごろにはジェニー紡績機が160万錘（83%）、アークライト紡績機は29万錘（15%）であったが、1811年になると、ミュール紡績機が420万錘（90%）へと推移した。

図6-1（上から）ジェニー紡績（精紡）機、アークライト紡績機（ウォーターフレーム精紡機）、ミュール紡績（精紡）機（いずれも複製、カッコ内は所蔵館での呼称）［トヨタ産業技術記念館提供］

一方、布地を生産する織布工程では、その複雑さから、実用的な織布機械が登場するまでに時間がかかった。生産性を高めた「飛び杼」を加えた織機は、手織り職人のわざに支えられており、また、1787年にカートライト（Edmund Cartwright）が開発した最初の織布機械も、なかなか普及しなかった。品質の高い織布機械には、工作機械を利用した精度の高い金属部品が必要で、ロバーツ（Richard Roberts）がようやく1822年に完成させた。こうした織布機械は、1829年には5万5千台、1850年には25万台へと拡大し、25万人いた手織工は5万人へと減少した。1760年ごろにはじまった綿産業における紡績工程と織布工程の機械化は、こうして、1830年ごろに一段落を迎える。

3　新しい動力機械の登場

ジェニー紡績機は一度に16本の紡錘を動かすことができたが、動力は人間が供給していた。アークライトの紡績機はのちに水力紡績機とよばれるようになるが、最初は2本の紡錘を人力で動かしていた。生産量を増やすためには紡錘数の増大が不可欠となったが、多軸化と大型化により、人力に代わる強力な動力が必要となった。アークライトは当初は馬を動力に選んだが、安定した出力を維持するにはコストがかかるため、新型の水車を採用した。これが1771年に設置されたクロムフォード水力紡績工場であり、動力機械を利用した最初の紡績工場になった。

水車は、紀元前1世紀ごろ、古代ローマ帝国の時代に製粉所の動力として発明されていたが、本格的な普及は、12世紀以降の西欧社会であった。古代から受け継がれた水車を、長寿命で高効率の近代的水車に改良した発明家がスミートン（John Smeaton）であった。彼が1770年に発明した鉄製の低胸掛け水車（**図6-2左**）は、約15馬力の出力と40%ほどの変換効率をもち、水資源が確保できる都市から離れた場所に紡績機工場が設置されるようになった。

一方、水車に代わる新たな動力が、鉱山の排水用機関として開発されていた。1712年ごろに、鉱夫の息子であったニューコメン（Thomas Newcomen）は、ボイラーとシリンダーを組み合わせた画期的な大気圧機関を発明した（**図6-2中**）。多量の石炭を消費する燃費の悪い装置であった（1時間1馬力に約25kgの石炭を使う）が、石炭を産出する鉱山での排水装置として、イギリスの鉱山で普及した。スコットランドのグラスゴー大学で機械工として働いていたワット（James Watt）は、教材用の小型ニューコメン機関の修理を依頼され、燃費向上につながる「分離凝縮器」を1766年に発明した。ワットは、共同経営者となったボールトン（Matthew Boulton）と出会うことで、1775年に燃費の良い蒸気排水装置を完成させた（石炭使用量の8割を節約できた）。ボールトンは、この揚水用機関（上下運動）を、工場用機関（回転運動）に転換できれば、鉱山業ではなく綿工業の動力機となると提案した。ワットはこの提案に応じ、1788年までに、惑星太陽歯車、複動機関、平行連結器、遠心調速機などを発明し、機械を動かす回転型蒸気機関を作り上げた（**図6-2右**）。蒸気機関は揚水

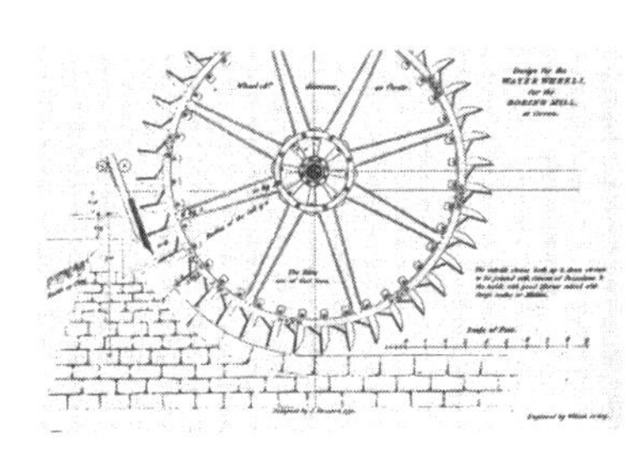

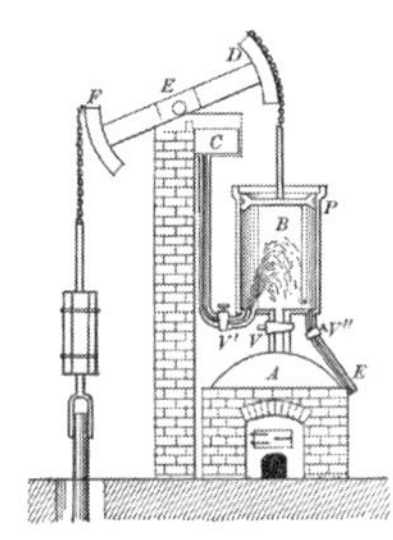

図 6-2　（左より）動力用水車（スミートン）［レイノルズ, 1989, p.311］、揚水用蒸気機関（ニューコメン）［Black & Davis, 1913, p.219］、工場用回転蒸気機関（ワット）［ディキンソン, 1994, p.102］

機から工場用動力機へと用途を変え、1804 年にはマンチェスターで蒸気動力を用いた工場が 93 カ所を数えるまでになった。こうして、水車による地方工場は、蒸気機関による都市工場へと変化し、機械制大工業の発展を決定づけた。

4　関連する産業分野と機械化

産業の機械化を促進するには、石炭業、製鉄業、機械工業など、関連産業の発展も必要であった。製鉄業では、17 世紀に木炭資源が枯渇したことで高炉による銑鉄生産が停滞していたが、ダービー 2 世（Abraham Darby Ⅱ）は、コークス高炉による銑鉄生産を 1735 年に完成させた。量産ができるようになった銑鉄は、ハンツマン（Benjamin Huntsman）のルツボ炉（1740）や、コート（Henry Cort）の反射炉（1784）などによって、銑鉄から鋼鉄に精錬され、「鋼の時代」を切り拓いた。また、機械工業では、金属加工の拡大に応えるために、モーズレー（Henry Maudsley）がスライドレスト付きねじ切り旋盤（1797）などの本格的な工作機械（マザーマシン）を開発した（図 6-3）。さらにマイクロメータなどのゲージ（精密な測定器）を用いることで、精密な部品加工を可能にすることができた。

図 6-3　送り台付きねじ切り旋盤（モーズレー）［ロルト, 1989, p.103］

綿製品などの消費財が機械制工場によって生み出されたが、それに続いて、工場に設置される機械などの生産財も、製鉄業や機械工業の発展によって大量に生産できるようになった。マルクスは、消費財の機械化（機械で製造）と生産財の機械化（機械を製造）が登場したことで、「産業革命の技術的基礎」が確立したと説明した。そして、機械を製造した工作機械の重要性を強調した（『資本論』第13章）。

5　アメリカでの大量生産への道

イギリスの産業革命によって登場した機械制大工業は、独立まもないアメリカ合衆国で、新たな発展を遂げた。新しい発明品を製造するには、設計・加工・組立などの工程が必要である。設計では、簡便さが採用され、加工では、交換可能な部品を用いる互換性方式と人手を節約できる専用工作機械が導入された。さらに組み立てにおいて、作業労働の短縮や、流れ作業を採り入れた。こうすることで、20世紀初頭までに、アメリカン・システムとよばれる大量生産方式が完成した。

イギリスからの移民が中心となってアメリカの工業化が進展したが、両国での工業化の過程はかなり異なっていた。歴史家のハバクック（H. J. Habakkuk）は、この違いを両国の熟練工の質に注目して次のように説明した（1962年）。イギリスでは、国内資源が少なく、熟練工に支えられ、植民地地域に多様な市場をもっていたが、アメリカでは、国内資源は多いものの、労働者や熟練工は少なく、国内に均一な市場をもっていた。つまり、労働力が不足していたことが機械に頼る生産を促進し、均一需要や国内資源の豊富さが大量生産を可能にしたことになる。

アメリカでの機械制大工業の起源は、イギリスと同様に綿工業にあった。紡績機械の知識をもってアメリカに移住したスレータ（Samuel Slater）が、1791年に最初の機械制の綿紡績工場を設置したからだ。しかし、アメリカの工業化を促進したのは、独立戦争などによって需要が高まった武器の機械制製造にあった。1776年の独立宣言後には、イギリスを相手にした独立戦争がはじまり、継続的な武力衝突が発生した。アメリカ政府は、1794年、マサチューセッツ州にスプリングフィールド連邦兵器工場を設置し、フランスから導入したマスケット銃（図6-4）と、さらに交換可能な部品の組み合わせで製造する互換性方式のアイデアを実現した。銃製造の工程は1825年ごろには100工程に細分化され、銃床となる木製部品は、14種の工作機械を使って約20分で完成できた。

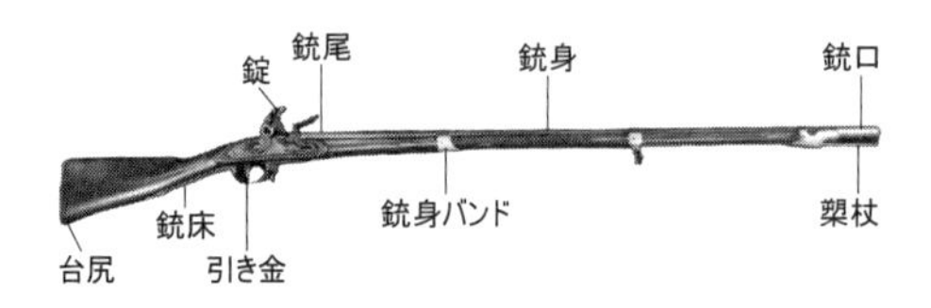

図 6-4　マスケット銃（Springfield Model 1795 Flintlock Musket）［国立アメリカ歴史博物館］

金属部品の加工精度を高めるため、一種類の部品だけを加工する専用工作機械が、部品の種類だけ必要となった。スプリングフィールド連邦兵器工場で開発された初期のアメリカ的方式は、マスケット銃の製造だけでなく、さらに民生分野での大量生産にも使われるようになった。

1820年代にはテリー（Eli Terry）の木製の機械時計、1850年代ではコルト（Samuel Cort）の連発銃、シンガー（Isaac Merritt Singer）のミシン、1870年代にはショールズ（Christopher Latham Sholes）のQWERTY配列式タイプライター、1890年代にはイギリスで発明された安全自転車、1900年代にはドイツで発明されたガソリン内燃自動車において、アメリカ方式で部品が量産化されるようになった。

6　生産システムの登場

機械製造には部品の加工につづき、組立工程がある。この組立工程を人手で行いながらも、合理化につなげたのが、テーラー（Frederick W. Taylor）による、作業工程の時間管理法（テーラーシステム）であった（『工場管理』1903）。

さらにフォード（Henry Ford）は、自動車製造にこの合理化のアイデアを持ち込んだ。彼は、ガソリンエンジンに注目し、電気自動車を開発していたエジソン社を退職した後に、フォード自動車会社を設立（1903）し、資産家が購入する高級車ではなく、大衆むけの廉価なT型自動車に製造対象を絞った（1908）。そのためにすべての部品を互換部品とし、必要な専用工作機械を開発した（ハイランドパーク工場、1910）。フォードは、シカゴの精肉工場で行われていた流れ作業に触発され、自動車の組立工程に、ベルトコンベアーによる流れ作業を導入した。こうして、加工工程と組立工程の両方が機械化され、未経験の農民や移民が工場労働を担えるようになった（フォードシステム）。

チャップリン（Charles S. Chaplin）の映画『モダン・タイムス』（1936）では、人間が機械の一部のように工場での作業に組み込まれていく姿を、フォードシステムを題材にユーモアを交えて描いている（図6-5）。フォード社での離職率が高かった（1912年に雇用契約を結んだ労働者の73%が1年以内で離職した）ことから、当時の工場労働は実際に辛い労働であったようだ。フォードは、1日8時間の労働、賃金を2倍にするなど、労働者を定着させる対策をとらざるをえなくなったほどだ。

図6-5　映画の中で描かれた「流れ作業」［『モダン・タイムス』（1936）より］

大量の移民によって支えられたアメリカ的大量生産方式は、1914年にはじまった第一次世界大戦で、軍用自動車などの量産化が必要となったことから、イギリスなどのヨーロッパ世界にも急速に広まることになった。

CHALLENGE

(1) イギリス産業革命のきっかけとなった繊維産業の素材は、羊毛、生糸、綿花のどれが選ばれたか。その素材が選ばれた理由は何だろうか。調べなさい。

(2) マルクス『資本論』第13章第1節冒頭の以下の文章を読んで、工場に機械を導入する動機は何か、機械が生み出す剰余価値とは何か、説明しなさい。

「ジョン・スチュアート・ミルは、その著『経済学原理』のなかで次のように言っている。『すべてのこれまでになされた機械の発明が、どの人間かの毎日の労苦を軽くしたかどうかは疑問である』。だが、このようなことは決して資本主義的に使用される機械の目的ではないのである。そのほかの労働の生産力の発展がそうであるように、機械は、商品を安くするべきもの、労働日のうち労働者が自分自身のために必要とする部分を短縮して、彼が資本家に無償で与える部分を延長するべきものなのである。それは、剰余価値を生産するための手段なのである。」（岩波文庫版『資本論』第2巻より引用）

(3) アメリカンシステムに貢献した人物を1人取り上げ、主な業績を紹介しなさい。また、アメリカンシステムに近い形で製造されている事例を、身の回りから見つけなさい。

BOOK GUIDE

● **マルクス、エンゲルス編、向坂逸郎訳『マルクス 資本論（二）』岩波文庫、1969年**……マルクスは産業革命に果たした機械の役割を、この本の第1巻「資本の生産過程」第4篇「相対的剰余価値の生産」第13章「機械設備と大工業」で詳細に描いている。原著は1867年に刊行された歴史的名著であるが、道具と機械の区別、機械の3つの部分（動力機、伝達機、作業機）の区別、産業革命の技術的基礎の確立過程などを、この古典から比較的容易に読み取れる。日本語訳は多数刊行されているので、入手しやすいものを読み進めてみることを勧める。

- **R.C. アレン著、眞嶋史叙ほか訳『世界史のなかの産業革命：資源・人的資本・グローバル経済』名古屋大学出版会、2017年**……イギリス産業革命における技術の役割を分析した新しい研究成果を含んだ文献である。機械が発明された経済的誘因に注目し、職人の賃金や石炭などの価格と技術発展との関係を見ることで、経済と技術とのかかわりについての歴史的展開を理解することができる。
- **ロルト著、磯田浩訳『工作機械の歴史：職人の技からオートメーションへ』平凡社、1989年**……機械の歴史で最も重要であるにもかかわらず、一般の人びとが目にすることがほとんどない機械が工作機械である。機械を作る機械であることから母なる機械（mother machine）とよばれる機械の発展をわかりやすく説明した名著である。
- **H.J. ハバクック「19世紀のアメリカとイギリスの技術：労働節約的発明の探究」（英語版 Sir Hrothgar John Habakkuk, American and British Technology in the nineteenth century-The Search for Labour-Saving Inventions, Cambridge University Press, 1962.）**……産業発展に果たした新発明がイギリスとアメリカとで異なる経緯で登場したことに注目し、アメリカの特殊な条件を「ハバクック仮説」として提示した文献。
- **ハウンシェル著、和田一夫・金井光太朗・藤原道夫訳『アメリカン・システムから大量生産へ：1800～1932』名古屋大学出版会、1998年**……アメリカで本格化したマス・プロダクション（大量生産）の登場過程を、南北戦争時代からの軍事技術の銃に加え、民生技術の家具や、ミシン、農機具、自転車、自動車などの製造現場が抱えていた困難を明らかにし、フォードによって完成した加工・組立を含めた機械による大量生産システム登場までを描いている。原著は、1987年にアメリカ技術史学会よりDexter賞を受賞。
- **森杲『アメリカ職人の仕事史：マス・プロダクションへの軌跡』中公新書、1996年**……移民として新大陸にやってきた人びとがどのように職人層を形成し、イギリスとは異なる「アメリカ的な職人」を形成したか、そのなかでどのように大量生産方式を生み出していくか、コンパクトに解説している。

（河村　豊）

科学革命と自然科学の制度化・数学化

【概要】 本章では、科学革命後の時代を扱う。17世紀は科学革命の世紀とよばれ、現在の科学研究の重要な方法論ができ上がった時代である。これよりのちの18世紀以降には科学はより精密化し、数学による洗練された自然の記述形式を獲得していくが、その典型がニュートンによる力学研究であった。力学を表現する新しい数学である解析学は、力学のみならずさまざまな物理学の形式となるが、その過程で数学的な理論研究を重視した研究教育機関がフランスで生まれ、各国の科学研究の模範となる。また近代原子論や機械論的世界観、数学の確実性は新しい科学的世界観を与える。

1 ニュートンの力学の成功と拡大

17世紀末のニュートン（Isaac Newton）による『プリンキピア』の成功を経て、科学の研究はより精密化し、数学をその言語とする定量的研究が一般的になる。その過程で『プリンキピア』の書き換えに多くの数学者・物理学者が従事し、現代にもつづく普遍的な物理学の形式が成立する。

新旧論争とその決着

17世紀科学革命の最後を飾ったニュートンの物理学は18世紀以降の人びとの世界観を大きく変化させた。それは、学者や専門家などの一部の知識階級に限定させたのでなく、広く一般にも浸透する変化を生み出した。とりわけ、その主著『プリンキピア（自然哲学の数学的諸原理）』（1687）は物理学のバイブルという模範的地位を築くだけでなく、自然科学の数学化という点で重要な見本としても働き、さらには経済学や社会学など19世紀以降に本格的に発展を遂げる他の新たな学問にも巨大な影響を与えた。

そもそも、新しい自然科学の方法によって学問全体の刷新がなされるべきだという主張はニュートン以前のイギリスの哲学者ベーコン（Francis Bacon）によってすでに表明されており、科学の発展によって「すべてが可能になる」とまで言及されていた。「知識は力である」という彼のモットーで言う「知識」

こそ、のちに科学を示すこととなるラテン語 scientia であり、さらに科学者が共同体を構成することの重要な意義についてもユートピア的著作『ニュー・アトランティス』(1627) のなかで記述している。こういった一連の学問の刷新を狙う考えをベーコン主義という。

このベーコン主義を実体化していく過程こそが 18 世紀以降の自然科学の展開である。フランスの啓蒙思想家ヴォルテール(François-Marie Arouet Voltaire) は、『哲学書簡』(1733) のなかでニュートンの偉業を「科学こそが人類の進歩の鍵であることを証明したこと」とまで評価している。この表明は、18 世紀において頻繁に扱われた新旧論争とよばれる一連の議論において、重要な意味をもっていた。

新旧論争とは、古代を理想視していた 16 世紀ルネサンス期までの人文主義的知識人と 17 世紀以降の新しい自然科学的学問観をもった知識人双方の間で熱心に展開されたもので、古代ギリシア・ローマと近代のどちらがより進歩しているのか決着させようというものだった。最終的に、この論争は 18 世紀において近代優勢の展開となり、古典を重視するヨーロッパの知の形態は大きく変動していくが、その雌雄を決する重要な契機となったのは彗星の公転周期をニュートンの力学を応用することによって解明したハリー (Edmund Halley) の研究である。オックスフォード大学サヴィル幾何学教授職にあったハリーは、当時きわめて難解でヨーロッパ中に理解者が 10 人もいなかったとされる『プリンキピア』を高度な水準まで習得し、その理論を彗星軌道の計算に応用した成果を 1705 年に『彗星天文学概論』として著した。同著で中世には不吉でかつ不規則な現象の象徴であったこの彗星の次回の出現を 1758 年と計算し、彼の死後この予言は見事に的中した。

この事件を境に、中世から存在する大学の伝統的学問と比べ、ニュートンの力学を代表とする新しい科学的知識の方がより有効・有益であるという考えが人びとの間に加速度的に広く浸透していった。

力学の解析化

上述の彗星の事例のように、未来の自然現象を予測できるという観点から『プリンキピア』は、科学のみならず多くの学問の模範的形式としての意味をもつようになる。しかし、その内容は大変難解で17世紀末のヨーロッパのほとんどの知識人にとっても理解不能という有様であった。その主たる理由は記述の形式にある。ニュートンは古代ギリシアの幾何学を理想視していた。したがって新しい力学を記述する際にもこの伝統的形式を墨守するというスタイルを貫いた。たとえば右の図7-1で示されるのは、惑星運動に関するケプラーの第二法則である。

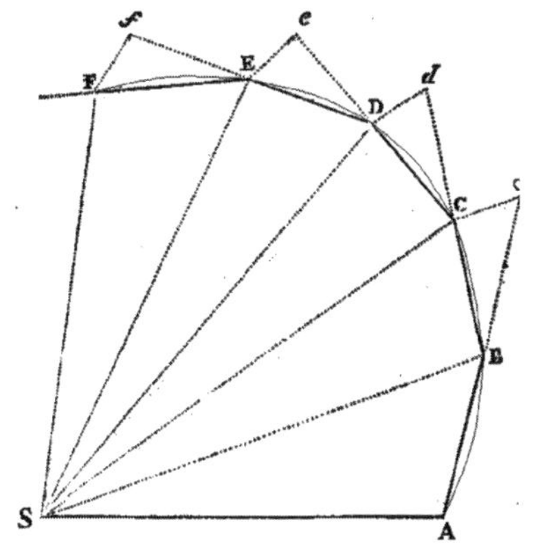

図7-1 『プリンキピア』第1巻、命題1の図
[Nauenberg, 2003, Figure1]

この法則は面積速度一定の法則とも称されるものだが、現在のわれわれがケプラーの第二法則といって想起する、$S=\frac{1}{2}rv\sin\theta$のような数学的公式は『プリンキピア』中には一度も出現しない。さらにこれは一例に過ぎない。つまり『プリンキピア』のなかには、のちにわれわれが知る力学の諸法則が現在のような代数方程式の形では一切出現せず、図形を添付した幾何的作図問題として描かれているのである。これは力学で最も代表的なニュートン方程式（$ma=F$）についても例外ではない。奇妙なことに、ニュートン方程式はニュートンのこの代表的著作のなかにすら一度も姿を現わさないのである。

では、なぜこの幾何学の形式にニュートンはこだわったのだろうか。それは、その指し示す物理学上の内容がまったく同じであっても、ギリシアの時代にはなかった代数の形式で表現することは、ニュートンによれば堕落であり卑しく不完全なこととみなされていたからである。つまり美意識の問題でニュートンは代数を使わなかったとまとめられる。こうして、すべての力学上の問題を古典的な幾何学の作図問題で表現するという、いわば天才の直観に頼った記述をニュートンは貫徹させてしまった。そのため、多くの読者には理解が及ばず、書名は物理学書のうちで最も有名であるけれども誰一人すんなり読めないという、大変不思議な教科書ができ上がってしまったのである。

さて、これを受け18世紀の先端的な物理学者・数学者が奮闘したのは、読

MÉCHANIQUE
ANALITIQUE.

PREMIERE PARTIE.

LA STATIQUE.

SECTION PREMIERE.

Sur les différens Principes de la Statique.

La Statique eſt la ſcience de l'équilibre des forces. On entend en général par *force* ou *puiſſance* la cauſe, quelle qu'elle ſoit, qui imprime ou tend à imprimer du mouvement au corps auquel on la ſuppoſe appliquée; & c'eſt auſſi par la quantité du mouvement imprimé, ou prêt à imprimer, que
A

図7-2　ラグランジュ『解析力学』1頁［Lagrange, 1788］

みづらいギリシア幾何学の形式で書かれた『プリンキピア』を、理解しやすい代数学の形式へと書き換える作業であった。これを「解析的書き換え」という。この事業によってニュートンの力学は、ニュートン力学（古典力学）として多くのはじめて物理学を学ぶ者にとって、親しめるものとなっていった。

解析的書き換えで活躍した重要人物を何人かあげてみよう。注目すべきことにこの作業の主たる担い手は、ニュートンの母国イギリス出身者ではなく、むしろライバルであった大陸側の物理学者·数学者たちであった。それは、ドゥ・シャトレ（Émilie du Châtelet）、ダランベール（Jean Le Rond d'Alembert）、オイラー（Leonhard Euler）、ラグランジュ（Joseph-Louis Lagrange）といった18世紀随一の数学者・物理学者たちである。結局、この難解な作業すべてが完遂するのは1788年のラグランジュによる『解析力学』（図7-2）の発表までかかった。したがって、ニュートンが1687年に『プリンキピア』初版を刊行した時分から、解析的書き換えが完成するまでに、およそ1世紀の時が流れた勘定になる。100年の間に図形に満ちていた『プリンキピア』の内容は代数学の形式に整理され、『解析力学』には1枚の作図も命題に挿入する必要がなくなるまでに変容し、まるで別物となったのである。この後、このラグランジュによる形式化は力学の中に潜む、より高度な物理学上の一般原理である変分原理を抜き出したものとして理解されるようになる。変分原理とは、ある物理量が数学的には微小な変化に対して極値をとるという形式を利用して、さまざまな物理学分野の基本法則を表したもので、物理学的記述が簡明になるという優れた長所をもっている。こうして、この原理はニュートン力学だけでなく、電磁気学、熱力学、相対性理論、量子力学など他の現代物理学の分野にも通底して物理現象を記述する普遍的な形式として採用されていく。これこそ物理学がギリシアの幾何学形式の呪縛から完全に解き放たれ、新しい、より本質的な衣を獲得した瞬間であった。

2 研究の場としての科学アカデミー

前述した18世紀中の科学者、数学者たちはどこで研究を行ったのであろうか。それは前世紀から徐々に整備されつつあった科学アカデミーであった。18世紀の科学研究の主要な舞台は多くの科学者が所属する科学アカデミーへと移行し、一握りの天才の活躍だけでは科学研究は遂行できない時代が到来する。

アカデミーの起源と国家との関係

この時代以降の科学研究の大きな変化として科学アカデミーの発展があげられる。たしかに17世紀中にもイタリアのリンチェイ・アカデミー（1603）やロンドン王立協会（1660）、フランスの科学アカデミー（1666）といった、現在にも残る重要なアカデミーはすでに発足していた。しかし、これらのアカデミーが名実ともに充実・拡大し、国家における科学の積極的な意味を訴求されるのは18世紀以降であり、とりわけ科学と国家の関係が重要視されるようになるのは、前述のフランスの科学アカデミーである。

その名称からうかがわれるように、このアカデミーは単に科学者が集うサロンとして機能するだけでなく、積極的に絶対主義時代のフランス国王ひいては国家に有用な科学を目指し組織化されていた。以下の図7-3を見てみよう。

図7-3　科学アカデミーを訪れたルイ14世（1671）［Leclerc, 1671］

中央やや左に位置していて立派な羽根つき帽子を頭に載せた人物は当時の国王ルイ14世（Louis XIV）である。その取り巻きをなしているのが、科学アカデミーの会員である科学者たちであるが、彼らは懸命に自分たちの研究やその意義を国王に説明している。当時から科学者は、研究費を獲得するためにスポンサーである国王はもちろんのこと、王朝の政権中枢にいる財務長官コルベール（Jean-Baptiste Colbert）などの官僚に自身の研究を積極的に売り込む必要があった。また、この新アカデミーの会員になれば、高額の俸給が支給される国家公務員としての社会的地位を与えられ、さらに多くの業績を積み、アカデミーで高位に昇りつめれば、最終的に終身会員と認定され破格の年金が約束された。つまり科学者はこの時代から、純粋に自分たちの好む研究を遂行するだけでなく、研究の社会的・国家的意味合いについても考察を余儀なくされていたのである。今や科学研究が優雅な貴族階級の知的好奇心を満たす趣味的活動であった時代は過ぎ去り、近代の国家体制のなかで、科学と権力が密接に連関する新しい科学研究の場が出現したのである。

さらに、これらの科学アカデミーは、査読誌（ピア・レビュー・ジャーナル）とよばれる、科学研究を公にする媒体の運営管理をはじめる。代表的なものとして、『フィロソフィカル・トランザクション』（1665）や『ジュルナル・デ・サバン』（1665）といった最初期の査読誌があげられるが、これらは科学者の業績を測るバロメーターとして、18 世紀にはその存在感をますます強くしていった。現在ではさらに「インパクト・ファクター」という論文の引用頻度を基礎とした、科学者のいわば成績表となる指標があるが、すでにこの時代に論文にまつわる評価制度が機能しはじめていたことは驚くべきことである。こうして 18 世紀まで科学研究の中心地・殿堂であったアカデミーだが、その地位は長くつづかない。18 世紀末のフランス革命以降まったく新しい理工系学校が成立し、科学研究の制度化そして巨大化はさらに加速度的に進行していく。

3　エコール・ポリテクニクにみる新時代の科学研究

18 世紀末に理科系研究者のための新機軸の学校がフランスで創設されるが、ここで重視されたのは数学や物理学を主体とした数理的科学であった。理論的分析のトレーニングを受けた卒業生は瞬く間に国家の司令塔として重要な指導的地位につき、数理的科学がより組織的に展開されていく。

ポリテクニクの誕生

1789 年にフランス革命が勃発すると、19 世紀後半の普仏戦争に至るまでヨーロッパは巨大な政治体制の激変とそれにともなう動乱の渦に巻き込まれていく。その最中に、既存の大学とは違う組織で理工系の研究を展開していく新しい教育機関の創設がフランスで企画された。革命以前から存在していたさまざまな技術者を育成する学校はすべて王立であったため、革命開始から次々と閉校となっていったが、この流れに反抗する形で、革命暦3年ヴァンデミエール（1794年9月）に、幾何学者モンジュ（Gaspard Monge）、工学者カルノー（Lazare Nicolas Marguerite Carnot）らによって「公共事業に関する中央学校」が設立される。これがのちのエコール・ポリテクニク（以下、ポリテクニク）の原型である。ポリテクニクは厳密には大学ではなく、現在でもグランゼコールというフランス独自のカテゴリーに属する最上位のエリート校であり、その入試（コンクール）に関しても通常の大学入試とは比較にならない激烈な競争が待ちかまえている。合格者は入学が認められると同時に、フランス政府の官僚（軍事省所属）として1年次から取り扱われ、俸給を得て教育・研究に専念する権利が与えられる。現在においてもフランスの産業界の中枢はポリテクニク出身者が多くを占めており、高等師範学校（ENS）とともに理工系研究機関の最高峰である。

さて、ポリテクニクの初期の教授陣には創設者である先の2人に加えて、当代随一の科学的知性が集結した。数学ではコーシー（Augustin Louis Cauchy）、物理学では先のラグランジュ、化学ではベルトレ（Claude Louis Berthollet）といった国際的に著名な指導的研究者が教鞭をとったので、19世紀初頭の創設直後からフランスの国力の増大に大きく寄与する優秀な人材が多く輩出されるようになった。特にポリテクニクで重視されたのは、このコーシーの書いた教科書『解析教程』を代表とする、いわゆる微積分学（解析学）の習熟であった。解析学はニュートン以降、新しい物理学を記述する言語としての役割を担うようになっていくので、この数学や物理学などの理論科学重視の傾向は現在においてもポリテクニクの基本的方向性の1つである。

ナポレオンとフーリエ

新設のポリテクニクから輩出された優秀な人材に即座に着目したのは、そもそも自身も陸軍砲兵将校出身で数学的才能に恵まれていた、かのナポレオン・

ボナパルト（Napoléon Bonaparte）であった。ナポレオンはこの学校の卒業生を純粋な自然科学研究というフィールドにとどめず、科学的成果を利用した軍事技術の発展に専念させた。このため、とりわけ築城術・土木・水理技術についての数理・物理学的研究は加速度的に進行した。これは、軍事的に侵略する過程で物資を輸送する軍道や水路の整備に寄与し、征服した後にも再度敵軍から侵略されにくい都市構築をナポレオンが求めていたからである。こうしてナポレオン体制以降、数学、物理学を核とした数理科学はその応用的側面がことさら重視されていく展開となる。

ナポレオンの側近でエジプト遠征を代表とする侵略戦争の多くに同伴した著名な数学者として、ポリテクニクの教授を務めたフーリエ（Jean Baptiste Joseph Fourier）がいる。フーリエ展開とよばれる三角関数を利用した任意の関数を近似する方法をフーリエは熱力学に関する著作『熱の解析的理論』（1822）のなかではじめて考案していて、優秀な数学者としても知られていた。ただ、フーリエはその数学的才知だけなく、行政官としてもナポレオンにより高く評価され、南仏イゼール県の県知事まで務めるという異例の出世を遂げる。フーリエはナポレオン失脚後に政治的な糾弾を受け要職とは無縁になるが、科学者としての名声は失われず、科学アカデミーの終身会員となる。このように、近代国家における数理科学の巨大化ならびに数学者と政治の関係性が浮き彫りとなったのは、まさにフーリエの生涯そのものであった。

またポリテクニクの大成功を受け、数理科学をカリキュラムのなかで最重要視する欧米各国の工科学校（現在は工科大学に昇格）や軍事学校が次々と創設される。代表的なものとして、ドイツの高等技術学校（TH）やアメリカの陸軍士官学校ならびにマサチューセッツ工科大学（MIT）やカリフォルニア工科大学（CIT）に代表される各地域の工科大学がある。ポリテクニクを先駆けとして、既存の伝統的大学とは違うこれらの研究教育機関は19世紀以降新たな科学研究の中心となり、ベーコンの構想は現実化したのである。

4　機械論哲学の誕生と科学における数学の有用性

18世紀以降の新しい科学的世界観を構成するために重要な働きをしたものとして、機械論哲学と科学における数学の有用性の認識があげられる。

機械論哲学

時代を少し戻して、17世紀に完成した考え方で、現代科学にも継続される重要な発想である機械論についてふり返ってみる。この思想の起源は、古代ギリシアのデモクリトス（Dēmoκritos）やエピクロス（Epikouros）の掲げた原子論（atomism）であった。エピクロスによれば物質とは自ら運動するものであり、あらゆる事柄は原子の偶然の衝突から必然的な仕方で説明できるというものであった。しかし、この考え方では神なくしてすべての現象は説明可能となるため、無神論につながるとしてキリスト教社会においては非難され、古代末期から長らく捨て置かれた。

この考え方にあらためて脚光を当てたのが17世紀の自然哲学者、とりわけガッサンディ（Pierre Gassendi）、ボイル（Robert Boyle）、そしてニュートンであった。特にガッサンディはエピクロスの考えをキリスト教思想と調和させようと重要な改変を行う。それは、自ら運動する物体という考え方を捨て、神が物質の創造にあたって物質に運動を起こすための仕組み（内在的原理）を与えたとするものだった。このように読み換えることにより、世界を始めた神の存在意義を強調し、キリスト教の体系を貶めることなしに原子論の意義を一般に認めさせようとした。

この近代的な原子論は微小な原子が互いに衝突を繰り返すことで、物体の運動のようなマクロな現象まで説明できるという、現代にもつづく基礎的な物理学の考え方となった。ちなみに機械論とはMechanismという語の訳語だが、精密な歯車が連結され、次々と力を伝達して動いていく機械を想像すると、この語の指す内容を容易に理解できるだろう。すなわち原子の衝突はまさにドミノ倒しのように継続して、原因と結果の連鎖を引き起こすのであり、そのプロセスを科学的に説明する方法論として機械論は採用されたのである。ボイルやニュートンもこの機械論哲学の忠実な継承者であり、神の存在を物質の活動から証明することができるとした。こうして近代原子論は無神論のレッテルを貼られずに、当時の最高峰の知識人によって理解される共通認識となっていった。

数学の地位の向上

17世紀でも大学はアリストテレス重視の中世のカリキュラムを墨守しており、ガリレオやデカルト（René Descartes）など当時の先端的・進歩的な科学者の考え方とは一致せず、基本的に大きな摩擦を引き起こしていた。たしかにこの時代になってはじめて、最新の自然に関する知識と科学の方法論を学ぶためには、数学と自然哲学（現在の自然科学）双方の充分な理解が必要とされてきたが、大半の大学はこのために新しいカリキュラムを編成することはなかった。しかし、科学の方法としての数学の地位の向上は決して無視できるものではなく、16世紀後半にはすでに、メランヒトン（Philipp Melanchthon）の教育改革の影響下にあったドイツの諸大学では数学の重要性が認識されはじめており、コレジョ・ロマーノ（ローマ学院）などの当時一流の教育研究機関と結びついていたカトリックのイエズス会や、オランダを手始めに活躍した人文主義哲学者ラムス（Petrus Ramus）のように数学の重要性を説く教育組織や教育者は増加していった。

この結果、17世紀には数学的諸学が自然哲学の研究に有効という考え方は次第に大学でも拡大していき、数学者のみならず数学教育をする者への社会的需要も増大していった。ガリレオは『偽金鑑識官』という著作のなかで「この最高に偉大な書物（宇宙）は、数学の言葉で書かれている」と書き残している。これは「自然科学の共通言語は数学」であり、これを学ばなければ自然の本質はつかめないという意味であるが、この現在にも息づく科学の共通認識が定着するのは、先の解析的書き換え等が完遂され、ポリテクニクで数理的科学が重視されるようになる18世紀以降である。

CHALLENGE

(1) ベーコン主義が現在の科学研究においても今なお息づいていることは、どのような例から理解できるだろうか。

(2) ニュートン自身の力学研究とニュートン力学（古典力学）はどのような点で異なっているのか、数学的形式を念頭において考えてみよう。

(3) 科学アカデミーやエコール・ポリテクニクの発展以降から、科学と政治あるいは軍事との関係はどのように変化していったのだろうか。科学の有益性という観点から考えてみよう。

BOOK GUIDE

- **ローレンス・プリンチーペ著、菅谷暁・山田俊弘訳『科学革命』丸善出版、2014年**……キルヒャー、コペルニクス、ガリレオ、ニュートン、ボイルなどの重要な科学者が活躍した16～17世紀において、近代科学はいかにして誕生したのか。この起源の問題について一貫した視座を与える科学革命の入門書。
- **山本義隆『重力と力学的世界：古典としての古典力学　上・下』（ちくま学芸文庫）筑摩書房、2021年**……17～18世紀の微分積分学と力学の成立・発展は、さまざまな現代科学の諸分野に息づく数理物理的方法論の原型となるものであった。また、力学的な世界観の誕生についても深い哲学的知見を与えてくれる良書。

（但馬　亨）

第8章　近代日本における科学の発展

【概要】 本章では、西洋からの影響を受けて大きく発展した近代日本における科学を論じる。日本は、16世紀に種子島への鉄砲伝来で西洋と接点をもったものの、江戸時代には鎖国の影響で西洋からの知識の流入はオランダ語の書物に限られた。江戸時代後期には、海防の意識から、英語をはじめとする諸外国語で知識を得るようになる。書物から学ぶ時代を経て、明治初期には、留学をしたり、外国人をよびよせたりして、西洋からの最新の知識を学ぶことができるようになった。日本で科学的な発見がなされるようになったのは明治中期以降である。

1　はじめに

近代の日本はなぜ急速に西洋から科学を取り入れることができたのだろうか。本章では、科学が日本に単に流れ込んできたのではなく、日本人が積極的に学んだという視点から、日本で科学が発展する過程を考えてみよう。

日本における科学の源泉は、6世紀から9世紀の間に流入した中国大陸に由来するものと、16世紀以降に西洋から流入したものがある。中国由来の科学的知識についても追究することは可能であろうが、現代の科学への系譜という点では、圧倒的に西洋からの影響が大きい。そのため、本章では西洋からの影響を受けることで発展した日本の科学を論じる。具体的には、西洋の科学を受け入れる過程を、好奇心の段階（蘭学の時代）、必需の段階（洋学の時代）、普及の段階（科学の時代）と名づけることにしよう。

2　好奇心の段階——蘭学の時代

日本における近代科学の発展は、オランダ語を通じた学問文化である蘭学の成立が重要なポイントになっている。まずは、蘭学の登場をみてみよう。

蘭学以前の日本の科学

日本においても、医学、本草学、天文暦学、数学、地理学など、観察に基づいて知識を積み重ねていく学問の系譜をたどることができる。西洋からの科学の影響を受ける前に活躍した人物として、本草学（のちに博物学、薬物学に発展）では貝原益軒や、天文学では渋川春海（**図 8-1**）、数学では関孝和といった学者の名前があげられる。このころの学問は、医術、暦術、算術とよばれるように、技術として扱われており、また日本で発展したものがあったとはいえ、概して中国大陸からの移植であった。そこには、近代科学の基礎をなす力学、物理学、化学といった基礎科学の源流を求めることはできない。

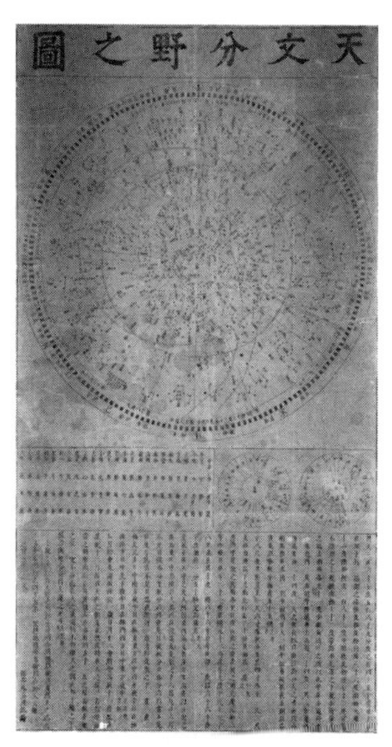

図 8-1　渋川春海（保井春海）が 1677（延宝 5）年に著した星図「天文分野之図」［国立国会図書館デジタルコレクション］

1543（天文 12）年にポルトガル人が種子島に漂着したのが西洋人の日本へのはじめての渡来とされており、その後、ザビエル（Francisco de Xavier）をはじめとする宣教師が来日し、キリスト教布教の一環として西洋由来の医術や自然哲学を日本人に伝えていた。しかし、1630（寛永 7）年の禁書令、1639（寛永 16）年の鎖国によって、西洋の接点は長崎におけるオランダとの交流のみとなり、科学的知識の流入も限られたものとなった。

鎖国制度により、西洋からの知識の流入はいったん制限されるが、1720（享保 5）年に将軍吉宗は実学を奨励し、禁書令を緩和して、科学や技術に関する書物の輸入が行われるようになった。1740（元文 5）年には、儒学者の青木昆陽と町医者の野呂元丈が吉宗からオランダ語の学習を命じられるなど、オランダ語を通した西洋の科学的知識が流入するようになる。

蘭学の成立

蘭学が興隆する上で重要な役割を果たしたのが、1774（安永 3）年に『解体新書』（**図 8-2**）を翻訳した杉田玄白と前野良沢である。彼らはそれぞれ、ドイツ人医師クルムス（Johann Adam Kulmus）原著のオランダ語訳である解剖書

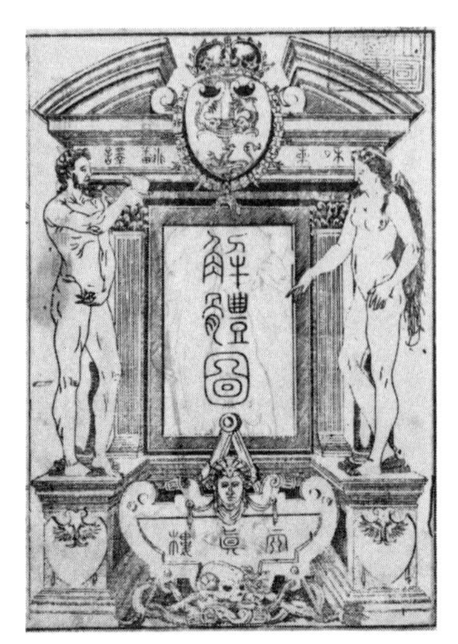

図 8-2　杉田玄白ら『解体新書』（1774（安永 3）年）［国立国会図書館デジタルコレクション］

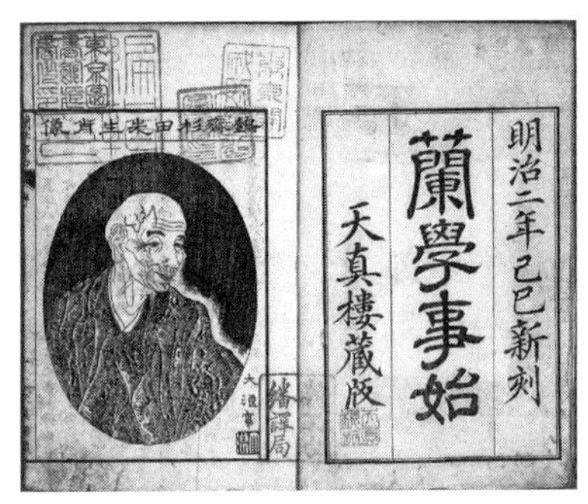

図 8-3　杉田玄白『蘭学事始』（天真楼刊、1869（明治 2）年）［国立国会図書館デジタルコレクション］

『ターヘル・アナトミア』を入手しており、また処刑人の腑分けに立ち会って、同書の記述が正確であることに驚嘆し、翻訳を決意した。しかし、その時点では良沢にわずかなオランダ語の知識があっただけで、彼らは語学の学習から始めなければならなかったのである。

玄白らが『解体新書』を翻訳する以前にも、たとえば長崎の通詞（つうじ）(通訳官)である本木良永（よしなが）が、1771(明和 8)年の『和蘭地図略説』をはじめとするいくつもの翻訳書を手がけていた。しかしながら、通詞による翻訳は本務のかたわらに行ったものに過ぎず、科学への関心があったわけではない。玄白らにおいては、西洋医学の優秀さに気づき、科学を追究しようとする意識から翻訳に着手したという点で、西洋からの科学に対する目覚めがある。

杉田玄白は、後年に回想した『蘭学事始』(図 8-3) のなかで、『解体新書』を翻訳した意義を、「油の一滴」が水面を広がるようにと表現したように、蘭学が日本中に広がることを自覚していた。彼が予期したとおり、その後、蘭書の翻訳が相次ぎ、蘭学の文化が広がっていった。

蘭学の発展と普及

『解体新書』の刊行を契機にして、西洋の科学を扱う著作の出版が進んだ。杉田玄白と前野良沢の門人の大槻玄沢は、1788（天明 8）年に蘭学の入門書である『蘭学階梯（かいてい）』（蘭学を学ぶためのハシゴという意味）を著した。1796 年には、稲村三伯（さんぱく）らが本格的な蘭和辞典である『江戸ハルマ』を刊行した。1802（享和

2）年までに、志筑忠雄が『暦象新書』を訳述し、そのなかでニュートン（第7章参照）の万有引力の理論を紹介した。これは、イギリスの自然哲学者ケイル（John Keill）による著作のオランダ語版を翻訳したものである。こうした入門書や辞典、啓蒙書は、蘭学の発展と普及に大きく寄与した。

蘭学を扱う草創の私塾に、100人におよぶ門人がいたといわれる杉田玄白の天真楼（開設時期は不明）や、大槻玄沢が1786（天明6）年に開いた芝蘭堂がある。芝蘭堂は、太陽暦の元旦にあたる当時の11月に毎年新年の宴会を開くなど、蘭学者が集う社交界のような性格をもっていた。時期は下るが、オランダ商館付きの医師であるシーボルト（Philipp Franz von Siebold）も1824（文政7）年に長崎の出島近くに私塾の鳴滝塾を開いた。シーボルトのもとで、高野長英や伊東玄朴をはじめとして、50人を超える医者や蘭学者が医学や自然科学を学んだ。

草創の私塾に学んだ者の中に、さらに塾を開く者が現れ、蘭学の普及が進んだ。有名な私塾には、江戸では伊東玄朴が1831年に開いた象先堂、大坂では緒方洪庵が1838年に開いた適々斎塾、京都では新宮涼庭が1839年に開いた順正書院、佐倉では佐藤泰然が1843年に開いた順天堂があげられる。門人には医師出身であるものが多かったが、徐々に士族が増えていった。

蘭学の時代には、私塾を除いて組織だった活動はほとんど見られず、好奇心に基づく個人の活動の域を出るものではなかった。さらに、『解体新書』が解剖の書であるように、日本における近代科学の起点は、医学分野にある。実際、自立的に生計をたてつつ、蘭書に接することができたのは医者をおいてほかにはいなかった。医学のように知識の実践への応用に重点をおく実学的態度の中で、オランダ語を通じた学問文化が生じたのである。

3　必需の段階——洋学の時代

19世紀はじめの化政文化とよばれるころには、それまでの蘭学の時代に見られたような、好奇心で科学に触れる段階は終わり、西洋からの知識は実践を目的とした学問になった。為政者にとっては、政策を進める上で西洋からの知識を導入することが避けられないものとなり、蘭学はいわば公式の学問として認知されるようになった。これが必需の段階である。

開国のころには、オランダ語だけではなく、英語やフランス語、ドイツ語といったヨーロッパ語を通して西洋の学問を吸収するルートが開け、洋学として広がりを見せていく。

洋学への広がり

蘭学の時代も、日本に流入した知識の多くは、ドイツ語で出版された書物がオランダ語に翻訳されたものだった。蘭学が成熟すると、学問的な水準も向上し、オランダ以外の国への意識が広がった。そのため、蘭学というよび方では、諸系統からの知識をまとめることができなくなり、西洋から来た学問を意味する洋学という言葉が使われるようになっていった。オランダ語から学んでいた西洋の学問を、フランス語やドイツ語、英語といったヨーロッパの他の言葉を使うことで、オランダ語を通すよりも早く、新しい科学と技術の成果に、より多く接することになったのである。

さらに、幕府内では国際関係上の危機感（**図8-4**）から、軍備への関心が高まると同時に、多くの言葉を学ぶ必要に迫られた。英語を例にとれば、1808（文化5）年にイギリスの軍艦フェートン号が長崎港に侵入した事件があげられる。この結果、幕府が1825（文政8）年に異国船打払令を出すことになった。さらに1840年には清とイギリスの間でアヘン戦争が勃発し、清が敗北したことで、英語への関心が急激に高まった。

図8-4　1829(文政12)年の作と考えられる谷文晁による木版画「黒船之図」［国立国会図書館デジタルコレクション］

洋学の公学化

19世紀にはいると、幕府の態度が大きく変化した。蘭学は幕府による政策に左右されるところが大きく、当初、入手できる本はオランダ語のもののみで、自然科学に関するものに限られていた。幕府の政策に疑問をもたせるような思想には警戒をしながらも、国際情勢が動いていくなかで、幕府自身が蘭学や洋学を推進する立場になっていった。

1811（文化8）年には、江戸幕府のなかに蕃書和解御用掛という西洋からの書物を翻訳する部局が設置され、天文学者の高橋景保、通詞の馬場貞由、杉田玄白と前野良沢の弟子である蘭学者の大槻玄沢らが出仕（公務につくこと）した。この部局は翻訳のみが業務であったが、それまで西洋からの知識の流入を制限する立場にあった幕府が、蘭学を公式の学問として扱ったという点で意義が大きい。蕃書和解御用掛は、1855（安政2）年には洋学所として拡充し、その後、英語、フランス語、ドイツ語の文書を翻訳する業務に加えて、各国語の教育が行われるようになった。この組織は、蕃書調所、開成所と名前を変えながら、明治以降には東京大学へつづくことになるいわば日本で最先端の研究機関であった。

他方、諸藩でも、幕府が海防を意識した影響を受けて、蘭学から兵学や砲術の導入を図った。江戸を中心として発達した蘭学は、まず蘭癖（オランダかぶれ）のある藩主や藩士によって地方に広がったが、幕末には国際関係上の危機に応じて、趣味の域を超えて諸藩が政策として蘭学を取り入れるようになる。蘭学者を重用し、蘭学の導入に積極的であった藩として、長崎に近い肥前（現在の佐賀）、筑前（福岡）、薩摩、長門（山口）の西南の諸藩のほか、福井、水戸（茨城）、佐倉（千葉）などがあげられる。

外国人からの学習

幕末になると、外国人を教師にした体系的な科学教育が行われるようになる。1855（安政2）年に、幕府は長崎に海軍伝習所を設置し、20人以上のオランダ海軍軍人を教官として体系的な教育を行い、200人におよぶ幕臣や藩士が海軍の知識や技術を習得した。1857（安政4）年には、海軍伝習所でオランダ軍医のポンペ（J. L. C. Pompe van Meerdervoort）が、診療を行いながら、基礎から臨床までの系統的な医学教育を行った（**図8-5**）。伝習所は1859（安政6）年に閉鎖されたが、長崎では1864（元治元）年に分析究理所が設置され、1866（慶応2）年に化学者のハラタマ（Koenraad Wolter Gratama）が着任してからは、物理学や化学の教育が行われた。洋学は、ほとんどの場合、書物から知識を得るに過ぎなかったが、直接外国人から学ぶことで、当時のヨーロッパにおいても新しい科学や技術に、大きく遅れることがなく接することができたとい

図 8-5　ポンペ（前列右）と学生たち［ポンペ, 1968］

う点で大きな飛躍があった。

一方で、単なる好奇心を超えて、洋学がそれなりの地位を獲得すると、国学や儒学との葛藤も見られるようになった。「和魂洋才」という言葉は、中国との関係のなかで用いられた「和魂漢才」をもじったものであるが、この当時折衷的に西洋からの科学や技術を受け入れているものの、日本人としての魂を売り渡したわけではないといったかわし方をするためのスローガンである。たとえば、儒者で西洋砲術を学んだ佐久間象山は、急進的な開国主義者であったため攘夷派の者に暗殺されてしまうが、西洋から優れているものを受け入れる際に「東洋道徳・西洋芸術」（芸術は技術と同義）という言葉を残したように、日本における国粋的な伝統からの抵抗に苦労したのである。

4　普及の段階——科学の時代

明治以降、学校教育において儒学や和算といった日本の伝統的な学問を推進しようとする勢力は衰え、西洋からの科学が標準的な学問になる。科学と技術の発展を担うのは、幕末期に洋学を学んだ日本人、留学生、お雇い外国人、お雇い外国人に学ぶ日本人、日本人に学ぶ日本人というように、徐々に移り変わっていく。

近代的な教育の制度が成立し、人材の層が厚くなるとともに、科学者が科学者を育てるいわゆる再生産が行われるようになる。このような人材群が育成されることで、日本における科学は普及の段階へ至った。

留学生、お雇い外国人

開国後、幕府は 1862（文久 2）年に榎本武揚（たけあき）や西周（あまね）らをオランダに留学させたように、人材を海外へ派遣する必要性を感じていた。諸藩でも、海外渡航が

図 8-6　歌川国輝（二代）による「東京名勝之内　高輪蒸気車鉄道全図」（1872（明治 5）年）
［国立国会図書館 NDL イメージバンク］

禁止されていた当時にあって、長州藩では 1863（文久 3）年に伊藤博文ら 5 名（通称長州ファイブ）をイギリスへ、薩摩藩も 1865（慶応元）年に森有礼ら 19 名をイギリスへ密航留学させるといった動きがあった。幕府内では渡航に対する見直しが進んでいたとはいえ、諸藩にとって密航は依然として死罪に相当する重罪だったのであり、まさに命がけの渡航であった。

明治維新後、政府は 1871（明治 4）年に岩倉具視を全権大使とする総勢 100 人を超える使節団をアメリカ合衆国とヨーロッパ諸国に派遣した。使節団は不平等条約の改正を主目的としながら——これは失敗したが——、1 年 10 カ月間にわたって先進的な文明を視察し、日本の近代化を進めるうえで大きな刺激を得た。

日本を近代化する上で大きな役割を果たしたのが、お雇い外国人である。幕末から外国人を雇う例はあったが、維新後は、主にイギリス、フランス、アメリカ、ドイツから技術者や教師をよびよせ、現在の価値に換算すると月給数百万円にも相当する高給を払って、多くの助力を得た。彼らは、日本の鉄道や電信（**図 8-6**）、灯台といったインフラを整備するとともに、日本人への科学教育にもかかわった。明治時代を通じて、政府と民間で雇った外国人は総勢 3 千人にもおよぶが、最も影響が大きかったのは明治の初期であり、年間 500 人に上る外国人から、科学や技術の教えを受けたのである。

科学の制度化

明治政府は、近代化を進めるためにお雇い外国人を働かせるだけではなく、本格的に日本人を教育する必要性を認めていた。政府は 1872（明治 5）年に学制を公布して、小学から大学までの教育制度を計画した。当時、慶應義塾を開設していた福沢諭吉は、日本人を文明開化させるために、近代科学の教育が必要であることを説き、1868（明治元）年には、科学の入門書である『訓蒙窮理図解』（きんもうきゅうりずかい）を著していた。文部省はその影響を受けて、小学校においても自然科学の教育制度を整備し、1882 年ごろから本格化した。

高等教育の面では、政府は 1877（明治 10）年にいくつかの前身校（図 8-7）を合併して東京大学を設立した。1886（明治 19）年には、東京大学を改組して、帝国大学が発足した。帝国大学は、法科大学・医科大学・工科大学・文科大学・理科大学という 5 つの分科大学（現在の学部のようなもの）を備え（1890 年に農科大学が加わった）、さらに大学院が設置されていた。大学院は、当初実質的には機能しなかったが、組織の枠組みとしては西洋先進国の大学にひけをとらない大学が日本に誕生したのである。卒業生は、その後に設立される京都や東北の各帝国大学の教師として赴任するとともに、各種学校の教師として、国民への科学の普及を担う存在になった。

高等教育を受けた日本人が増えるにしたがって、専門の学会が設立されるよ

図 8-7　東京第一大学区開成学校開業式之図［国立国会図書館デジタルコレクション］

うになった。明治10年代には、理学系に限っても、1877（明治10）年に東京数学会社（のちの日本数学会、日本物理学会）、1878年に化学会、東京生物学会（日本動物学会）、1879年に東京地学協会、1880年に日本地震学会、1882年に東京気象学会が、それぞれ科学者の手によって設立された。こうして、日本においても職業としての科学者が輩出するようになったのである。科学者という職業が社会的に成立する過程を、科学史研究の分野では科学の制度化とよんでいる。

日本での科学の定着と発展

1877（明治10）年に東京大学理学部が創設された際の教師は、16人中12人が外国人であった。これが、1886（明治19）年に帝国大学理科大学に改組された際には、13人中外国人教師は化学のダイバース（Edward Divers）と物理学のノット（Cargill Gilston Knott）の2名だけになり、ほかは日本人に置き換えられていた。

帝国大学が発足する以前の東京大学の時代には、日本人の教師であっても、英語で教育を行っていた。教授陣に日本人が増えるにしたがって、徐々に日本語で教育が進められるようになった。教育後進国の場合、植民地であれば高等教育は宗主国の言語で行われる例が多く、草創期から20年も経たずに自国の言語で実施されたことは珍しいといえる。日本の場合、高等教育をはじめとして先端の科学の研究を早くから日本語で行うことができたことが、その後の科学の普及を容易にした。

現在一般的に使われる科学用語は、蘭学以来の翻訳文化に端を発する。たとえば蘭学者の宇田川榕菴（ようあん）は、翻訳に際して日本にはなかった概念の言葉を造らなければならなかった。元素、水素、炭素、窒素、酸素、酸、物質、成分、装置といった化学用語は榕菴の造語である。また西周は、科学、技術、哲学、知識、概念、演繹、帰納といった今日でも使われる用語を造語した。

日本人の手によって世界的な業績が出るようになるのは、明治の中期以降である。19世紀中の成果に限っても、物理学分野では、北尾次郎の大気の運動と台風の理論（1887、1889、1895）、長岡半太郎の磁気歪（じきひずみ）の研究（1889）、田中舘愛橘（たなかだてあいきつ）の日本全国地磁気測定（1893-1896）、大森房吉の地震の初期微動の研究（1899）があげられる。化学分野では、久原躬弦（みつる）の樟脳の研究（1888）、田原良純のフグ毒の研究（1889）、櫻井錠二による分子量測定法の改良（1892）、さらに医学・薬学分野では、北里柴三郎による破傷風菌の純枠培養（1889）、志賀潔による赤痢菌の発見（1897）といった業績がある。

5 おわりに――明治期までの日本の科学

蘭学の時代の医学のように、即座に実践に移される例があったとはいえ、他の科学や技術は、産業界からの要請で発展したものではなく、社会に還元しようとする意識はほとんどない。近代日本における西洋からの知識の導入は、概して西洋列国の進出に対する抵抗を意識したものであった。特に1883（明治16）年に建設された鹿鳴館に代表されるように、幕末からの不平等条約を改正しようとする試みのなかで、日本が文明国であることを西洋列国に知らせるための一環として、優れた学問としての科学を取り込んだという流れを指摘することができよう。

CHALLENGE

(1) 西洋からの科学知識が蘭学という形で発展した理由はどこにあるか、説明しなさい。

(2) 江戸幕府によって設置された洋学のための施設はどのようなものか、そしてその意義はどのような点にあったか、説明しなさい。

(3) 明治政府はどのような形で海外の知識を日本に導入しようとしたか、説明しなさい。

BOOK GUIDE

- **吉田光邦『江戸の科学者』講談社、2021年（『江戸の科学者たち』社会思想社、1969年の再版）**……江戸時代を代表する学者の伝記を集めたもの。西洋と接触をもつ前から、またその後も、和算や暦など日本で独自に発展した科学的な学問が江戸時代にあった。日本の伝統的な科学に触れるきっかけとしてほしい。
- **福沢諭吉『新訂　福翁自伝』岩波書店、1978年**……福沢諭吉の自伝。福沢の一生は、日本の近代化とともにあった。幕末の封建制度、適々斎塾での蘭学の習得、先進国の視察など、当事者による回想がユーモアを交えて描かれており、一気に読み進められるだろう。

（和田　正法）

第9章

科学依存型技術と産業化科学の登場

【概要】 天文学・数学を中心とした近代科学に加えて、18世紀末からは、電気学・磁気学・熱学・化学など、実験を特徴とする物理諸科学が進展した。これらの物理諸科学は、科学知識を応用した「科学依存型技術」を生み出し、化学産業や電気産業などの新しい産業を登場させることになった。実際に科学が産業発展に役立つことがわかるようになると、産業発展のための課題が科学研究に持ち込まれるようになる。こうして生まれた分野をここでは「産業化科学」とよんでおこう。本章では、まず、18世紀末から20世紀初頭までに起こった科学依存型技術の形成をイギリスの事例で描き、次に産業化科学が生み出されていく過程を、ドイツに登場した最初の国立研究所、アメリカに登場した最初の民間企業の研究所の設立過程を通して分析する。現代の科学・技術・産業の強い結びつきのルーツを理解することができる。

1　産業に応用できる科学の登場

第7章に登場したベーコンは、帰納法を主張することで、科学知識を応用する可能性を示していたが、17世紀の近代科学は、数学を用いた天文学・力学が中心で、新しい産業を生み出す知識を充分には提供できなかった。その後、18世紀後半になって、ようやく酸性・アルカリ性を示す化学物質の探究や、摩擦電気や雷などの実験的研究が活発になった（第10章を参照）。新たに抽出された化学物質は、繊維産業の漂白剤などに応用され、また電気と磁気の知識は通信装置や照明装置などに応用された。ベーコンの夢はほぼ200年後、ようやく実現することになった。

2　酸性物質・アルカリ性物質の知識が化学工業を生んだ

第6章で取り上げたように、綿工業では、紡績機械や織布機械が普及することで、大量の布地が生産されるようになった。商品としての衣服を生産するには、布地の生産につづいて、布地の漂白と染色、さらに裁断と縫製の作業へとつづく。布地の生産が機械化されたものの、漂白や染色などはまだ、職人の手作業に委ねられていた。布地の生産量が拡大したことで、まずは漂白作業に化学物質を利用することが試みられた。

図 9-1 従来の漂白工程［©British Library Board/Bridgeman Images］

従来の漂白法

漂白作業は、従来までは、海藻類を燃やした灰を溶かした灰汁につけるアルカリ処理、牛乳を醱酵させて作ったバターミルクにつける酸処理、さらに、太陽光にさらす処理などで行われていた。こうした伝統的な漂白作業は、完成させるまでに１カ月以上の時間がかかり、また一度に大量の布地を漂白することは困難だった（図 9-1）。布地生産の機械化は、漂白作業での時間短縮と処理量の増加を強く要求するようになり、伝統的なやり方を変更する動機を与えた。

化学応用の漂白方法

新たな漂白方法は、従来の物質の代用品を発見することからはじまった。まず、灰汁の代用品には、炭酸ナトリウムが利用された。フランス人ルブラン（Nicolas Leblanc）は、塩化ナトリウム（塩）と硫酸を用いることで、効率良く炭酸ナトリウムを生産するルブラン方法を発明した（1789）。また、バターミルクの代用品には、希硫酸が有効であることがわかり、硫酸を工業的に生産する鉛室法をイギリス人ローバック（John Roebuck）が発明した（1746）。さらに太陽光によるさらしの代用としては、塩素ガスが利用された。スウェーデン人シェーレ（Carl Wilhelm Scheele）が 1774 年に発見した塩素には、強い漂白作用があることがわかった。この塩素は、強い毒性をもつなど、取り扱いが困難であったため、イギリス人テナント（Charles Tennant）は、塩素を消石灰と反応させて固形化することで、扱いやすいさらし粉を発明した（1798、図 9-2）。

このように、これまで化学者が実験室で扱っていた炭酸ナトリウム、希硫酸、塩素などが、工業製品として大量生産された。これを酸アルカリ工業あるいは無機化学工業という。

図 9-2　テナントと彼の化学工場［Wellcome Collection（左）および ©CSG CIC Glasgow Museums and Libraries Collection: The Mitchell Library, Special Collections（右）］

1880 年には化学工学者協会（Society of Chemical Engineers）の設立運動がロンドンで起き、1887 年には最初の化学工学の教育課程がマンチェスター大学に配置され、化学工学という科学知識を応用する工学部門が登場した。さらに、ウェーラー（Friedrich Wöhler）は、1828 年に無機物から有機物である尿素を合成し、有機化学工業を生み出すきっかけをつくった。1856 年には、紫色の合成染料であるモーブが発明され、さらに、1883 年には人造絹糸としてニトロセルロース繊維を用いた合成繊維が誕生した。20 世紀初頭には石炭資源を原料とした石炭化学工業が多様な有機物資素材を大量に供給することになり、20 世紀後半には石炭に代って石油を原料にした、石油化学工業へとつながっていく。

3　電磁気学を応用した通信手段が電気工業を生んだ

高速通信手段としてのセマフォ

19 世紀に電磁気学を応用した電気通信装置（電信と略す）は、それ以前の通信手段の代用品として登場することになった。古代から行われていた馬を利用した通信手段は、紀元前 1 世紀ごろのペルシア帝国の記録では、約 2 千 km の距離を 10 日間で書簡を送り届けたという。伝達速度は、1 日で約 200 km ということになる。この記録を大幅に超えた方式が、18 世紀末に登場したセマフォとよばれた腕木通信機であった（1791 年、図 9-3）。

図 9-3　シャップが発明したセマフォ（腕木通信機） 2メートルほどの腕木で作った形によって文章を伝達する通信装置。光学式テレグラフともいう。[IRIS]

人や物資の移動には、時速数十 km の鉄道が利用されることになるが、最初の鉄道がイギリスに登場したのは 1804 年であった。それよりも 10 年以上前に、高速通信手段が発明されていた。

フランス人シャップ（Claude Chappe）が発明したセマフォ（semaphore）は、幅 4 m ほどの木製の腕の組合せで形を作り、10 km ほど離れた中継所の信号を望遠鏡で確認し、それを次々に隣の中継所へと伝えていく腕木通信システムである。1 つの形に 1 つの文章を対応させ、1 回の通信は、異なる腕木の形を数回伝達することで完了する。フランス革命の時代の信頼性の高い高速軍用通信手段として、セマフォはフランス国内に総延長 5 千 km ほどに普及した。1794 年には、パリとリールとの約 220 km が、12 カ所の中継基地でつながれ、一信号を 2 分で伝達したとの記録がある。これが正しいとすれば、セマフォの伝達速度は分速 100 km ほどになる。この高速通信手段に対して、電気現象を利用した新しい電気通信が参入することになった。

鉄道通信に利用された電気通信

電信は、電源に電池（1800 年の発明）を用い、符号を示す仕組みには電流の磁気作用（1820 年の発見）を応用したものである。セマフォの性能に匹敵する通信装置は、イギリス人のクック（William Fothergill Cooke）とホイートストン（Charles Wheatstone）らが発明した五針式電信機であった（1837、図 9-4）。セマフォの弱点は、夜間や悪天候での通信が困難であったこと、また中継所に配置する操作員などの訓練などに費用がかかり、利用者は政府機関に限られていたことだった。電信は、これらの弱点を解決し、新規の利用者として民間の鉄道会社が登場した。鉄道は1825年にスチーブンソン（George Stephenson）により商業利用がはじまったが、線路内への立ち入りによる人身事故を防ぐ安全管理のために、汽車の到着を知らせる通信手段が必要となっていた。これらの目的に、セマフォではなく、電信が採用されることになった。電信は鉄道会社には好都合だった。なぜなら夜間や悪天候でも利用でき、また電信線の敷設や補修も、線路に沿った電信柱で管理できたからだ。またロイター通信社（1851設立）など、電信を頻繁に利用する新しい企業も登場するようになり、国内電信網は1850年代にヨーロッパ全体に普及した。これを電信工業あるいは弱電工業という。

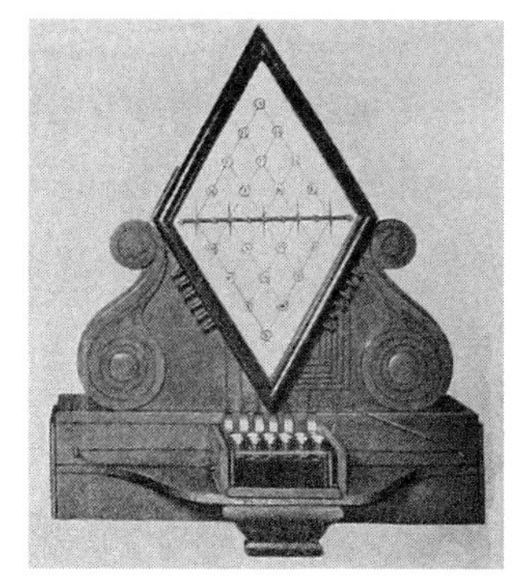

図9-4　五針式電信機　ロンドンの鉄道用電信に最初に利用された。［Wellcome Collection］

国際電信を可能にした海底電信

海外に多くの資産をもつイギリスは、ドーバー海峡（約50 km）を越えてユーラシア大陸と接続し、また大西洋（約3千km）を越えて北アメリカと接続するという国際電信の実用化に強い関心をもつようになった。前者は1851年、後者は1857年に実現し、島国のイギリスは、電信によって世界とすばやく連絡できる手段を手にした。海底ケーブルの製造には絶縁性物質が必要であるが、これにはマレーシア原産のアカテツ科の木から取れる樹液（グッタペルカ）が利用された。また3千kmを越える遠距離への電気信号の伝達は、イギリス人物理学者トムソン（William Thomson）が熱力学を応用した電信理論と、彼が開発した鏡検流計という装置によって実現した（第10章2、4参照）。この貢献で、トムソンはビクトリア女王よりケルビン（Kelvin）卿と名乗ることを許された（絶対温度「K」の単位につながる）。さらに、物理学の知識を学ぶ電信技術者も養成されはじめ、1871年にはロンドンに電信工学者協会が設置され、1888年には電気工学者協会（Institution of Electrical Engineers）と改名することになった。

イギリスで発展した化学工学や電気工学とこれらの科学依存型の産業分野は、やがてドイツやアメリカへと広がり、研究所などの設置を通して、産業化科学という新しい領域をつくり出すことになる。

4　ドイツの産業化科学とヴェルナー・ジーメンス

科学を活用した製品が国際的に取引されるようになると、その品質を示すための国際的な基準が求められるようになった。たとえば電信用のケーブルの性能を示すには、ケーブルの長さ、太さ、重さ、そして電気抵抗などの単位が定まっている必要がある。長さの単位では、1 m を地球一周の子午線の 4 千万分の 1 であるとする「メートル条約」が 22 カ国間で承認された（1875)。一方、電気の単位は、それに遅れて、1881 年に開催された国際電気会議で議論されはじめた。単位を定めるには、精密な計測装置の開発と運用が必要で、国家による支援が不可欠であった。

ドイツは、1871 年の統一までは、40 以上の王国と 4 つの自由都市に分裂していた。その 1 つの王国、ベルリンを首都とするプロイセン王国では、退役軍人のジーメンス（Werner von Siemens）が、電信機製造会社（後のジーメンス社）を 1847 年に設置した。彼は、同じプロイセン出身の物理学者ヘルムホルツ（Hermann von Helmholtz）の助言を受けながら、実用的な電信機や発電機などを開発することに成功した。イギリスの電信機に比べると、当初は性能も低く、実績も少ないことから、ジーメンスは、まず軍用目的の通信機として売り込んだ。勢力を広げようとしていた帝政ロシアでは、ペテルブルクからクリミアまでの電信ケーブルを敷設し、1853 年にはじまったクリミア戦争のなかで、電信機の役割が認められた。さらに、1870 年には、ロンドン、ベルリン、テヘラン、カルカッタまでの民生目的のインド・ヨーロッパ電信線や大西洋電信線の敷設にも成功した。しかし、この国際電信事業では、多くの資金と利権をもつイギリス企業が経営を独占しており、ジーメンス社は電信事業の経営ではなく、電信装置の開発と製造に特化した事業に活路を見出すことになる。国際市場での評価を高める手段の 1 つが、国際電気単位の議論の主導権を握ることであった。

長さや重さにかかわる単位については、メートル法を最初に定めたフランスが主導権をもっていた。また、電気や磁気に関する単位については、電信網を最初に発展させたイギリスが先行していた。ドイツでは、ヘルムホルツの他に、ガウス (Carl Friedrich Gauss) やウェーバー (Wilhelm Eduard Weber) などの物理学者が、電磁気学分野で先進的な研究を行っていたが、フランスやイギリスほどには国際的な影響力をドイツは発揮できなかった。この分野での主導権を確保するには、関連する数値を精密に測定するための理論研究や実験研究、そして、国家の支援が不可欠となった。

ジーメンスは、1883年に「精密自然研究と精密工学の実験振興のための研究所」を設置する建白書を作成しただけではなく、土地と資金をプロイセン政府に寄付することで、帝国物理工学研究所 (PTR) の設置を果たした (1887)。その初代の所長には、物理学者のヘルムホルツが就任し、物理学部では精密計測のための理論研究を行い、工学部では精密測定機械の開発などが行われた。ここでの産業化科学の研究成果は、国内で製造された機器類の検定業務に利用され、国際市場でのドイツ製品の高い評価と普及に貢献し、科学依存型産業におけるドイツの影響力を拡大する基盤ともなった。

各国もPTRを模倣し、イギリスでは国立物理学研究所 (NPL、1900)、アメリカでは国立標準局 (NBS、1903)、日本では電気試験所 (1891) などの設置へとつながった。

大学での実験研究の進展

ドイツでは、科学依存型技術を支える人材養成にも努力をしていた。エンジニア養成の本格的な教育機関であったフランスのエコール・ポリテクニク (第7章参照) を模倣することで、統一前のドイツ地域では、1850年までに13校の技術高等学校 (TH) を設置した。また、大学では化学実験室や物理学実験室を利用する新しい科学教育が採用された。たとえば、ギーセン大学に着任した化学者リービッヒ (Justus Freiherr von Liebig) は、1840年に実験・実習を中心とした教授法を導入し、自然科学の研究人材だけでなく、科学知識を応用できるドイツの産業に必要な人材を育成した。19世紀の後半には、イギリスやアメリカからも学生が集まるようになり、ドイツは科学研究の分野で急速に先端国家へと進んでいった。

5　アメリカの産業化科学とトマス・エジソン

南北戦争後のアメリカは、大量生産を可能にする工業力を発展させ、世界市場に進出した（第6章参照）。それに加えて、科学応用部門でも、ドイツとともに大きく発展しはじめた。その象徴となる事例が、エジソン（Thomas Alva Edison）による電気供給システムの構築である。エジソンは、発明王として知られているが、彼はまた、個人発明家の時代を終わらせた人物でもあった。エジソン社を引き継いだGE社（General Electric、1892）が、最初の企業内基礎研究所を設置し、集団で産業化科学を進める道をつくったからだ。ここでは、エジソンの功績と限界を調べてみる。

エジソンはその生涯で1093件の特許を取得しているが、最も重要な発明は、電気照明システムであった。白熱電球、発電機、送電網、電力積算計、そして最初の中央発電所などをつくり出し、現在の電力送電システムの原形となった。照明分野でのエジソンの功績は、都市型照明として普及していたガス灯を駆逐したことにもある。

エジソンシステム

19世紀には、産業革命を担う機械制工場での夜間労働を支えるためにガス灯による照明が利用され、やがて家庭用の照明として都市に普及していった。燃料は、石炭を乾留することで発生した気体で、このガスを貯蔵した大型容器からガス管を通して、工場や家庭まで配送した。このガス照明に代わって、電気照明を広めた発明家がエジソンであった。きっかけは、ベルギー人のグラム（Zenobe Theophile Gramme）が強電分野を支える発電機を発明したことにある（1870）。この発電機は、蒸気機関を動力として100ボルト以上の電圧を長時間にわたって供給できる。それまでの電源は、数ボルトを発生させる弱電分野の電池だけしかなく、用途も電気通信に限られていた。エジソンは、当初は電信装置の改良で、発明家としての実績を積んでいたが、ガス照明を駆逐することを目標にこの強電分野に参入した。

電気照明には、アーク灯と白熱灯との2つの方式が想定されていた。アーク灯は2本の炭素棒の隙間に放電を発生させるもので、熱とともにまばゆい光を発生させる装置であった。白熱灯は細い導線（フィラメント）をガラス管に封印して空気を除き、導線が燃えないように光を発生させる装置である。エジソンは、ガス照明を駆逐する方式として、白熱灯の方式を選択した。アーク灯は強烈な光であるため室内照明に利用できなかったからだ。

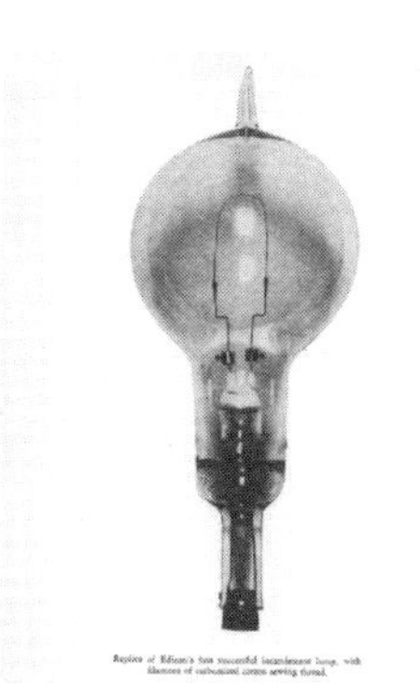

図 9-5　（左）パール街の中央発電所［『電氣之友』1932, p.375］、（右）綿糸で連続点灯に初めて成功したエジソンの白熱電球［Lewis, 1959, p.86］

エジソンは、設備にかかるコストを低く抑えるため、フィラメント素材を白金ではなく安価な木綿糸や竹の繊維とし、また送電線に利用する銅の量を少なくするために細い高抵抗ケーブルを開発した。そして、ガス灯の利用者に受け入れられるように、ガス灯に類似した料金システムを導入した。困難であった白熱灯の開発も 1878 年には成功し、安価で丈夫なフィラメントとして京都の竹を選んで商品化した。ついに、1882 年にはニューヨークパール街に中央発電所を設置し、電気照明システムを開始した（図 9-5）。彼のシステムは、白熱電球と中央発電所を用いた、直流低電圧近距離送電システムと言い換えることもできる。電気の供給範囲は半径 1 km ほどで、都心のビルの地下に蒸気機関を設置、2 階に発電機、3 階に配電盤などを配置、地下埋設型の送電用ケーブルで隣接する建物まで電気を送ることができた。

エジソンシステムは、20 世紀に本格化する「電気エネルギーの時代」の出発点となったが、直流送電から交流送電への転換という、大きな変更も必要であった。

企業内研究所の設置

エジソンの中央発電所は石炭を燃料としていた。都市部での石炭火力の利用は、石炭の運搬にコストがかかるだけでなく、振動、騒音、煤煙を居住地域で発生させる迷惑な行為でもあった。これに代わる新しい発電方式は、地方の水源を利用した水力発電であったが、遠方からの電気の輸送が新たな技術的課題となった。エジソンは、直流技術の設備と特許を守るために、交流技術には関心を示さなかった。直流技術にこだわるエジソン社（Edison General Electric社）は、交流技術に注目したウェスチングハウス社と「電力戦争」とよばれる競争を引き起こすことになった。エジソン社側による、フィラメント特許訴訟、電球の低価格競争、交流危険キャンペーンなどの対策は不発に終わり、銀行が介入することで、エジソン社は、交流技術をもつトムソン・ハウストン社と合併し、Edisonの名前を省いたGE（General Electric）社となった。

GE社では、エジソンを尊敬していたスタインメッツ（Charles Proteus Steinmetz）が技術主任として採用された。彼は、天才発明家であるエジソンであっても、技術進歩の速い分野では見通しを誤ることを知り、企業のなかに研究施設をつくり、個人ではなく集団で、開発だけでなく産業化科学の研究も行う必要がある、と考えた。1900年、GE社に設置された最初の企業内研究所であるスケネクタディ研究所は、スタインメッツの自宅の物置小屋からはじまることになった。

その後アメリカでは、デュポン社、ATT社などの民間企業でも、企業内研究所を設置する動きが広まり、ドイツの国立研究所に加えてアメリカの企業内研究所も、20世紀前半の産業化科学の主たる担い手になっていった。

CHALLENGE

(1) 無機化学工業に貢献した人物を1人選び、主要な業績を調べなさい。

(2) 電気通信工業に貢献した人物を1人選び、主要な業績を調べなさい。

(3) 単位や技術標準が産業発展にとって必要となる理由はどこにあるだろうか。その理由について調べなさい。

(4) GE社のスケネクタディ研究所の他に、どのような企業内研究所があるかを調べ、うち1つを紹介しなさい。

BOOK GUIDE

- **加藤邦興『化学の技術史』オーム社、1980年**……化学産業の起源からその拡大までの過程を、豊富な写真・図表を利用して詳しく描いている。40年前に刊行された文献であるが、19～20世紀の化学産業を理解する基本文献である。

- L.F. ハーバー著、水野五郎訳『近代化学工業の研究：その技術・経済史的分析』北海道大学図書刊行会、1977年およびL.F. ハーバー著、佐藤正弥、北村美都穂訳『世界巨大化学企業形成史』日本評論社、1984年……化学を応用した新素材生産の産業を歴史的に描いた名著である。
- 山崎俊雄・木本忠昭『新版 電気の技術史』オーム社、1992年および高橋雄造『電気の歴史 人と技術のものがたり』東京電機大学出版局、2011年……両書ともに、豊富な図表を加えた、電気技術史通史。前者は社会的関連に触れ、後者は技術者個人に注目して描くという特徴がある。

（河村　豊）

第10章 現代科学の登場と新しい自然観への転換

【概要】 20世紀はじめに、アインシュタインを科学界に知らしめたのは相対性理論（相対論）と量子論に関する業績であった。2つの理論は現代物理学の主軸を支え、現代社会においてはGPS（全地球測位システム）、半導体、量子コンピュータなど多くの分野に応用されている。この相対論と量子論はどのような問題意識のもとで生み出され、何を問うたのか。これらを考えるために、本章では、19世紀〜20世紀初頭の西欧における科学理論の動向を確認し、19世紀と20世紀の自然観の違い、相対論と量子論の登場がその違いにどう関係したのかを考察する。

1 19世紀西欧の自然観の出発点

舌を出すアインシュタイン（Albert Einstein）（図10-1）。このイラストは、1951年度のニューヨーク新聞写真家賞グランプリを受賞した写真にもとづく。写真が反響をよんだのは、20世紀を代表する科学者アインシュタインが舌を出しておどけるというそのギャップがユニークだったからにちがいない。

1879年生まれのアインシュタインが科学教育を受けたのはドイツ語圏であった。彼はドイツ・ミュンヘンで中等教育を受けて、スイス・チューリッヒ連邦工科大学（図10-2）に進学し1900年に卒業する。この大学は、第9章で見たドイツ地域の技術高等学校と類似した流れをくむ科学技術の高等教育機関である。アインシュタインが教育を受けた当時のドイツおよび西欧の科学界はどのような状況だったのだろうか。

図10-1 アインシュタイン 1951年3月14日、アインシュタイン72歳の誕生日に撮影された写真より。両隣はプリンストン高等研究所所長フランク・アイデロッテ（右）と彼の妻。

ドイツを含む西欧の19世紀の科学的な考え方に大きな影響を与えたのが18世紀〜19世紀はじめのフランスの動向だった。当時のフランスでは、人間が生まれもった認識能力の「理性」を重んじる啓蒙主義の高まりのもとで、科学は神ではなく人間の理性との関係づけを強めた。こうした思想的潮流のなかで、自然現象を広範に把握できる理論の存在が期待され、その理論によって支配される世界という自然観が現れる。その象徴がニュートン力学であった。第7章で見たように、18世紀にニュートンの『プリンキピア』はわかりやすく書き換えられ、天体現象の予測などを通じて支持を広げた。ニュートン理論は自然を数学的に理解する主要な手段であり、社会にとって有用な手段であると考えられた。

図10-2 アインシュタインが学んだチューリッヒ連邦工科大学［©ETH Zurich/Gian Marco Castelberg］

ニュートン力学の権威をいっそう高めるのに貢献した数学者の1人がラプラス（Pierre-Simon Laplace）（図10-3）である。ラプラスはニュートン力学に基礎をおく天体力学をわかりやすく説明するために、『宇宙体系解説』（1796）で太陽系の生成を論じ、さらに天体現象と潮汐などの関連現象を体系的に論じる『天体力学』（1799～1825）を発表した。

ラプラスの考えの一端は彼の著書『確率の哲学的試論』（1814）で表現されている。何らかの状況から起こりうる事象を見出そうとする確率の理論は「われわれの判断を導く最も信頼しうる洞察を与える」ものであり、人間の啓蒙にとって重要な理論である。その一方で、人間は真理の探究につとめることしかできない前提のもとで確率論を扱うのであり、人間精神が近づくことのできない超人的知性が存在するというのである。

この知性は、ある時点の自然界の状態を知ることで未来の現象を予見できるという「ラプラスの魔」とよばれ、人間精神を寄せつけない知性の存在が自然現象を完全に説明し予見できるという決定論的自然観を示唆し、当時の科学者たちにニュートン力学に基づく体系的理論への期待をよ

図10-3 ラプラス［AIP Emilio Segrè Visual Archives］

び起こした。その後「ラプラス物理学」は19世紀初頭フランスでその勢いを失いながらも、力学を自然の基礎理論とみなす力学的自然観につながり、19世紀西欧に影響を与えつづけた。

2 光、熱、電磁気の力学的研究の展開

18世紀の産業革命を経て、光、熱、電磁気を駆使する技術が西欧で発展していた。その象徴は蒸気機関、電動機（電気モーター）、電灯などであった。こうした技術の進展は、第9章で見たように、科学的考察によって技術の改良を行う場面や科学現象を詳細に分析する機会をもたらし、科学者たちに知的刺激を与えた。それに歩調をあわせるように、力学的自然観を知的基盤とした光、熱、電磁気の科学理論が発展を遂げる。

光の研究

19世紀、数学的解析の対象となった主な自然現象は光、熱、電磁気であった。光については、19世紀はじめにイギリスのヤング（Thomas Young）が、2つのスリットを通過した光が互いに強めあう、もしくは弱めあう干渉の現象に説明を与えて、光の波動の性質をわかりやすく示した。干渉に加えて、障害物の裏側に光波が回り込む回折の現象（**図10-4**）の実験も進むと、光を数学的に解析する研究も進展した。

光の解析研究に寄与したのはナヴィエ（Claude Louis Marie Henri Navier）を含むフランスの数学者・物理学者たちであった。ナヴィエは、光が伝わるための仲介物をゴムのような弾性をともなう物体（弾性体）と考え、弾性体を構成する分子がその位置を変化させて物体が変形したときに他の分子から各分子に

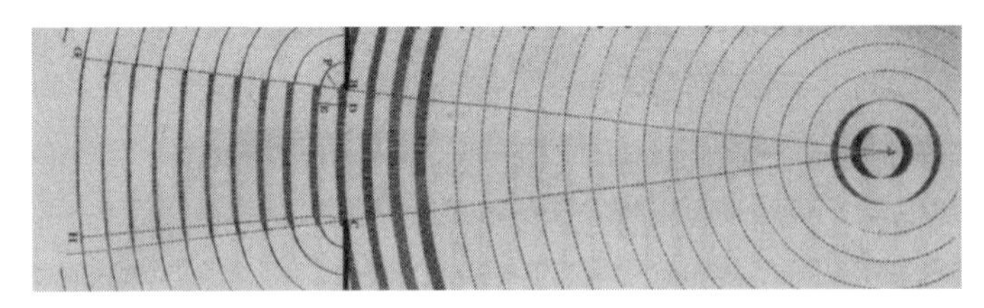

図10-4 『フィロソフィカル・トランザクションズ』（1802）に収録されたヤングの講演における光の回折図 図の上下に太い実線で示した壁の裏面（左側が裏面となる）に光波が回り込むことが表されている。[Young, 1802]

作用する力が分子間の距離に関連づけられるという方程式を導いた。波動の性質をもつ光を、物質を構成する粒子とそれに作用する力によって説明するという分析方法は、ニュートン力学に基づくラプラス的方法に属するものだった。

熱の研究

熱については、実験技術の向上によって、一定の温度を上げるために必要な熱量（熱容量）や、定まった重さの物質の一定の温度を上げるために必要な熱量（比熱）などの定量的研究が18世紀末までに進んだ。これらの研究では、熱の原因が一種の元素のような物質とする考え方（熱素説）と、熱の原因を何らかの運動とする考え方（運動説）が展開された。

19世紀に入ると熱の現象を数学的に解析する研究が現れた。その代表例は熱伝導の研究であった。熱伝導とは、熱が物体の高温部から低温部へ物体中を伝わって移動する現象をいう。物質によって熱伝導の速さの違いが実験で確認され、この熱伝導を微分方程式で表すことが試みられた。フランスのフーリエは熱伝導研究の成果を『熱の解析的理論』(1822) で発表し、温度、時間、位置などによる熱伝導の微分方程式を示した（第7章参照）。彼にとって解析的な方程式は「普遍的かつ単純で、誤りや曖昧さが取り除かれた言語」であり、「幾多の自然存在物の不変の関係を表す」のに最も「ふさわしい言語」なのであった。

19世紀前半の熱をめぐる理論では熱素説の考え方が支配した。熱素説をとった科学者の1人はフランスのサディ・カルノー（Nicolas Léonard Sadi Carnot）である。彼は蒸気機関の分析によって得られた理想的な熱機関のサイクルのカルノー・サイクル（等温膨張・断熱膨張・等温圧縮・断熱圧縮の4サイクル）で知られ、彼の熱理論は、熱素という熱物質が保存されるという原理と、永久機関が不可能であるという原理を基礎にしていた。

だが、1830年代～40年代に熱の運動説も存在感を見せはじめる。この新たな動向では、物体が物理的な仕事をなしうる能力を意味するエネルギーが熱に関連づけて考えられた。「仕事」とは、何らかの力によって物体が移動したときの、物体の移動した向きの力と移動した距離の積を意味する。イギリスの物理学者ジュール（James Prescott Joule）は電気モーターの効率問題に関連して熱と仕事の実験を行い（図10-5）、ドイツの生理学者・物理学者ヘルムホルツ

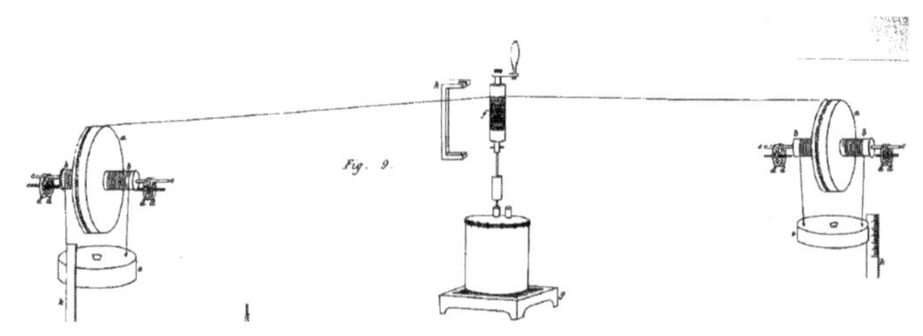

図 10-5　ジュールが熱と仕事の関係を測定するために使用した実験装置
水挽き車装置による摩擦で熱を発生させるもの。［ハーマン, 1991, p.42］

は力学的自然観を基礎にしてエネルギー保存の法則（1847）を唱えた。

これらの動向のなかでエネルギーと運動を関連づけるのに有効と見込まれた熱の運動説が広まった。ドイツのクラウジウス（Rudolf Julius Emmanuel Clausius）は運動説に基づいて熱現象の理論を定式化し、熱素説を前提としないカルノー理論を説いた。イギリスのトムソン（第9章参照）は熱と仕事の関係をめぐって、熱を完全に力学的仕事に変えることはできず、エネルギーは徐々に散逸されることを論じた。クラウジウスはこのエネルギーが散逸される傾向に着目して「エントロピー」という量を導入する。クラウジウス、トムソンたちの研究は、熱素説を前提としないエネルギーとエントロピーで定式化される熱力学をつくり上げた。

電磁気の研究

電気技術の発展が見られるなかで、電磁気の研究も19世紀に盛んになった。デンマークのエルステッド（Hans Christian Ørsted）は、光、熱、電気、磁気などの自然の諸力が根源では1つとなるというドイツの学者たちの考えに接して、電気と磁気の相互作用の研究をつづけた。1820年に報告された彼の研究は、磁針に平行に導線をおき、電流を流すと、磁針が強く振れて、電流の向きを逆にすると振れも逆になるという電気と磁気の関係を具体的に示して、ヨーロッパで大きな反響をよんだ。

この報告に刺激されて、フランスのアンペール（André-Marie Ampère）は電流の流れる2つの導線の磁気力を関係づける実験を行った。平行な2本の導線に流れる電流の向きが同じ場合には導線どうしに斥力（せきりょく）（二物体間で互いに遠ざけあう力）が作用し、電流の向きが反対の場合には引力（二物体間で互いに引きあう力）が作用することを見出し、電流の流れる導線の周囲に生じる磁気と電流の強さを関係づけるアンペールの法則を導いた。さらに力学で考えられる質点（全質量が一点に集中している仮想的な点）に対応する電流要素と、それらの要素間に遠隔的に働く力を考えて、アンペールの法則に力学的な説明を与え、ニュートン力学にしたがう電気力学をつくり上げた。

19世紀前半の技術の発展とともに展開された物理理論は力学的自然観に依拠するものだった。それは、光、熱、電磁気の物理現象を引き起こすと考えられる粒子、波、弾性体を仮定して、それらの力の作用を説明する理論であった。この結果、光の弾性波動論、熱伝導論、熱力学、電気力学が生まれ、ニュートン力学に基づく力学的自然観がさらなる有効性をもつと考えられた。発展する実験技術によって多様な物理現象の観察や分析が可能となり、それらに力学的自然観の説明を与えようとする物理研究が支配的となっていった。

3　電磁気研究に立ちはだかる新たな問題

19世紀前半のエルステッドやアンペールたちの電磁気研究は、その後に形成される電磁気学の重要な起点となり、いっそう精密な理論と実験が求めらた。しかしながら、電磁気現象の理解を深めれば深めるほど、その現象を伝える物質が何であり、その物質はどのように作用するかが問われ、新たな問題が立ちはだかった。

電磁気現象を近接作用で考える

1820年代のアンペールたちの研究に刺激を受けて、イギリスのファラデー（Michael Faraday）は定常電流（一定の電流が流れている状態）の誘導作用の実験に着手し、電池との接続時に、もしくは電池を切る時に検流器が反応することを発見した。これは電磁誘導として知られる。さらに1831年に電磁誘導を報告する際に、磁気線（磁力線にあたる）を描くことで電磁現象をわかりやすく説明した（図10-6）。これらの電磁気研究は、電磁誘導も含めて電気と磁気を体系的に論じる理論の構築にむかった。

1840年代以降、ドイツのヴェーバー（Wilhelm Eduard Weber）は、電流は正

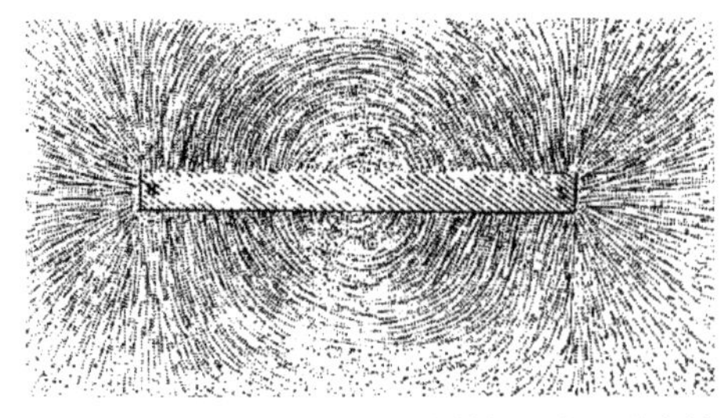

図 10-6　ファラデーが示した鉄粉による磁力線
［ハーマン, 1991, p.86］

および負の電荷（電気現象の根本となるもの）の流れによると考えて、個々の電荷の間に働く力を、静止する電荷の作用と動く電荷の作用の総和によって表現した。ドイツのノイマン（Franz Ernst Neumann）は電磁誘導の実験事実を詳細に説明する理論を試みて、2つの回路の間に働く力を電気力学的ポテンシャル（ある位置にあるときに保持するエネルギー）から求める方法をとった。他方で、イギリスのファラデーは、離れた点電荷（全電荷が一点に集中している仮想的な点）の間に力が作用する遠隔作用ではなく、電気による磁気作用を力線で表し、力が連続的に作用する近接作用の考えを採用した。

光と電磁現象を場で考える

この近接作用の考えに基づいて、イギリスの物理学者たちが電磁現象の理論を発展させたが、とりわけマクスウェル（James Clerk Maxwell）は1860年代に電磁作用にかかわる空間を、電場と磁場の共存する電磁場と表現し、電磁場による電磁理論を構築した。マクスウェルの場はある電磁的状態と考えられており、それはさまざまな点によって関係づけられた空間のイメージをもつものだった。この場の概念は、電気と磁気をあわせて考える際に有用な思考手段となった。

また、彼の電磁理論は電気振動の伝わる速度が光速度とほぼ同じであることを導いて、電磁現象を引き起こすのと同じ仲介物質の振動が伝わる現象が光（進行方向と同じ振動の縦波の音に対して、光は進行方向に垂直な振動である）だろうと予想した。それまで別の現象として見られていた光と電磁現象が同一のものと推測された。

電磁場を介して電磁現象を考えるマクスウェル理論を受けて、電磁波の存在を確かめる実験が相次いだ。そのなかで、決定的な実験を行ったのがドイツのヘルツ（Heinrich Hertz）である。ヘルツは、コンデンサー（電荷を蓄える装置）の放電で生じる電波のすぐ近くに、閉じていないループ状の回路を複数の角度

図 10-7　ヘルツの電磁波の実験装置　［エッケルト, 2016, p.102（左）p.114（右）］

と距離で設置し、電波が通過するとその回路に火花が生じるという実験を行った（図 10-7）。この実験で彼は、波の性質をもつ電磁波の存在、その波長の長さ、電磁波が光速度と同等な速度をもつことを確かめた。1880 年代のこれらの実験は、マクスウェル理論の唱えた電磁波を実証し、電磁波の存在、光と電磁波の同等性、電磁場の考えの有効性を示し、19 世紀末の電磁研究の発展に大いに貢献した。

ヘルツの研究はマクスウェル理論の実証だけでなく、理論の整備にも及んだ。現在の電磁理論はマクスウェル方程式に基づくものと知られるが、その整備を行ったのがヘルツだった。彼は「マクスウェルの理論とはマクスウェルの方程式系である」と述べて、電気力と磁気力に関する 2 つの変数で方程式群を整理し、これらの方程式を公理として理論を構築し直した。ヘルツの研究は、電磁波を伝える仲介物が何であるかを考えるのではなく、電磁的状態を場で論じる方向性を切り拓いた。

19 世紀の光と電磁波の研究では、2 つの現象の同一性が見出され、両研究が統合されていくなかで、電磁理論に場の概念が導入され、新しい展開がもたらされた。一方で、19 世紀の科学では、電磁場を想定するとしても電磁波を伝える何らかの仲介物は存在するとされ、それは近代の自然科学で想定されつづけてきた宇宙空間に充満するエーテルと考えられた。ヘルツは力学的方法論をとり、基礎方程式を公理として位置づけて、電磁波を含む自然現象を包括する理論を試みたが、この試みは成功しなかった。エーテルに関する運動が不明なままだったからである。多様な自然現象を力学理論のもとで理解できるとする自然観は、19 世紀末に立ち止まることとなった。その原因の 1 つがエーテルの問題であった。

4 エーテル問題と相対性理論

19世紀の科学において解き明かせない謎がいくつかあった。熱と光の問題に見られた謎のうち、光に関するエーテルの問題は新たな相対論の形成の起点に転じることになった。相対論は19世紀までの理論の前提条件を問うとともに、物理現象の分析にとって重要な道具となった。

19世紀物理学の2つの雲

イギリスのトムソン（図10-8）は1900年4月に「熱と光の動力学理論にかかる19世紀の雲」と題する講演を行った。講演では、19世紀を通して熱と光の理論の力学的な理解が進み、当時の物理学は晴れわたる青空のようになりつつあるが、そこには重大な課題もあると論じられた。その課題の1つがエーテルの問題であり、もう1つはエネルギー等分配に関するマクスウェル＝ボルツマン学説の問題であった。

前者の問題は、光や電磁波の仲介物なるエーテルの存在するはずの諸作用が充分に解明されていないことであり、後者は、クラウジウスの熱の運動論をさらに発展させたマクスウェル、ボルツマン（Ludwig Eduard Boltzmann）の理論に関するエネルギー等分配の問題であった。ボルツマンらの理論では、気体を構成する分子の各種運動に等しくエネルギーが配分されると考えられて気体の熱量が説明されるが、その理論から推測される比熱（本章2節参照）の数値と実測値がくい違っており、その理由が解明できていなかった。19世紀に高く評価された力学的自然観にもとづく光と熱の理論であっても完全ではなく、未解決の問題をともなうことを露呈した。

図10-8　トムソン［Smithsonian Institution Archives］

これらの問題の解決策は、19世紀末～20世紀初頭の光や熱の研究がさらに発展するなかで見出されることになる。1つの解決は相対論によって、もう1つの解決は量子論によってもたらされた。

検出できないエーテル

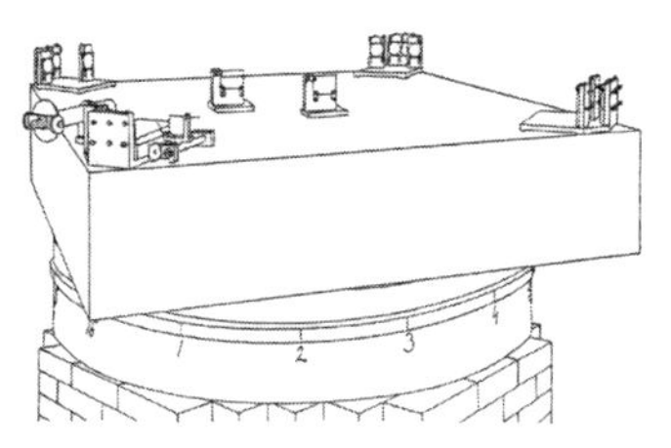

図 10-9　マイケルソンとモーリーのエーテル検出の実験装置［Michelson and Morley, 1887, p.337］

相対論の前史にあって重要な動向の1つは、アメリカのマイケルソン（Albert Abraham Michelson）とモーリー（Edward Williams Morley）が1880年代に行ったエーテルに関する実験であった。彼らは、地球のまわりに充満すると考えられたエーテルの存在を高い精度で実験した（図 10-9）。その方法は、地球が自転運動する東西方向とそれに垂直な南北方向の両方向に光を往復させて、その往復する時間に違いが出ることを見込むものだった。つまり、地球はエーテル中を東西方向に自転しているので、東西方向と南北方向の光の往復運動に何らかの差が出るはずと考えられ、その差を測定で明らかにして、エーテルの存在を確かめようとしたのだった。だが、この実験からエーテルの存在を示す結果は得られなかった。

高い精度の実験であってもエーテルを見出せないという事実を受けて、オランダのローレンツ（Hendrik Antoon Lorentz）は、エーテルが存在するとしても、地球とエーテルの相対運動はそもそも検出されないと考え、それを前提に光および電磁現象を理解しようとした。ローレンツが1904年に提出した理論は、静止している状態でも運動している状態であっても、同様なマクスウェル方程式が成り立ち、そのための重要な概念は、運動する状態では物体の大きさが運動方向に短縮するというものであった。これは現在「ローレンツ収縮」として知られ、何らかの状態の違いで時空の概念が変化しうることを示し、時間の進み方や物の大きさの基準がどのような状態であっても同一という考えが覆されてしまう可能性を秘めていた。

アインシュタインの相対論

ローレンツの研究とは独立にアインシュタインは、マッハ（Ernst Mach）の『力学史』（1883）などを通して、時間と空間について思索をめぐらせた。マッハはこの著作で「絶対空間および絶対時間を誤謬観念」と断じて、絶対的な時空はいかなる経験でもとらえることができず、それらは形而上学的な考えに過

3. *Zur Elektrodynamik bewegter Körper;*
von A. Einstein.

Daß die Elektrodynamik Maxwells — wie dieselbe gegenwärtig aufgefaßt zu werden pflegt — in ihrer Anwendung auf bewegte Körper zu Asymmetrien führt, welche den Phänomenen nicht anzuhaften scheinen, ist bekannt. Man denke z. B. an die elektrodynamische Wechselwirkung zwischen einem Magneten und einem Leiter. Das beobachtbare Phänomen hängt hier nur ab von der Relativbewegung von Leiter und Magnet, während nach der üblichen Auffassung die beiden Fälle, daß der eine oder der andere dieser Körper der bewegte sei, streng voneinander zu trennen sind. Bewegt sich nämlich der Magnet und ruht der Leiter, so entsteht in der Umgebung des Magneten ein elektrisches Feld von gewissem Energiewerte, welches an den Orten, wo sich Teile des Leiters befinden, einen Strom erzeugt. Ruht aber der Magnet und bewegt sich der Leiter, so entsteht in der Umgebung des Magneten kein elektrisches Feld, dagegen im Leiter eine elektromotorische Kraft, welcher an sich keine Energie entspricht, die aber — Gleichheit der Relativbewegung bei den beiden ins Auge gefaßten Fällen vorausgesetzt — zu elektrischen Strömen von derselben Größe und demselben Verlaufe Veranlassung gibt, wie im ersten Falle die elektrischen Kräfte.

Beispiele ähnlicher Art, sowie die mißlungenen Versuche, eine Bewegung der Erde relativ zum „Lichtmedium“ zu konstatieren, führen zu der Vermutung, daß dem Begriffe der absoluten Ruhe nicht nur in der Mechanik, sondern auch in der Elektrodynamik keine Eigenschaften der Erscheinungen entsprechen, sondern daß vielmehr für alle Koordinatensysteme, für welche die mechanischen Gleichungen gelten, auch die gleichen elektrodynamischen und optischen Gesetze gelten, wie dies für die Größen erster Ordnung bereits erwiesen ist. Wir wollen diese Vermutung (deren Inhalt im folgenden „Prinzip der Relativität“ genannt werden wird) zur Voraussetzung erheben und außerdem die mit ihm nur scheinbar unverträgliche

図10-10　アインシュタインの1905年論文「運動物体の電気力学」［Einstein, 1905, p.891］

ぎないとした。

19世紀の光学実験を通じて、真空中では光が発光体の運動に関係なく一定の速度をもつこと（光速度一定の原理）を読みとったアインシュタインは、静止状態でも運動状態であっても、光の見え方や力学の方程式が相対的に同じになるにはどうすればよいか検討した。その検討の末に発表した論文が1905年の「運動物体の電気力学」であり、ローレンツ収縮に相当するものを示した（図10-10）。だが、2人の間の決定的な違いは、ローレンツがエーテルの存在を堅持した一方で、アインシュタインはエーテルを「余計」なものとして捨象してエーテルを必要としない相対論を構築したことにあった。

5　エネルギー等分配の問題と量子論

トムソンが述べた「2つの雲」のうち、もう1つのエネルギー等分配の問題の解決には量子論の研究を必要とした。量子論の前史にとって重要なのは熱輻射（ねつふくしゃ）（熱放射）の研究であった。熱輻射とは、熱をもつ物体から放出される光であり、主に赤外線を含む光である。熱線であり光でもある熱輻射は電磁波とも解釈されるため、19世紀に発展した光や熱の理論で総合的にあつかう研究対象であった。

熱輻射の研究は、主にドイツやイギリスの科学者たちによって行われたが、特にドイツのプランク（Max Karl Ernst Ludwig Planck）は成果をあげた。彼は、熱輻射を電磁波とみなしながらも、熱現象でもある点から熱力学も駆使して考察した。さらに、熱輻射が「共鳴子」という仮想的な振動子から構成されると仮定して理論をつくり上げ、実験の結果と比較できるように、熱輻射の温度、波長、エネルギーの関係を表す分布式を理論的に求めた。1900年にプランクが求めた分布式は実験結果ともよく合い、確かな結果とみなされてはいたが、彼の熱輻射理論は評価されなかった。

プランクの理論は、共鳴子に分配されるエネルギーがある最小単位を整数倍した数値しかとれないという「エネルギー量子」の概念を含んでおり、当初、そうした理論への評価は難しいものだった。けれども、アインシュタインはこの概念に注目した。彼は1905～1907年にかけて論文を発表し、エネルギー量子を一塊とする「光量子」という粒子が光の性質にかかわると考えて、光の粒子性を論じた。

さらにアインシュタインは、光電効果（光を物質に照射したときにその物質の表面から電子が放出される現象）などの物理現象を光の粒子性によって説明できることを示し、エネルギー等分配の問題が関係する比熱の課題（本章4参照）もエネルギー量子の導入で解決できることを示した。当時知られた物理現象に対して量子概念を用いて説明したアインシュタインは、熱輻射現象にとどまらない普遍的な物理学的意味を「量子」に与え、この量子に基づく新しい量子論の基礎を築き上げた。それはエネルギー等分配の問題の解決にもつながった。

6 新しい自然観の出現

1900年にトムソンが講じた「2つの雲」は、力学的自然観を徹底することでは解決できなかった。19世紀を通して積み上げられた科学研究の成果は、力学的自然観の根底にあった考えに一部修正を加えて、運動している状態では時空が変化しうること、エネルギーには最小単位があることなどを要請した。その要請に対応した20世紀の新しい理論が、アインシュタインが示した相対論と量子論であった。相対論では、静止状態と運動状態で時空が変化することを定式化し、量子論では、エネルギーの最小単位を定める量子概念を導入して奇妙な実験結果をうまく説明した。さらに、これらの理論はエーテルの存在を不要とし、量子効果を考慮した説明は比熱の実測値を理解できるようにした。これらをもって、「2つの雲」は解決された。

その一方で、相対論と量子論は、それまでの自然観を大きく覆すことになった。相対論は、絶対時空の放棄をもたらし、量子論は、特定の物理状態の存在を確率的にしか述べることができないことを要請した。堅持されるものは、マクスウェル方程式（本章3参照）、光速度の不変性、不確定性原理（特定の物理量の範囲を超えては位置や運動を確定できないとする原理）などであり、一般になじみのある時間・空間や位置はつねに確定できるものではなくなった。絶対的な時空の概念に基礎をおく力学理論が発展していくならば、自然界で起こるすべての現象を細密に知ることができるだろう、と見込んだ19世紀までの力学的自然観は後退せざるをえなかった。新しい理論のもとでは、ある物理状態を特定の物理量に還元して確実に説明しきることはできないとする確率的解釈による自然観が出現したのである。

とはいえ、相対論と量子論はミクロとマクロな現象へとさらにその対象領域を広げ、他分野や技術への応用範囲をも広げつつあり、現代科学の確かな基礎理論として位置づけられている。応用例には電子工学、原子力工学、宇宙工学、情報工学などがあげられ、具体例では、相対論効果を考慮したGPS技術、スマートフォン・コンピュータ等の端末装置、MRIなどの医療機器、将来の計算機と期待される量子コンピュータなどがあげられる。20世紀はじめに誕生した相対論と量子論は現代の科学技術にとって不可欠な理論となり、さらなる発展に広く貢献しつづけている。

アインシュタインによって導かれた理論は、古い理論で対応できなかった現象や領域を理解し、説明できる術をもたらした。さらに豊かな技術への応用、科学技術の発展ももたらした。けれども、こうした現状に、すべての科学者が満足したわけではない。アインシュタインが1933年に行った講演からは、彼の科学者としての信念を読み取れる。そこではニュートン力学の成功を讃えつつ、量子力学についても「この概念は理論的に非の打ち所がなく、重要な成功に導いた」としながら、「でも私は未だに単に事象の起こる確率を表わすのではなく、事象そのものを表現するような実在のモデルを与える可能性を信じています」と語った。現代科学もそれまでの科学と同様に、科学研究を探究する理由には、技術の応用や日常生活への有用性だけではなく、科学者の信念にかかわる部分がともなうことを、アインシュタインの言葉は物語っている。

CHALLENGE

(1) 18〜19世紀の自然現象を理解する理論にとって重要だった「力学的自然観」はどのような自然観であったか。また、その自然観は科学の発展にどのような役割を担ったと考えるか。これらを説明しなさい。

(2) 20世紀初頭に現れた相対論と量子論はそれまでの自然観にどのような変化をもたらしたか。また、新しい自然観の登場は科学の発展にどのような影響を与えたと考えるか。これらを説明しなさい。

(3) 相対論と量子論は、現在、さまざまな技術に応用されているが、その応用例をいくつかあげて説明しなさい。

BOOK GUIDE

- **廣重徹『物理学史　I・II』培風館、1968年**……近代から現代にかけての科学、特に物理学の流れを、各時代の社会の状況も踏まえて要領よくまとめている。物理理論の数式を使った詳細な説明もあるが、それらを必ずしも理解しなくてもおおよその流れを理解できる名著である。
- **アブラハム・パイス著、西島和彦監訳『神は老獪にして…アインシュタインの人と学問』産業図書、1987年**……20世紀科学を象徴するアインシュタインの人生や彼の業績内容を詳しく知るのに最適な本である。第一次と第二次世界大戦を経る激動の時代の科学者の人生に触れるのにも適している。

（小長谷　大介）

第３部

科学・技術の軍事への展開

第11章 資本主義社会の形成と軍事技術

【概要】 フランク王国がドイツ・フランス・イタリアに解体してから、ヨーロッパでは相続権と領土を求めた争いが繰り返され、ルネサンスや宗教改革、市民革命を経て形成された諸国家は、産業革命を契機に封建制社会から資本制社会へ移行した。それら大陸諸国と関係するなかで、イギリスやイベリア半島、東ヨーロッパでも近代的な国家が形成された。
20世紀までは、戦争の主な目的は生産力の獲得であった。特に中世は、相続権や財産・領土の獲得が争われた。近代的な国家は、財政基盤に基づいて大量の兵員を賄って常備軍を保有し、小銃や大砲、軍艦といった軍事技術をもつようになった。本章では、軍隊と戦争の形態の歴史的変遷、資本主義社会の形成と産業革命や技術革新の成果が戦争や帝国主義支配の手段として活用され、20世紀は総力戦に結実したことを明らかにする。

1 常備軍の形成と市民革命

14～16世紀のイタリアでは、都市の経済的繁栄に基づきルネサンスが展開された。しかし、その末期には経済的衰退とともに政治的にも混乱した。フランス王国を統一したことで知られるシャルル8世は、1494年に騎兵、歩兵、砲兵という三兵種から構成され、国庫から俸給が支払われる近代的な軍隊を編成し、断続的につづくイタリア戦争（1494～1559）をはじめた。16世紀には、神聖ローマ皇帝のカール5世とフランスのフランソワ1世が、イタリアに干渉・侵攻するなど相続権と財産・領土をめぐって争い、双方が相続を繰り返して権力を集中させていた。

1616年にスウェーデン王となったグスタフ・アドルフは、王が俸給を支払うだけでなく、軍服や武器を与え、王自身かその代理が指揮する長期服務正規軍から成る軍隊を誕生させた。兵器や訓練を共通にするこの方式は軍事的成果をもたらしたことからヨーロッパに拡がり、騎士や傭兵自らが賄っていた軍需品の供給と兵站を国家の責任とした。軍隊を維持する費用が大きくなると、封建領主には新興の銀行家からの借金か、臣民から税金を徴収する政治権力が必要になった。

フランスでは、16世紀前半から絶対王政がはじまり、官僚制に基づく中央集権化と財政制度によって、俸給が支払われれば誰のためにでも戦う傭兵ではなく、平時も戦時も俸給を保証された専門的な常備軍（常備傭兵軍）を維持した。当初は、俸給が連隊長に一括して支払われ、連隊長が部下の招集や支払い、装備、戦場の指揮に責任を負っていた。しかし、その責任は連隊長から外され、王が指揮官や将軍を任命し、文民官僚制が軍を管理するようになった。ルイ14世のもとで、1680年までにフランス軍は30万人に達した。兵士の需要が供給を上回ると、強制徴募や兵士の脱走という問題も生じた。

ドイツでは、1517年のルターの宗教改革以降、カトリック教会と教皇の支配下にある神聖ローマ皇帝と、それを否定して自由を求めるルター派の領邦君主（諸侯）が対立し、1555年のアウクスブルクの宗教和議で諸侯に信仰の自由が認められた。フランスでもカルヴァンの宗教改革を経て宗教的対立が深まり、30年戦争（1618～48）後のウェストファリア条約（1648）でルター派とカルヴァン派、カトリックが等しく信仰の自由を認められ、ドイツの領邦国家は完全に主権を承認されて神聖ローマ帝国は有名無実の存在となった。

プロイセン公国は、13世紀ごろにドイツ騎士団によって設立され、17世紀にフリードリヒ・ヴィルヘルム（在位1640～1688）のもとで絶対王政が確立された。プロイセンは、特権と引きかえに、各領地に税を査定する総軍事監督官をおいて貴族から課税権を奪い、軍事・戦争の費用を賄った。18世紀前半には、フリードリヒ・ヴィルヘルム1世（在位1713～1740）がヨーロッパ第4位の8万人の軍隊を手に入れた。召集されたのは、種まきと収穫時には農場に戻る農民と外国人であり、彼らは貴重な生産者であったため危ない戦闘は許されなかった。一般の市民は税を支払うこと以外は戦争に関与せず、戦争は常備傭兵軍を有する王（国家）が行うものであった。

18世紀後半の市民革命は、官僚制度と租税制度に基づく国民国家と「国民軍」を成立させた。1775年、国外市場を確保するイギリス本国の重商主義政策（鉄法や糖蜜法）に対して、アメリカ大陸北部の13植民地がアメリカ独立戦争をはじめた。イギリス本国は、植民地を原料の供給地や製品の販売市場とみなして植民地の商工業に干渉・統制していた。1690年代のヨーロッパでは、火打ち石（燧石（ひうちいし））式マスケット銃（砲身内に旋条（せんじょう）がない滑腔式で通常は前装式の軍用長身銃）と紙薬莢（かみやっきょう）によって小銃の発砲頻度が上がり、銃剣の出現もあって弾込めの間に騎兵の攻撃からマスケット銃兵を守るための槍兵（パイク兵）が次第に不要になり、18世紀前半には3列ほどの横列が順に発砲する横隊（おうたい）隊形が発展した（図11-1）。加えて、イギリス軍は傭兵や強制徴募された兵士から構成されたため、小銃を装備した歩兵には横隊隊形をとらせて監視する必要があり、平坦な地形でゆっくりとした速度でなければ秩序を保てなかった。それに対してアメリカの市民兵は自分自身の利益のために戦い、傭兵のようには脱走せず、散開しながら射撃を繰り返してイギリス軍に損害を与え、軍事的な優位を示した。

アメリカの独立戦争ではじまった戦争の形態は、フランス革命で完成した。フランスでは、1人の最高指揮官のもとに、散兵と縦隊、横隊を組み合わせながら、自律的な師団を基礎に無制限の分散を可能にする部隊編成をとり、砲兵を集中投入して決定的打撃を与える戦略機動が行われた。この軍事的な戦術・戦略はナポレオンによって完成された。そして、革命を経て、全市民の武装、つまり徴兵制が1793年に実施されたのである。

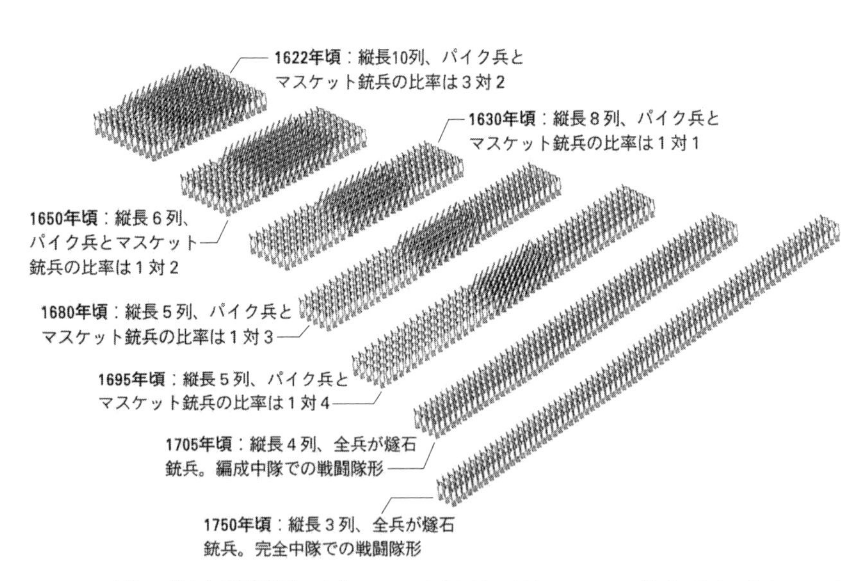

図11-1　小銃の発達と軍隊隊列の変化　パイク兵（槍兵）に対するマスケット銃兵の比率が上がるにつれ、隊列は浅く横長になった。1705年までに進んだ銃剣の導入によって、パイク兵は完全に姿を消した。［ヨルゲンセン, 2010, p.72 引出線を加筆］

2　産業革命と交通手段の発達

産業革命は、技術の変革を基礎にして社会の変革をもたらした。資本家と労働者による資本主義的生産関係を確立したのである（第6章参照）。中世までの社会では人間が人間に属していたが、資本制社会では、基本的に人間が人間の所有物ではなくなり、法のもとで契約関係を取り結んで生産が行われる。したがって、産業革命は一度限りの「革命」であり、IT革命や第四次産業革命（Industry 4.0）は、資本主義的生産関係を根本的に変化させるものでもなく、産業革命の本来的な意味とは異なる。

産業革命は、農業生産性の向上によって人口が増大したイギリスで実現した。イングランドの人口は、16世紀なかばの300万人から17世紀には530万人まで増え、1851年には1670万人に達した。一方で農業人口は、1520年の180万人から1851年に380万人に増えてからはその水準で推移した。イギリスでは、12世紀の後半から農村で貨幣経済が普及し、封建的束縛から解放された独立自営農民（ヨーマン）が形成され、地力を回復させる三圃農法も取り入れて農業生産性を向上させた。人口の増大にともなって衣服に対する需要も増え、イギリスでは14世紀ごろから毛織物工業が発展して、羊毛価格が上昇した。18世紀には、三圃制に代わる輪作農法（ノーフォーク農法）でさらに農業生産性が高まる一方で、羊毛需要のため土地が囲い込まれて農民は土地を追われ、都市に流入して労働者となった。

綿の原産地はインドやアメリカであり、イギリスのような冷涼な地域ではうまく育たなかったため、当時は毛織物が普及していた。しかし、東インド会社がインド製の綿製品を本国に輸入すると綿織物への需要が高まり、17世紀初頭には原綿を輸入してイギリス国内で綿織物を生産していた。綿工業に対するこの需要が、産業革命の起点となった。

綿工業において、綿糸は綿から繊維を指で引き出し、撚（よ）り、巻き取られる。それを行う手の器用さが作業機で代替され、道具を機構に組み込んだ機械が出現すると、人間の生物としての限界が突破された。続いて、蒸気機関が本格的な原動機となり、機械を製作するための機械、つまり工作機械の出現によって機械制生産の技術的基礎が確立された。機械の出現を出発点として、生産工程間・産業間・国家間における生産力の質的・量的な技術的不均衡（technological imbalance）もしくはボトルネックを解消するように技術革新が連鎖した。一方で、機械化の進展とともに熟練労働者は不熟練者へと傾向的に代替され、資本主義的生産が確立された。

一連の技術革新は、原材料や完成品の流通、工場労働者の大量かつ迅速な輸送を必要とした。18 世紀の前近代的な交通手段である馬車や曳舟(ひきふね)は、蒸気鉄道や蒸気船によって一新された。これらは直接的に生産に関与しないが、国内市場の活性化や世界市場の拡大をもたらした。トレビシック（Richard Trevithick）による高圧蒸気機関の発明を経て、1830 年に綿工業の中心地であるマンチェスターと外港のリバプールを結ぶために開通した鉄道は、30 年にアメリカ、32 年にフランス、35 年にドイツ、72 年に日本にも広がった（図 11-2）。

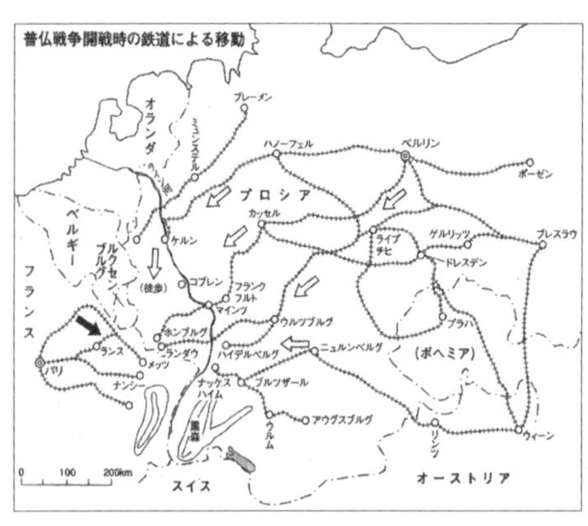

図 11-2　1884 年のリバプール・ストリート駅の労働者用三等列車（上）と普仏戦争開戦時の鉄道による移動（下）［(上)小池, 1979, p.143（下)熊谷, 2013, p.23］

1807年のフルトン（Robert Fulton）の商用蒸気船は喫水の浅い河川用であり、外洋では 1860 年代まで帆船が支配的であった。しかし、蒸気船は無風時にも航行ができ、60 m 程度という木造船体の長さの限界を超えて大型化できた（図 11-3）。1843 年のグレートブリテン号は全長 97 m で排水量 3675t、1858 年のグレート・イースタン号は全長 208 m で排水量 2 万 7400t であった。スエズ運河が 1869 年（パナマ運河は 1914 年）に開設されると、ヨーロッパから中国までの渡航は、喜望峰まわりの帆走が 80 ～ 90 日かかるのに対して、蒸気船は 40 日余りに短縮でき、外洋でも蒸気船が普及した。

産業革命において、非軍事的な需要により非軍事分野で生み出された新技術は､広く産業･経済や社会生活で利用され、軍事分野でも利用された。

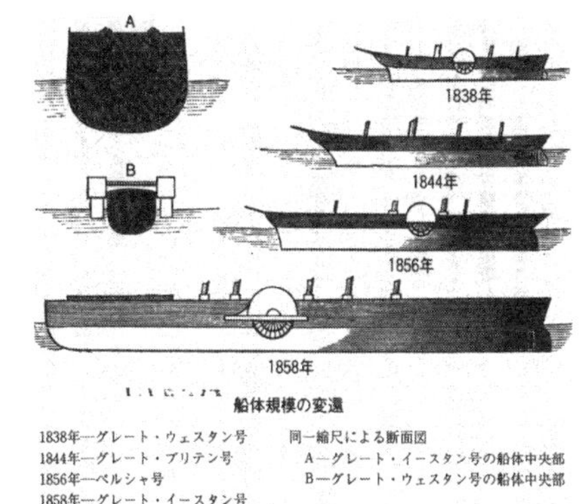

図 11-3　鉄製蒸気船の船体規模の変遷［ヘッドリク, 1989, p.169］

フランス革命とナポレオンによるヨーロッパ支配後、革命前の絶対王政･専制支配を復活させようとする復古･反動主義的なウィーン会議が開かれ、1815年にウィーン議定書が調印された。このころから、ロシアが南下を試みたクリミア戦争（1853～56）までに、陸海の軍事的な輸送も蒸気機関の発達を利用するようになった。イギリスでは、一個連隊がマンチェスターからリバプールまでの34マイル（約55 km）を2～3日で行軍したのに対して、1830年に開通した鉄道では2時間で輸送できた。

戦争における鉄道の価値は、1859年にフランス軍がオーストリアに侵入した際に証明された。12万人のフランス軍は、2カ月かけて行軍していた距離を11日に短縮した。このとき、兵士と馬は迅速に運ばれたが、弾薬や医薬品、飼糧、架橋や攻城装備といった備品の輸送には問題を抱えていた。そこでプロイセンの参謀本部は鉄道部を創設し、電信技術も活用して、どこが戦場になっても対応できる戦略的な鉄道網を計画的に形成し、1870年の普仏戦争を迎えた（図11-2）。鉄道は、兵士や傷病者の迅速な移動だけでなく、国家全体の経済を調整し、不断の補給を提供することで、軍隊にとっての補給の制限をも突破する役目を果たした。18世紀には8万人以上の軍隊を動かすことも稀であったが､1870年にプロイセンなど北ドイツ連邦は120万人をフランスに展開し、1914年には340万人に達した。

3　帝国主義と植民地支配

ヨーロッパは、15世紀末から大航海時代を迎えて飛躍的に拡大した。12世紀なかばにポルトガル王国がイスラム教徒から国土を回復してから、1479年にはスペイン王国が成立し、コロンブスのアメリカ大陸発見（1492年）、ポルトガル人のヴァスコ＝ダ＝ガマによるインド航路の発見（1498年）を契機として植民地が建設された。1493年、植民地分界線（教皇子午線）の西方をスペイン、東方をポルトガルの勢力範囲とするよう定めてからも、植民活動と相互の争いは続いた。海戦では、体当たりを基本的な戦術とするスペインのガレー船が、1571年のレパントの海戦でオスマン帝国の海軍を破った。しかし、両舷に漕ぎ手を一杯に並べるガレー船は船首や船尾にしか大砲を搭載できなかったため、これ以降、海戦の主役は帆船となった。

スペインの無敵艦隊が、1588年に長射程砲を装備したイギリス艦隊の帆船に敗れて海上の支配力を失うころ、オランダは1581年にスペイン支配を脱して独立し、1602年に東インド会社を設立した。オランダは海外交易から富を獲得し、17世紀初期には年間を通じて軍隊を武装させることができた。17世紀には海上でも陸上でも火力が支配的になり、陸軍は戦争のたびに兵士を招集できたが、海軍は、軍艦の建造と維持に巨額の資金を必要とし、造船所や専門の技術者を平時から抱えねばならなかったため、その維持にますます費用がかかるようになっていた。海洋における帆船時代の最盛期は、イギリス海軍が1805年のトラファルガーの海戦でフランスとスペインの連合艦隊を撃破したときである。ネルソン提督の旗艦は、100門の大砲を装備して排水量3500 tであった。

19世紀のヨーロッパ帝国主義は、それ以前にも増して拡張的であった。世界の支配地域は、1800年の35％から1878年には67％、1914年に84％以上となった。国際競争や国内政治の反映、原料や市場、投資機会といった19世紀帝国主義の政治的・経済的な動機は、産業革命後に確立された資本主義的生産に基づく技術的な手段によって実現された。ドイツやフランス、イタリアで国民国家が形成されて大規模な軍事衝突のなかった1871～1914年は、ヨーロッパ域内は比較的平和な時代であった。その一方で、輸送が安価で通信が速くなったことで、ヨーロッパの市場システムにアジアやアフリカを組み込めるようになり、植民地支配が拡大したのである。

19世紀前半のヨーロッパ諸国、とりわけイギリスにとって、インドの綿花、中国の絹・茶・陶器といった商品の輸入や、それら地域に対する綿製品などの輸出が重要であった。原料供給地かつ商品市場として、イギリスは、1877年に成立したインド帝国を帝国主義支配の中核とし、1840年のアヘン戦争を

図 11-4　アヘン戦争（左）とインド総督府（右）［前川・堀越, 2014, p.352, 356］

経て中国を半植民地化した（**図 11-4**）。他のヨーロッパ諸国も、スペインはフィリピン、オランダはインドネシア、フランスはインドシナ半島など東南アジアを支配した。その際に軍事的手段となったのが砲艦であり、アヘン戦争ではイギリスの鉄製砲艦が長江（揚子江）沿いに北上して南京に迫り、1853 年のクリミア戦争後にはヨーロッパの海戦の主役が砲艦となった。

ヨーロッパ帝国主義は、アジアにおける経済的目的を達成するために、アフリカの要所の確保を競った。19 世紀前半は、アジアに到達するにはアフリカの喜望峰まわりが唯一のルートであった。航路確保を目的としたアフリカの拠点支配において、最大の問題はマラリアなどの病気であった。1832 年にイギリス人のレアードが設立したアフリカ内陸商社によるニジェール川の探検では、48 人中 39 人が死亡した。1819 ～ 36 年にシエラレオネに勤務した 1843 人のヨーロッパ人は 890 人（48.3%）が死亡した。主な死因であるマラリアに対し、初期は高価なキナノキの皮を治療薬としたが、1820 年にフランスの化学者ペルティエらがキナノキの皮からアルカロイドを抽出すると、その工業的生産が始まり、1840 年代からは予防薬として供給された。こうして 1854 年のレアードのニジェール川探検では全員が生きて帰った。医薬品開発は、ドイツやイギリスで始まった染料工業から派生し、医薬品工業を抽出工業から合成化学工業に発展させた。

ヨーロッパ帝国主義は、1869 年のスエズ運河の開通と海底ケーブルの敷設によってさらに拡張した。海底ケーブルは 1851 年にドーバー海峡、1866 年には 5 度の失敗を経て大西洋に敷設された。通信技術の発達は、経済的、政治的、軍事的に帝国主義の拡張を支えた（第 9 章 3 参照）。

未開の地の病気に対処できるようになると、ヨーロッパ帝国主義の本格的な拡張は、火器によって実現された。

11世紀前半に中国で火薬が発明されると、その製法が14世紀にヨーロッパに伝えられて火砲が出現し、戦場での戦闘方法や軍事組織、そして兵器生産の方法が変わった。1453年に東ローマ（ビザンツ）帝国がオスマン帝国に滅ぼされる際には、コンスタンティノープルの城壁が大砲で攻撃された。こうして歩兵と騎兵の組み合わせに砲兵が加わった。

火縄銃は、15世紀末には使用され、30年戦争（1618～48年）でグスタフ・アドルフ（Gustavus Adolphus）が火打ち石式の点火機構をもつマスケット銃を導入すると他国も追随した（**図11-5**）。これは乾燥した日であっても30%が不発であったものの、火縄銃ほどは天候の影響を受けなかった。次の技術的変革は1840年代の旋条銃（ライフル銃）であり、砲身内部にらせん状の溝を彫ることで発射時に弾丸に回転を加えて射程と正確さを増した。しかし、前装式旋条銃は、旋条をきざんだ銃身内壁に弾丸が密着するため、ハンマーと送り棒を使った弾込めに細心の注意を要し、発射にも時間がかかった。1849年に考案されたミニエ弾丸は、発射時に弾丸の裾が条溝に密着するので、旋条銃でも滑空銃と同じように銃口から装弾できた。1853年のクリミア戦争で、フランス軍は撃発式発射装置と雷管を備えてミニエ弾丸を用いる前装式旋条銃を装備し、悪天候の影響を受けることなく戦場での優位を示した。

1850年代のドイツでは、鉄と石炭の生産が増大して資本主義が発達し、政治的分裂が経済成長の阻害要因になった。労働者階級に対する警戒もあったこ

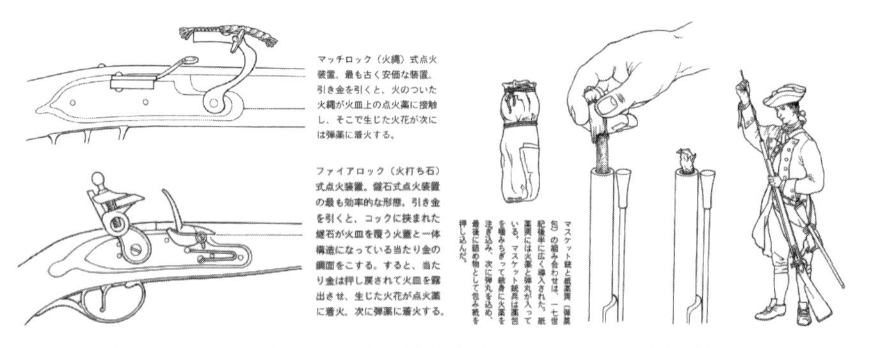

図11-5　前装式小銃の点火方式（左）と紙薬莢（弾薬包）を用いた装填（右）［ヨルゲンセン，2010, p.55, 56］

とから、プロイセンを中心に軍国主義による統一が図られた。1861年にプロイセン国王に即位したヴィルヘルム1世（在位1861～1888）は、首相にビスマルク、参謀総長にモルトケを登用した。1866年の普墺戦争、1870年の普仏戦争を経て、フランスからアルザス・ロレーヌの2州を獲得して1871年にドイツ帝国が成立し、領邦国家が分立していたドイツは、プロイセンによって1つの国家に統一された。

普墺戦争では、プロイセンは後装式旋条銃（ドライゼ式撃針銃）を用いた。銃口から装弾する前装銃では高い姿勢での装填が避けられず、戦場で不用意に標的になった。しかし、伏臥(ふくが)して紙薬莢を装填できる後装銃ではそのようなことはなく、散兵や縦隊の編成にも有効であった。1分で2発を発射する前装銃に対して、後装銃は7発を発射可能であり、ガスの爆出を防ぐ構造ができれば、戦場における有用性は明らかであった。プロイセンの後装式旋条銃は普墺戦争で威力を発揮し、ヨーロッパ各国の陸軍における後装銃の採用を促した。

一方、銃だけでなく大砲でも後装式が普及した。普墺戦争における前装式旋条砲の実績に満足しなかったプロイセンは、クルップが開発した鋼鉄製の後装砲を導入し、普仏戦争では戦場を支配した。ヨーロッパ諸国による軍事的な対立と後装銃や後装砲の実用化は、歩兵や騎兵による近接戦をより困難にし、ヨーロッパ諸国と植民地の軍事力の格差を劇的に広げた。

1880年代の高性能火薬は、全面的かつ瞬間的に燃焼し、射撃の位置を知らせる煙を出さず、発射速度を損なう砲身内の滓(かす)も残さず、射程を増大させた。19世紀末ごろには、毎分数百発を発射する水冷式機関銃が導入された。1914年においてもヨーロッパの陸軍は、戦場で突撃を行う騎兵の常備編成を備えていたが、第一次世界大戦の勃発から数週間でその時代錯誤性が明らかになった。

4　総力戦としての世界大戦

産業革命以来の自由競争が中心の資本主義に対して、19世紀後半から20世紀にかけて、生産、流通、金融の各分野で独占企業が経済主体となる独占資本主義の時代が訪れた。独占企業は、国内市場が過剰資本を吸収しきれなくなると、商品だけでなく資本を国外に輸出するようになった。帝国主義列強諸国は、独占企業の経済的利益を確保・拡大させる対外政策をとり、世界を経済的・領土的に分割・再分割する2度の世界大戦を引き起こした。第一次世界大戦におけるイギリスの3C政策（カルカッタ、カイロ、ケープタウンを結ぶ植民地政策）やドイツの3B政策（ベルリン、ビザンチウム、バグダードを鉄道で結び自国の経済圏に組み込もうとする政策)、第二次世界大戦における日本の対アジア政策構想である「大東亜共栄圏」もその例である。

19世紀初頭のナポレオン戦争後、ヨーロッパ諸国は王政復古を図り、陸軍はフランス革命以前の形態に逆戻りし、連続した戦線がつくられない東欧の広い戦場では騎兵も有効であったことから、20世紀の初頭でもヨーロッパのすべての陸軍は騎兵の完全な常備編成を備えていた。ところが、1914年に始まった第一次世界大戦では、新兵器が多く投入され、なかでも機関銃は、それまでの騎馬戦の姿を一変させ、塹壕戦によって前線が動かずに両軍が対峙する戦争をもたらした。塹壕や鉄条網を突破するために、毒ガスや戦車が開発・使用され、偵察や簡単な攻撃を行う航空機も実戦に投入された。軍事技術の発達も一因となって戦争は長期化し、その行方が一国の生産力の質的・量的な水準に大きく依存する総力戦の時代が到来した。

第一次世界大戦が総力戦の時代の到来とするならば、その総力の源の1つである非戦闘員（民間人）が、より大規模に殺害されたのが第二次世界大戦であった。核兵器や生物化学兵器は、通常兵器とは異なる大量破壊兵器であり、それぞれの頭文字をとってNBC兵器もしくはABC兵器ともよばれる。ナチス・ドイツによるユダヤ人の大量虐殺、日本軍731部隊の人体実験や生物化学戦争が行われ、広島と長崎には原子爆弾が投下された。その特徴は、特定の軍事目標のみを区別できずに無差別な被害を発生させることや、被害が長期にわたり、場合によっては世代を超えた遺伝的影響を与える点にある。大量破壊兵器は、特に戦時下や軍事機密に守られた状況下では、開発・生産・貯蔵・使用・廃棄のすべての段階で深刻な環境破壊の原因となる。

また、第二次世界大戦では、大規模な航空爆撃の手段と方法が確立された。特に1937年のゲルニカ、1938年の重慶、1945年のドレスデン、東京・名古屋・大阪、広島・長崎などに対しては戦略爆撃と称する無差別的な都市爆撃がなされた。こうして20世紀の戦争は、戦場における軍隊同士の戦争から、大量の非戦闘員（民間人）の犠牲をともなう戦争に変化した。総力戦では、敵国の軍備だけでなく、その士気と物質的資源の破壊が目的となり、その結果、敵国の国民が目標となったのである。

古代や中世の戦争の目的が、基本的には生産力（労働力と生産手段）の獲得にあり、戦闘員同士であっても徹底的に殺しあわなかったのに対して、2度の世界大戦は総力戦であり、戦争の目的は経済的利益にかかわるものの、戦争における勝利を目指すなかで相手の生産力の破壊が目的化された。それにともない、20世紀の戦争では非戦闘員（民間人）の大量死が問題になった。第一次世界大戦では、生産力を破壊する手段が新兵器という形で現われ、第二次世界大戦では、大量破壊兵器と航空爆撃手段が軍事技術体系に組み込まれた。

CHALLENGE

(1) 社会の政治経済的性格と軍隊編成の関係を述べなさい。

(2) 技術発達の成果が戦争の軍事的手段としていかに利用されたのかを説明しなさい。

BOOK GUIDE

- **D. R. ヘッドリク著、原田勝正ほか訳『帝国の手先：ヨーロッパ膨張と技術』日本経済評論社、1989年**……技術史家のヘッドリクが、19世紀帝国主義について、その経済的動機や政治的動機ではなく、それらの動機を実現した技術的要因に着目した研究である。帝国主義を実現する軍事手段に注目しがちであるが、本章でも取り上げたアフリカ侵略におけるマラリア特効薬（キニーネ）など独自の視点からの分析が特徴である。
- **W. マクニール著、高橋均訳『戦争の世界史：技術と軍隊と社会』中央公論新社（中公文庫）、2014年**……軍事技術が人間社会に及ぼした影響を、通史的に論じている。単なる戦争史ではなく、軍事技術がどのような背景でどのように生産されたのか、特に産業革命を経て19世紀には民生技術を軍事的に取り入れ、軍事産業が形成されたことを実証的に論じている。

（山崎　文徳）

第12章 軍事生産の近代化と軍事産業の形成

【概要】 前章では、資本主義社会が形成されるなかで、戦争や軍隊の形態が変化し、技術的成果が軍事技術に利用され、戦争で使用されたことを述べた。本章では、戦争の物的手段である軍事技術が、いかにして歴史的に形成され、生産されたのかに着目する。

軍事技術とは、軍事目的を遂行する手段の体系、つまり武器もしくは兵器の体系である。軍事技術であっても、その生産は生産力一般に基づいており、用途が適合的であれば民生用の要素技術や生産技術が利用される（技術の軍事利用）。一方で、軍事技術は、軍事目的に沿って特殊な方向に発達するため、軍事的な要求を満たすための特殊な要素技術や生産技術が求められることがある。軍事目的の開発で生まれた技術が、民生分野のニーズに対応し、民生分野で活用されることもある（技術の非軍事利用）。

以下では、技術の開発目的、資金源、需要先や用途に着目して、大砲や小銃の生産技術、素材としての鉄鋼や火薬といった火器を構成する諸要素の生産を歴史的に振り返り、一般的な生産技術が軍事に取り入れられる一方で、軍事目的で生まれた技術が技術一般の発達を促す場合の条件を検証する。また、産業資本主義から独占資本主義への発展とともに、独占的な軍事企業が出現し、国家や軍部に軍事技術を供給する主体となったことを明らかにする。

1　18世紀の大砲生産と中ぐり盤

大砲は、大砲の形をした空洞部をもつ型に、溶けた金属を流し込み、それを冷やして固める鋳造によって形づくられるが、その技術の起源は軍事的なものではなかった。

鐘鋳造から青銅砲の鋳造へ

初期の鋳造技術は、教会の鐘のために考案された。鐘の鋳造技術は、イタリアからヨーロッパ各地に広がった。608年にイタリアからイギリスに鐘が送られ、923年にイギリスで鐘がはじめて鋳造され、1150年には鐘鋳造が一般的な商売となった（図12-1）。教会の鐘鋳造の成否は音色で判断され、製造には高度な技能を要した。教会が大きくなるにつれて、大きな鐘が一体的に型で溶融・成形されるようになり、ロンドンのセントポール大聖堂（Saint Paul's Cathedral）の鐘は重量17 tに達した。他方で、最初の青銅砲は、1313年に現在のベルギーのヘント（Ghent）の鐘職人によって鋳造された。大型の青銅製の鐘を鋳造する技術を応用して青銅砲がつくられたのである。

図 12-1　鋳造した鐘の組立（後方は反射炉）
［Simpson, 1948, p.96］

なお、青銅という場合、狭義には錫を含む銅合金であるが、広義には銅合金であり、亜鉛を含む真鍮（黄銅）も含めて表現されてきた。16 世紀は、銅の値段は鉄の 7 ～ 10 倍と高価であり、実際の青銅砲では、亜鉛を 20 ～ 40％含んで原料の銅を節約できる真鍮が使われることも多かった。15 世紀前半には、溶融した銑鉄（鉄鉱石を溶鉱炉で還元して取り出した鉄）を鋳造した鋳鉄砲がつくられたが、銑鉄は硬くて脆く（炭素含有量が 2 ～ 6.7％）、硬さと靭性をあわせもつ鋼（炭素含有量が 0.02 ～ 2％程度）とは異なるため、鋳鉄砲よりも青銅砲の方が小型で頑丈であり、一体で鋳造されたことからより安全でもあった。

青銅砲の中ぐり盤と大気圧機関用シリンダの中ぐり盤

大砲の鋳造では、鐘とは異なり砲身を削るための中ぐり盤が必要だった。17 世紀までの青銅砲は、中子（鋳物の中空部分を形づくる鋳型）を使って鋳造されたが、中子を完全な同心位置におくことは困難であった。これを解決するため、スイス人のマリッツ（Jean or Johann Maritz）は 1713 ～ 47 年の間に、完全な棒の形で鋳造した中実鋳物（中身が詰まった鋳物）から砲身を繰り抜いて青銅砲を製造する縦軸中ぐり盤（穿孔機）を発明した（図 12-2）。青銅砲は耐久力が増し、1200 回の射撃に耐えたとされる。フランス政府に請われたマリッツは、1755 年に海軍砲兵工廠の監督官に任命され、青銅砲に使用した工作機械で鋳鉄砲をつくろうとした。しかし、そこで用いた軟らかい鉄は気孔が多く、鋳鉄砲は短期間で使い物にならなくなり、マリッツは 1764 年に辞職を迫られた。

オランダの大砲鋳造技師であったヴァーブリュッヘン（Jan Verbruggen）は、マリッツの縦型機に満足せず、中ぐり棒が回転するのでなく、軸受で支えた青銅製の砲身を回転させる横型中ぐり盤を1758年に発明した。彼は、ハーグの兵器工場を1770年に解雇された後、イギリスのウールウィッチ王立兵器工場（Royal Arsenal, Woolwich）の鋳造技師長に登用され、大砲中ぐり盤の技術を伝えた。

イギリスでは軍事目的による中ぐり盤の開発とは別に、蒸気機関用に高い精度の中ぐり盤が発明された。ニューコメンの大気圧機関に用いる内径21～28インチの真鍮製のシリンダは、中子を入れて鋳造し、砥石を使って内面を手作業で磨いていた。

鋳鉄製の大砲と蒸気機関用シリンダの鋳造と中ぐり盤

内径の大きなシリンダを、青銅や真鍮ではなく鋳鉄でつくる試みは、ダービーのコールブルックデール製鉄所（Coalbrookdale Ironworks）で1722年にはじまった。森林枯渇を背景に、鉄の製錬の原燃料は木炭からコークス（石炭を高温乾留して得られる）に代替されつつあり、コークス銑鉄を用いて蒸気機関用の鋳鉄製シリンダの鋳造が独占的に行われた。1759年に大砲と蒸気機関のシリンダの鋳造を行うキャロン鉄工所が設立されると、スミートンが1769年に、シリンダを移動台に固定して切削ヘッドを回転させる中ぐり盤を考案した。しかし、スミートンの中ぐり盤は、切削工具が片側（駆動軸側）でのみ固定されて他端が固定されておらず、削り進めていくと中心がずれてしまったため、大砲には使用できたが、ワットの蒸気機関用のシリンダを製造するには精度が低く、シリンダを通して完全な円形に削ることができなかった。そのため、ワットはピストンとシリンダの間の隙間を紙や布でふさごうとした（第6章3参照）。

鋳鉄製のシリンダを正確に中ぐりするという、軍用の大砲では実現されなかったワットの要求を実現したのはウィルキンソン（John Wilkinson）であった。ウィルキンソンが1774年にイギリスで取得した特許は、鋳造砲身を水平においた軸受の間で回転させるヴァーブリュッヘンと同じ方式であり（1779年に特許の取り消し）、ワットが求める精度での切削ができなかった（図12-2）。ウィルキンソンが1775年に設計した新しい中ぐり盤は、蒸気機関のシリンダが前装砲とは違って両端が開いていることから、回転工具棒の両端を軸受で支えて安定させ、固定したシリンダ内を貫通するというものであった（図12-2）。

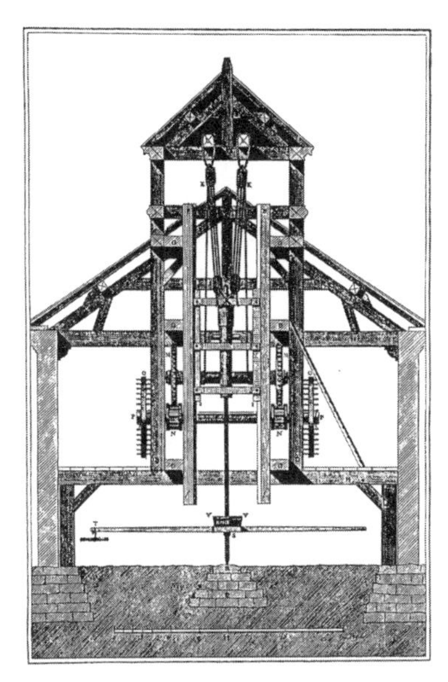
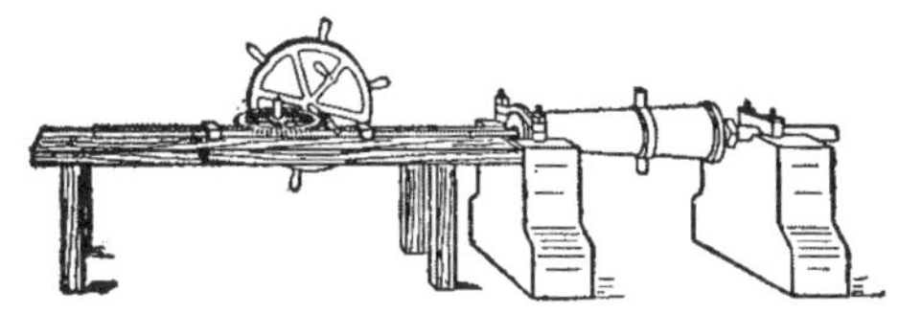
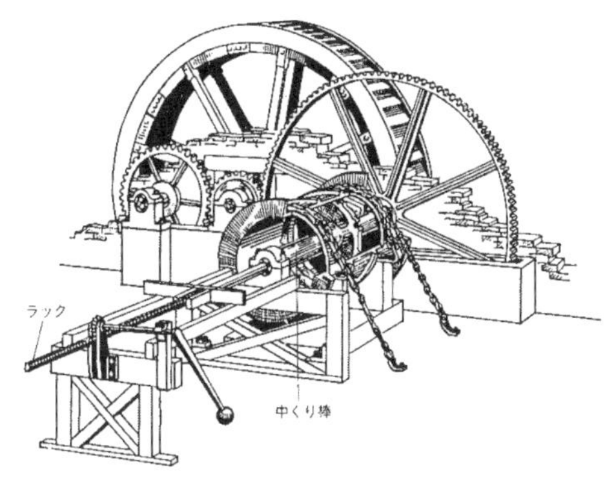

図 12-2　マリッツの縦型砲身中ぐり盤（左）とウィルキンソンの大砲中ぐり盤（1774 年）（右上）、シリンダ　中ぐり盤（1776 年）（右下）［ロルト, 1989, p.47, 61］

こうして、この後の 20 年間にわたってワットの蒸気機関の鋳鉄製シリンダは、すべてウィルキンソンによって鋳造、中ぐり（穿孔）された。

青銅（真鍮）と鋳鉄の鋳造、大砲とシリンダの中ぐり盤の歴史からは、軍事的な要求が技術を発達させることはあるが、それは技術発達に対する多様な要求の１つであり、連続的に積み上げられる技術蓄積の一側面であり、軍事的な開発がつねに技術開発を牽引したということでもなく、軍事のもとで生まれた技術がつねに最高の精度ではないことがわかる。

2　兵器工場における小銃の互換性生産

戦場で決定的な役割を果たす小銃と大砲の生産の担い手は、資本主義社会の形成とともに職人から近代的な兵器工場に変遷し、アメリカでは、少なくとも当初は、軍事的な名目でなければ経済的に成り立たない互換性生産が導入された。

封建制社会では、封建領主に保護された職人層が兵器生産を担い、兵器の所有者（騎士）による直接の依頼を受け、職人は道具で刀剣や火器、甲冑、馬具を製造した。ところが絶対主義国家のもとで常備軍が編成されると、兵器は国家から支給されるようになり、小銃の生産量を増やすためには職人層による小規模な生産では限界があった。産業革命の過程で機械制生産が確立し、工作機械が登場すると、軍事生産を目的とした官営マニュファクチュア工場が兵器の供給を担うようになった。

1765年以降のフランスでは、砲兵総監グリボヴァル将軍（Jean-Baptiste Vaquette de Gribeauval）に主導され、標準化された互換性部品で兵器をつくる軍備の合理化が進められた。互換性とは、どの銃の部品をとっても、他の銃の部品と置き換えて銃に組み付けられることを意味する。互換性部品の生産は、軍工廠（軍所属の軍需品工場）の検査長を務めたブラン（Honoré Blanc）によって考案された。77年式マスケット銃を設計したブランは、グリボヴァル将軍から資金を与えられ、1786年に均一な発射装置を装備したマスケット銃を生産する工廠を設計した。

この互換性生産をアメリカに導入したのが、第三代アメリカ大統領となるジェファーソン（Thomas Jefferson）であった。彼は、フランス公使時代の1788年にブランと話しあい、この生産方式をアメリカに移転する可能性を検討した。一方、1778年のフランス参戦によって英仏の植民地戦争の側面をもったアメリカ独立戦争では、フランス人権宣言を起草するラファイエットが義勇軍を率い、従軍した砲兵士官のトゥサールは1795年にアメリカ陸軍に加わり、グリボヴァル将軍とブランが考案した小銃の互換性生産の導入を後押しした。

フランスから導入された互換性生産は、アメリカ政府と軍部のもとで機械化され、専用機械で工程順に加工する互換性生産方式（アメリカン・システム）となった。まずは、マサチューセッツ州スプリングフィールド（1794設立）とヴァージニア州ハーパーズ・フェリーの国営兵器工廠において、1812年の対英戦争後は長期的な政府契約を請け負った民間の兵器工場が資本投資を行うことで、互換性部品を製造する金属加工用や木工用の機械が導入された。

当時のアメリカは、豊富な天然資源のもとで領土、経済、人口が急拡大し、大量生産された規格品に対する巨大な需要が存在する一方で、手工業や職人養成制度、労働組合運動が未整備・未成熟で熟練労働者が相対的に不足していた。そのため、エネルギーや原料を大量消費する資源浪費的な機械であっても、労働節約的で未熟練労働者でも扱いやすい専用機械が発達するのがアメリカ製造業の特徴であり、互換性生産は機械化と結びついて導入されたのであった。

専用機械による互換性生産は、1818年にブランチャード(Thomas Blanchard)が、銃床の形状倣い旋盤（模型に倣って刃物台が動くことで同じ輪郭を削る旋盤）を開発し、別の専用機械と工程順に連結して銃床部の残りの作業を行うことで実現された。機械加工は、加工対象物を固定する治具や取付具、寸法誤差が一定の範囲内にあることを測定・確認するゲージシステムを用いて標準的に行われた。陸軍省は、後装式旋条銃の特許を取得したホールに対して1814年に200挺、1819年に千挺の銃を発注した。アメリカン・システムはスプリングフィールド工廠にも取り入れられ、情報の交換・普及や機械工の訓練の場として小銃生産以外での機械化や互換性生産をうながした。ただし、兵器生産で互換性部品が必要になった理由は、戦場で銃を修理するためで、コストは主要な目的ではなかった。そのため、この方法では価格は低下するどころか上昇した。こののちに、アメリカン・システムがフォードの大量生産に結実するためには、低価格のT型車を実現するさらなる取り組みが必要になった。

ヨーロッパでは、兵器生産には高い性能・精度を要して熟練労働に依存したことから、従来型の生産方式の拡充で需要に対応しており、19世紀後半には技術的な変革が求められた。1853年のクリミア戦争で生じた小銃の需要には、ロンドンやバーミンガムで元請け企業家から下請の仕事を受ける専門職人集団は対応できなかった。さらに、当時のイギリスでは、鉄砲鍛冶が新設計のミニエ銃への転換に対応しており、以前よりも厳しくなった誤差の許容基準を満たせなければ不良部品として政府の検査官から受け取りが拒否された。そこに戦争で需要が増えたため、職人は就業を拒否して、政府と契約する元請け企業家に賃金の引き上げを求めた。国家の緊急時に生産量がむしろ減少したのである。

1851年のロンドン万国博覧会で展示されたコルトの回転式連発拳銃は、必ずしも互換性が実現されていなかったが、アメリカン・システムがイギリスで認識されるきっかけをもたらした。クリミア戦争で小銃の増産が課題になると、イギリス政府とウーリッジ工廠は小銃生産を改善するために、アメリカの専用機械による兵器部品の互換性生産方式を導入した。他のヨーロッパ諸国でも、マニュファクチュア的生産による兵器工場は、工作機械を備えた工場に代替され、民間の兵器製造業が成立した。

兵器工場における生産は、兵器の発達にも寄与した。職人に頼る生産では、数十万人分の小銃の支給とその設計変更に長い時間がかかるため、ヨーロッパではほぼ同一の設計のマスケット銃が150年間にわたって使用された。プロイセン陸軍では1840年に後装式旋条銃の装備を決めたが、1847年になっても発明者のドライゼ（Johann Nikolaus von Dreyse）は年間に1万挺しか生産できず、予備軍を含めて32万人の軍隊に新型小銃を供給するのに26年を要した。対してイギリスのエンフィールド工廠では、生産を始めて4年後の1863年に年産約10万挺を実現した。ドイツとフランスでも兵器の機械制生産が導入されると、1860年代の新型旋条銃の総入れ替えをいずれも4年間で完了させた。

3　19世紀の鉄鋼技術と独占的軍事企業の出現

大砲においても、小銃と同様に、1853年のクリミア戦争が発達を促した。

製鉄業において、高炉内が高温であるほど鉄鉱石（酸化鉄）は木炭やコークスで還元されて、炭素を吸収した鉄になる（酸化鉄＋一酸化炭素→鉄＋二酸化炭素）。鉄は炭素含有量が高くなるほど融点が下がり、溶けた鉄、つまり銑鉄を入手できる。しかし、中世社会では、炉内の温度を高められなかったため鉄が十分に炭素を吸収せず、炭素含有量が0.1％以下と低く融点も高いままの半溶融（半固体）の鉄塊を入手し、それを加工（鍛造）した錬鉄（鍛鉄）が利用された。

18世紀になり、製錬（smelt）工程におけるコークス高炉技術によって銑鉄を量産できるようになると、精錬（refining）工程で作業者が攪拌作業を行うパドル法が確立された。酸素と反応して炭素分が燃焼除去され（脱炭作用）、炭素含有量が低く融点が高くなることで、練り粉状になった半溶鉄の錬鉄を量産できたのである。錬鉄と比べて、硬くて丈夫で、かつ溶融状態で入手できる鋼は、まずルツボ鋳鋼法、つづいてベッセマー法で生産された。

シェフィールドの時計職人のハンツマン（第6章4参照）は、時計修理に必要なゼンマイ用の鋼を自ら製造した。鍛造（加工）した錬鉄（鍛鉄）に炭素を吸収させて鋼に変えた浸炭鋼を溶融し、浮上した滓を取り除いて良質の鋼を得るルツボ鋳鋼法を1740年までに発明したが、その製造法は秘密にした。1805年のトラファルガーの海戦でイギリス艦隊がフランスとスペインを破り、対抗するナポレオンの大陸封鎖によりルツボ鋳鋼をイギリスから輸入できなくなると、ナポレオンは代替する技術の開発者に4千フランの褒賞を約束した。ドイツのクルップ（Friedrich Carl Krupp）は、ルツボ鋳鋼の製造法をつきとめて1811年に鋳鋼工場を建設し、数十個のルツボで同時に鋳鋼をつくり、短時間で同じ鋳型に注入して大砲や軸のような大型の鋳造物をつくった。1851年に初めて開催されたロンドン万国博覧会では2150 kgの鋳鋼塊を出品した。

しかし、火器を売り込むクルップに対して軍部は慎重であった。クルップ（Alfred Krupp）は、1843年にイギリスとプロイセンにルツボ鋳鋼によるマスケット銃を提示し、試験の結果も良好であったが、翌年に不採用となった。クルップは、1847年に6.5cm口径の鋳鋼砲（ルツボ鋳鋼による大砲）をプロイセンのシュパンダウ兵器廠に届け、怠慢な大砲試射委員会を催促して1849年の試験で高性能を示したが、これも不採用であった。プロイセンでは、鋳鋼砲に対する偏見と青銅砲に対する偏愛が根強かったのである。しかし、1855年のパリ万国博覧会でクルップの鋳鋼砲が評価されてエジプトが購入を決めると、ようやく1859年にプロイセンはクルップの旋条後装式の野戦砲（6ポンド鋳鋼砲）を300門採用した。1861年にヴィルヘルム1世の工場訪問を受けてからは、両者の緊密な関係とともに軍事企業としてのクルップの歴史が始まった。

一方、イギリスに生まれたベッセマー（Henry Bessemer）は、1853～56年のクリミア戦争後に、旋条砲が一般化していなかったため、あらかじめ溝をつくった砲弾が砲身内を回転しながら飛び出す回転砲弾を考案し、射程をのばして命中率を高めようとした。重い砲弾に耐える砲身が必要になったことから、ベッセマーは1855年に転炉（converter）の特許を取得し、ルツボ鋳鋼よりも安いベッセマー鋼を開発した。ベッセマーが1856年に成果を公表し、1859年には鉄鉱石に含まれる硫黄や燐（りん）といった不純物の問題を指摘し、それらが少ないスウェーデンでつくられた木炭銑鉄を使うことで、1860年代には転炉がヨーロッパ全体に広がった。

ベッセマーは、大砲用に転炉法を発明したが、初期の利用はもっぱら非軍事用途であった。1859年にベッセマーがイギリス政府指定の受注契約を拒否される一方で、1860年にイギリス商船、1862年に蒸気ボイラー、1863年にオランダ国有鉄道の橋、1865年にイギリスで船舶機関の軸にベッセマー鋼が用いられた。性能ではルツボ鋳鋼が勝るが、大量生産に適することから鋳鋼製レールと薄板（うすいた）の圧延（あつえん）工場のために、クルップはドイツにおけるベッセマーの特許を買い取

図 12-3　1862 年に取り付けられたクルップのベッセマー転炉（左）と 1890 年代の砲架部品の機械工場（右）［(左)マンチェスター, 1982, 冒頭写真, (右)マクニール, 2014, p.101］

り、1861 年に工場の建設をはじめて 1864 年に圧延工場を操業させた（図 12-3）。

一方、イギリスでは、アームストロング（William George Armstrong）が王立砲兵工廠の技術者に任命され、1861 年までに自社の錬鉄砲 1600 門を優先購入させていた。アームストロング砲（1861 年製の後装式旋条砲）がはじめて実戦で大量に使用された 1862 年の薩英戦争で、戦闘には勝利したものの、故障の多発によりイギリス政府はアームストロングとの契約を破棄して、主材料を錬鉄からベッセマー鋼に転換した。

1860 年代前半は、鋼生産よりも錬鉄生産が多く、鋼鋳物でも依然としてルツボ鋳鋼が多かったが、次第にベッセマー鋼の割合が多くなり、やがて鋼生産が錬鉄生産を上回った。1865 年の世界の銑鉄生産高 948 万 t のうち、イギリスが 52%（490 万 t）、フランスが 14%（129 万 t）、ドイツが 10%（98 万 t）を占め、たとえばフランスではベッセマー鋼（平炉法を含む）とルツボ鋳鋼の生産量は、1860 年代後半に逆転した。最終的にパドル法による錬鉄を、鋼が生産で上回るのは 1880 年代後半から 1890 年代であった。決定的要因となったのは、1864 年に平炉法（シーメンス・マルタン法）が成功し、1878 年のトーマス法（塩基性ベッセマー法）の特許取得によって、ヨーロッパで産出する鉄鉱石の 9 割を占める高燐鉄鉱石から不純物となる燐を脱燐して鋼を生産できたことである。

鋳鋼砲は、1860 年代にはじめて戦場で使用された。プロイセンは、1864 年のデンマークとの戦争で、110 門の野砲のうち 38 門をクルップ製の旋条後装式の鋳鋼砲とした。ところが、1866 年の普墺戦争では、旋条砲 520 門、滑空砲 354 門とまちまちな装備に砲兵隊の訓練も不充分で、旋条砲に最適な砲弾も活用法も不明だったことから、オーストリアの旋条付き青銅砲に対して劣勢を強いられた。その教訓をふまえ、1870年の普仏戦争では、フランス軍は、優れた小銃（シャスポー銃）をもつものの、イタリア戦争時（1859）と同じ旋条前装式の青銅砲を装備していたので、旋条後装式のクルップの鋳鋼砲で装備したプロイセンが戦果を収めた。クルップはフランスに対して何度も鋳鋼砲を売り込んだが、フランスは青銅砲に固執したのである。1866年には、クルップはプロイセンから年間で1562門の大砲の組み立てを受注した。1868年にはドイツ装甲艦の艦砲をめぐり、アームストロングと競合しながら受注を獲得した。こうしてクルップは、アームストロングに対抗する軍事企業として成長した。

19世紀後半には独占資本主義の形成とともに、イギリスのアームストロングやヴィッカース、フランスのシュナイダー、ドイツのクルップやIGファルベン、アメリカのデュポン、やがて日本でも三菱重工業や川崎航空機といった独占的な軍事企業が形成された。軍部はしばしば新技術の導入には否定的であり、軍事企業は資本の論理に基づき、技術革新の推進者となることもあれば、自らの利益になれば技術革新の抑制者にもなる。鋳鋼砲の導入を阻んで錬鉄砲にこだわったアームストロングは、後者の例である。軍事企業は国家と緊密な関係を築く一方で、他国への兵器販売をいとわないことから「死の商人に祖国はない」という表現もできる。クルップは、1887年までに2万4576門の大砲を生産し、そのうち1万3910門を輸出した。1911年までには、5万3千門の大砲生産のうち、2万7千門を52カ国に輸出した。輸出先には第一次世界大戦でドイツの敵国となる国も含まれていた。

4　20世紀初頭の化学技術とアンモニア製造法

小銃と大砲の技術的発達は、火薬にも依存した。火薬そのものは、中国からヨーロッパに伝えられてから19世紀なかばまで変化がなかったが、19世紀後半に開発が進んだ。1846年にニトログリセリンが発見され、1866年にノーベル（Alfred Bernhard Nobel）がそれを安定させたダイナマイトとして市販するなど高性能爆薬が開発される一方で、1845年にシェーンバイン（Christian Friedrich Schönbein）が綿に硝酸を作用させてニトロセルロースを得ると、1863年に安全な製法が考案され、無煙火薬としての特性から綿火薬が普及した。

硝石は古くからの火薬の原料であったが、19世紀後半には肥料の原料としても利用され、1820年代にチリで硝石の鉱床が発見されると、チリからの硝石輸出量は1830年の850tから1870年には13万2450t、1890年に100万tを超え、1913年には273万8千tに達した。19世紀末にはチリ硝石の枯渇を見越して化学者に肥料問題の解決が提起され、肥料の製造に必要な窒素源を空気中から固定し、アンモニアとして取り出す方法が研究された。化学者のハーバー（Fritz Haber）は、水素ガスと空気中の窒素が反応してアンモニアを合成できることを実験的・理論的に明らかにし、ドイツの化学企業であるBASF（Badische Anilin-und Soda-Fabrik）の技術者であったボッシュ（Carl Bosch）がその工業化を実現した。

BASFは、1911年にオッパウにアンモニア合成工場を建設し、1913年には日産5tの生産を開始した。アンモニアは硝酸、つまり火薬類の原料としても重要であるが、当初は肥料としての硫安（硫酸アンモニウム）の原料として生産されており、工場生産が軌道に乗りつつある中で1914年8月に第一次世界大戦が勃発した。それによって、BASFは注文を取り消され、ドイツに対する海上封鎖によって世界市場への販路を失い、硫酸製造に必要な黄鉄鉱は輸入できず、熟練工員は出征するという打撃を受けた。1914年9月にドイツ陸軍省に呼び出されたボッシュは、戦争の最高指導部が化学問題に無理解である事実に驚愕した。陸軍省の将校は、弾薬の製造に硝酸が必要であり、それまでの硝酸はチリ硝石からつくられていた事実を知らず、BASFに対して弾薬原料の入手希望すら伝えてこなかった。

戦争下のドイツでアンモニア合成法を基礎にした硝酸製造は、ボッシュの提案と取り組みによって実現した。ボッシュはすでに1914年3月の段階でアンモニアを硝酸に変える実験的研究を行っており、陸軍の呼び出しの後に、硝酸の大量生産に取り組むことを公表し、1915年5月には日産能力150tの硝酸工場を稼働させた。1915年末、ボッシュは再び陸軍省に呼び出され、弾薬の原料が窮乏していることから硝酸用のアンモニアの大増産を要求された。BASFは新たにロイナ工場建設を決め、1917年4月に稼働を始めた。

資本主義のもとで、企業は、民生分野で開発した技術が軍事分野でも有用であれば、技術革新を躊躇なく進めるのであり、有用な技術であれば、軍部はさまざまな方法を使って民生技術を軍事利用するのである。

本章では、火器の生産技術や要素技術、素材の開発の歩みを振り返り、技術の非軍事利用と軍事利用のいくつかのパターンを確認してきた。傾向的に、優れた生産技術や要素技術は軍事に取り入れられてきた一方で、軍事的な目的や用途から生まれる技術は経済性よりも軍事性が優先され、その技術が非軍事分野で発達・普及するには軍事とは異なるニーズや経済性を満たすことが条件となるのであった。また、産業資本主義から独占資本主義への発展とともに、兵器生産の担い手は職人から軍事工場に移り、さらには独占的な軍事企業が国家や軍部に軍事技術を供給する主体となった。

CHALLENGE

(1) 非軍事目的で開発された技術が軍事目的で利用されるプロセスを説明しなさい。

(2) 軍事目的で開発された技術が非軍事目的で利用される際の条件を説明しなさい。

BOOK GUIDE

- **小山弘建『近代軍事技術史』三笠書房、1941年**……技術史家の小山弘健は、戦時中の1937年に本郷弘作というペンネームで「『軍事技術リード』説批判」という論考を発表し、一般生産技術と軍事技術の関係をめぐる戦前の軍事技術論争の中心的論客となった。本書は、その論点を実証的に検証する内容になっており、14世紀以降の生産技術と軍事技術の関係が論じられている。参考文献は示されているものの、脚注がないため個々の記述の出所が明確ではないが、古典的な軍事技術史の大著である。
- **星野芳郎（大谷良一執筆）『戦争と技術』雄渾社、1968年**……戦後の軍事技術論争を中村静治と対峙した星野芳郎による責任編集であるが、本文はすべて大谷良一によって執筆されている。戦争と軍事技術、一般生産技術の関係が概念的に整理された上で、13世紀以降の戦争と技術の関連が歴史的・実証的に論じられている。
- **L. ベック著、中沢護人訳『技術的･文化史的にみた　鉄の歴史　第3巻、第4巻』たたら書房、1968～1970年**……ベック（1841～1918）は、高炉技術者であり実業家として鉄鋼業に従事する一方で、古代から20世紀までの鉄の歴史を、膨大な資料に基づいて体系的に記述した鉄鋼技術史の古典的大家である。翻訳は技術史家の中沢護人により、近代的な鉄鋼技術が確立された18世紀以降の部分が第3巻～第5巻として先に訳出され、その後に古代から中世にかけての製鉄技術史が第1巻～第2巻として訳出された。すべての出版が1968年から1981年までかかったことから、原著の重厚さと翻訳の困難が理解できる。

（山崎　文徳）

第13章 2つの世界大戦と兵器開発に結びつく科学者

【概要】 19世紀後半では、アカデミック科学は民間財団などの資産家が、産業化科学は新興企業などが主な財政的支援を行っており、国家による支援は小さかった。2つの科学への支援に国家が大きくかかわるきっかけは、2つの世界大戦にあった。第一次世界大戦、第二次世界大戦はともに総力戦とよばれるもので、資源の獲得、工業生産の向上、新兵器の開発のために、国家が科学研究や技術開発を支援する動機を与えることになった。本章では、こうした戦争の時代に科学・技術がどのように変化したかについて、研究者個人や研究組織、そして国家の役割に注目しながら描いてみる。そこから、第二次世界大戦後に形成される、軍産学複合体や科学技術政策の姿が見えてくるだろう。

1 科学研究にかかわる政治と軍事

2つの大戦に先だって、すでに南北戦争（1861～65）では電気通信が、また普仏戦争（1870～71）ではダイナマイトなどが、科学研究の成果として、戦争目的に活用され始めていた。それ以前でも、西欧諸国による軍事力をともなう、アフリカ・インド・アジアなどでの植民地活動では、天文学、地理学、植物学の科学研究が支配や統治に活用されていた。歴史家のD.R.ヘッドリクはこうした科学などの機能を「帝国の手先」と表現した（1989）。しかし、世界規模の戦争では、戦車や航空機の大量製造が必要となり、生産力を総動員するようになると、民間企業の工場設備だけでなく、大学や研究施設に所属する研究者が、代用素材や新兵器の開発に直接かかわることになった。研究者の戦争へのかかわりは、大量殺戮兵器などによる戦争被害の拡大をもたらすだけでなく、研究者を軍事部門のアドバイザーや開発担当者へと変化させ、国家が大学や研究機関を支援するようになった。科学者が国家に不可欠な新たな役割を果たすようになったのである。

すでに第9章で説明したように、20世紀初頭には、民生技術に対して研究開発が行われ、産業化科学という部門が生み出された。また、戦時中の科学者動員を通して、軍事技術に対しても研究開発が行われ、政府による科学研究や技術開発へのより深い介入がはじまり、第二次世界大戦後には、科学技術政策が登場する。

では、戦争の時代のなかで、科学研究、技術開発のあり方はどのように変化したのだろうか。本章では、新兵器の開発にアカデミックな科学研究がどのように利用されたのか、科学依存型技術が兵器開発を通してどのように変化したのかなど、20世紀前半の科学技術の歴史を描いていく。

2 第一次世界大戦における科学者と兵器開発

化学者と毒ガス兵器

第一次世界大戦に利用された新兵器には、戦車、飛行機、潜水艦、化学兵器、物理応用兵器（通信機類）などがある。戦車はキャタピラーの名前で知られている無限軌道を用いた装甲車で、塹壕に隠れた敵兵を攻撃するために開発されたが、その原形は農業用のトラクターであった。偵察機や戦闘機、爆撃機となる軍用航空機も、ライト兄弟（Wilbur Wright と Orville Wright）が、空中を滑空するという有人の動力飛行機の発明にその起源があった。潜水艦は民生技術の転用ではなく、当初から軍事目的として開発された事例の1つである。

一方で、1915年にドイツ軍が東部戦線での塹壕戦に用いた5千本以上のボンベから放射した毒性物質は、繊維工業で用いられる漂白剤の原料である産業用の塩素ガスであった。これは民生技術の軍事目的への転用であったが、その後、ドイツ人ハーバー（**図13-1**）（第12章4参照）や、イギリス人ラムゼー（William Ramsay）らの化学者は、塹壕戦に有効な手段として、さらに毒性の強い窒息剤ホスゲンや皮膚をただれさせるびらん剤イペリットなどの新たな化学兵器や、防毒用マスクの研究開発を行うようになった。化学者は、戦争を早期に終わらせたいという希望をもって兵器開発に積極的に協力したが、結果とし

図13-1　ハーバー［Courtesy of Bundesarchiv］

ては大量殺戮兵器の開発に結びつくことになった。

化学兵器による死傷者数は130万人以上（死者は10万人以上）、後遺症を含めるとさらに多数の被害者を出したことから、化学兵器は残虐な大量殺戮兵器とされ、1925年には毒ガス等の使用を禁止するジュネーブ議定書による国際条約が定められた。ハーバーは、「化学兵器の父」とよばれて批判を受ける一方で、1918年にはハーバー・ボッシュ法の業績でノーベル化学賞を受賞した。また1924年に日本を訪問したときには、ハーバーは世界的な化学者として高く評価された。しかし、ドイツでヒトラー（Adolf Hitler）が権力を握る時代になると、彼はユダヤ人科学者であるとして迫害され、海外への移動中に病死した。ハーバーは、戦争と政治とに深くかかわった20世紀初頭を代表する科学者だった。

物理学者と潜水艦探知装置

大学に所属していた多くの科学者は、第一次世界戦時中、何らかの兵器開発にかかわることが求められていた。電子を発見したイギリス人トムソン（Joseph John Thomson）もその1人である。彼は、物理学を応用した無線通信装置や超音波を利用した探知装置（ソナー）などの開発にかかわった。トムソンの手紙には、彼の所属するキャベンディッシュ研究所の戦争中の様子が次のように描かれている。「戦争のおかげで研究所には大きな変化が起こった。多くの人が、それぞれの特技に従って、軍務に服している。われわれもまた、無線通信用の熱線受信機に関連して、陸軍からの委託で実験を行っている」。また、トムソンは、1915年7月に海軍が設置した発明研究委員会の委員として活動したが、10万件にのぼる市民からの奇妙な発明案の審査にうんざりし、また潜水艦を発見する水中聴音機の開発では、充分な援助を得ていないことに不満を感じていた。若い科学者も、軍隊組織に所属して、軍務や開発に関与することが多かった。そのなかには、のちにノーベル賞を受賞する生理学者のヒル（Archibald Vivian Hill、1922年・生理学・医学賞）や、ブラッケット（Patrick Blackett、1948年・物理学賞）らがいた。彼らは、第一次世界大戦での軍隊経験を踏まえて、次の戦争での兵器開発に積極的な貢献をすることになる（次節参照）。

フランス人物理学者ランジュバン（Paul Langevin）（**図13-2**）は、コレージュド・フランスで行った磁性体研究のなかで圧電効果（圧力を加えると起電力が発生する現象）を発見した。彼は、この効果を利用して超音波を発生させ、その反射波をとらえることで、潜水艦を探知する装置の実験を行っている（1918）。戦時中に完成はしなかったが、彼の方式はのちにアクティブ・ソナーとよばれる軍事用のソナー（潜水艦探知装置）につながっていく。

図 13-2　ランジュバン［AIP Emilio Segrè Visual Archives］

科学者動員の組織の役割

兵器開発への科学者のかかわり方は、こうした個人的なものから、国家が関与する組織的なものへと変化しはじめていった。ドイツでは1911年に設置されていたカイザー・ヴィルヘルム協会（KWI）は科学者と兵器開発の仲介組織となった。また同様の組織として、イギリスでは科学産業研究庁（DSIR）が1916年に設置され、アメリカでは全米研究協議会（NRC）が1916年に大統領に承認され、設立された。

全米研究協議会の場合、その目的の１つに「国防を強化するための科学的方法の採用」が加えられており、関連する全米科学アカデミー（NAS、1863設立）などの科学者の組織と連携する役割を担った。アメリカが1917年４月にイギリス側に立って第一次世界大戦に参戦したことで、この協議会の課題に、大西洋を航行しているアメリカ商船に被害を及ぼしていたドイツのＵボート（潜水艦）対策が加わり、ソナーや、偵察航空機用無線電話などが開発された。この協議会で活躍した物理学者がミリカン（Robert Andrews Millikan）であった（図 13-3）。ミリカンは、油滴実験によって電子の質量を確定した研究実績によ

図 13-3　ミリカン（左）とアインシュタイン（1932）［Photo courtesy of the Caltech Archives and Special Collections］

り、1923年にはノーベル物理学賞を受賞したが、同時に全米研究協議会の副会長として、科学者と国防活動とを仲介した。

3 第二次世界大戦におけるイギリスと電波兵器開発

ティザード委員会とチェイン・ホーム

第一次世界大戦が終わると、科学者と兵器開発とを結びつけていた戦勝国側の科学産業研究庁や全米研究協議会もその役割を止め、大学に所属する科学者が継続的に兵器開発に携わることはなかった。科学者が再び兵器開発にかかわるようになったのは、ほぼ15年後、イギリスで防空用の電波探知装置の開発が模索された1935年からであった。この前年、ドイツではヒトラーが政権を握り、軍用機を増産するなど、軍備拡張を公然と進めはじめた。ドイツの航空機によるイギリスへの攻撃が想定され、そのための対策が検討された。イギリス空軍省では、防空対策のため、第一次世界大戦中に空軍に所属した経歴をもつ物理学者のティザード（Henry Tizard）を委員長に指名し、防空調査委員会（ティザード委員会）を1935年1月に設置した。ティザードは、軍歴をもつヒル（前出）とブラッケット（前出）を委員に加え、電波を利用した航空機の迎撃案（殺人光線のようなもの）の検討を、国立物理学研究所（NPL）に所属していたワトソン-ワット（Robert Alexander Watson-Watt）に依頼した。彼は、攻撃装置ではなく、パルス波を利用し、航空機からの反射波を検知することでその位置・高度を計測する原理（レーダ）を提案した。この提案は採用され、そのころに実用化されていたテレビジョン用の超短波送受信装置やブラウン管、BBC放送局の電波塔を転用することで、短期間にイギリスの海岸線の防衛網（チェイン・ホーム）が設置された。

マイクロ波レーダとティザード派遣団

しかし、複数の航空機の数を正確に判別するには、既存の技術では限界があり、波長のより短いマイクロ波（波長が10 cm以下の電波）が必要だった。こうした高周波の研究には、原子核の研究を行っていた物理学者らの参加が不可欠となった。1939年9月、ドイツのポーランド侵攻によって第二次世界大戦が勃発した直後、ティザードからマイクロ波レーダの開発を依頼されていたバーミンガム大学のオリファント（Mark Oliphant）は、研究室に若手物理学者を集め、マイクロ波の研究を開始した。1940年1月に彼のチームは、高出力のマイクロ波発振管（空洞マグネトロン）の開発に成功した（図13-4）。レーダの他にも、ティザードらは、軍の作戦に統計学を応用したオペレーションズ・リサーチ（戦略研究）を利用することを軍部に承認させた。

図13-4　マイクロ波レーダの発信装置となる空洞マグネトロンを開発した、ジョン・ランダル（John Randall）（右）とハリー・ブート（Harry Boot）［Redhead, 2001, p.324］

ティザードはまた、アメリカとの情報交換の必要性を、政治家や軍人に働きかけ、1940年7月の英米技術情報交換協定締結を経て、同年9月に、ティザード派遣団の団長としてアメリカに渡り（次節）、英米間での戦時研究の協力体制をつくり上げた。

4　第二次世界大戦におけるアメリカと電波兵器開発

研究費不足という困難

アメリカ合衆国では、ティザード派遣団からマイクロ波レーダ開発にかかわる機密情報を受け取り、さらに1年後には、ウラン原子核を分裂させる新型爆弾についての機密情報も受け取ることで、科学者が組織的に兵器開発に関与する体制をつくった。しかし、アメリカの科学者が新兵器開発にかかわる経緯は、イギリスの場合とは大きく違っていた。

1930年代のアメリカでは、大西洋を隔てたヨーロッパ地域で進むドイツの再軍備よりも、1929年に発生した経済大恐慌への対策が主要な課題となっていた。科学者の関心も戦争ではなく、大学の科学研究に必要な民間からの資金援助の縮小、さらに理工系卒業生の就職先が激減するなどの困難であった。アメリカでは、大学などの研究資金の多くを、ロックフェラー財団やカーネギー財団など裕福な個人や慈善団体の寄付で得ていた。カーネギー財団がウィルソン天文台（1917年完成）の100インチ（約2.5 m）望遠鏡の開発資金を提供したことなどが有名である。しかし、大恐慌後は、大学の科学研究が資金難に直面することになった。ルーズベルト大統領は、第一次世界大戦中に設置された全米研究協議会のなかに、新たに科学諮問委員会（SAB）を設置し、MITの学長であったコンプトン（Karl Taylor Compton）を長官とした。コンプトンは「科学における政府の責任」を主張し、政府が科学研究費を支出するように働きかけ、当初は6年間に1600万ドルの科学研究費支出を提案、それを2年間に200万ドルへと引き下げたが、政府側はこの提案も拒否した。なぜなら、当時は、新しい発明が経済的破壊の原因だとする「技術的失業」論が、アメリカ社会に広まっていたからだ。ルーズベルト大統領はニューディール政策を立ち上げ、大規模な発電所を建設する公共投資によって失業対策としたが、ここには、科学研究への支援は含まれていない。コンプトンは長官を辞任するほど不満と失望を感じていた。政府のこうした考え方を大きく転換させたのは、第二次世界大戦の勃発であった。

NDRCによる研究費獲得

MITの副学長としてコンプトンと行動を共にしていたブッシュ（Vannevar Bush）は、1938年にカーネギー研究所の所長として科学研究の組織者となっていた。戦争が勃発した直後、1939年10月に米国航空諮問委員会（NACA：後のNASAにつながる組織）議長に抜擢されたブッシュは、科学研究を兵器開発に積極的に結びつけることができれば、政府からの研究支援を拡大できると考え、1940年6月12日に大統領と面談し、科学者を主体とした国防研究委員会（NDRC）の設置を大統領に認めさせた（6月15日）。ブッシュはNDRCの議長となり、コンプトンを含む、12人の科学者をそのメンバーに加えた。

しかし当時は、アメリカの陸軍や海軍は、大学所属の科学者が兵器部門にどのような役割を果たせるのかわからず、また大学側も、科学者が軍隊に動員されることに不安をもっていたため、NDRCが機能するかは不透明であった。ブッシュは、他の研究機関の役割と重複しないこと、科学者を軍に所属させずに大学にとどめ、軍と研究契約だけを結ぶ方式とすること、軍部の要望を集め、軍からの信頼と協力を得ることなどの工夫をした。慎重な努力のなかで、最初に取り上げた研究テーマが、アメリカの水上艦艇を航空機の攻撃から防御するための新兵器・マイクロ波レーダであった。

このタイミングで、イギリスからティザード派遣団が、空洞マグネトロンを携えてアメリカを訪問したのだった。1940年9月の面談で、ティザードたちはNDRCのチームにはじめて空洞マグネトロンを見せ、マイクロ波レーダの共同開発について相談した。この分野の研究ではイギリス側がアメリカ側よりも進んでいるとわかったNDRCは、同年10月に、MITに研究開発の拠点となる放射線研究所（RL）を設置し、物理学者のドゥブリッジ（Lee Alvin DuBridge）を所長として、イギリスの協力のもとにマイクロ波レーダ開発をはじめた。アメリカ政府からの予算を正式に受けるために、契約権限を有する科学研究開発局（OSRD）を1941年6月に設置し、科学者動員による兵器開発を推進する国家的な新たな組織が登場した（**図13-5**）。終戦までにアメリカでのレーダ開発は、3千人の科学者を動員し、製造費用を加えると約25億ドルに達する大規模な兵器開発プロジェクトとなった。

図13-5　OSRDにかかわったアメリカの科学者たち　左から、E. ローレンス、A. コンプトン、V. ブッシュ、J. コナント、K. コンプトン、A. ルーミス。［Photo Courtesy of Lawrence Berkeley National Laboratory］

5　アメリカの核兵器開発と戦後の科学研究体制

レーダ開発から原爆開発へ

マイクロ波レーダ開発には多くの物理学者が参加し、実戦での成果をもたらすことになった。軍人がその成果を認めた記事の1つに、雑誌「フォーチュン」（1945年11月号）に掲載された「ロングヘアーとショートウェイブ」がある。

記事では、マイクロ波レーダ開発が、戦争に勝利をもたらした兵器であると紹介され、ロングヘアー（長髪）である科学者が、ショートウェイブ（マイクロ波）のレーダを開発することで戦争に貢献したと、軍人が科学者を褒め称えている。

こうした科学者による兵器開発における役割を、1941年ごろ、すでに政府や軍部でも認識しはじめており、空洞マグネトロンの技術情報につづいて、翌42年にイギリスからもたらされた新たな機密情報にはすばやく対応できた。それは、天然ウラン鉱石に0.7%だけ含まれるウラン235を抽出し、それがある一定量（臨界量）に達すると連鎖反応が起きるという、新型爆弾につながる技術情報であった。

OSRDのブッシュから、巨大な破壊力をもつ可能性のある新型爆弾について説明を受けたルーズベルト大統領は、その開発計画を承認し、アメリカ陸軍の管轄下においた。アメリカ陸軍のグローブズ将軍は、開発のために建設されたロスアラモス研究所の所長に、38歳の物理学者オッペンハイマー（John Robert Oppenheimer）を選んだ。核兵器を開発するマンハッタン計画はこうして1942年6月からはじまり、4千人の科学者と約20億ドルの資金を投じ、2つのウラン型爆弾と1つのプルトニウム爆弾を完成させた。1つがニューメキシコ州での爆発実験に、残りが日本への投下に使用された。オッペンハイマーは戦後に、「成功すれば歴史に残る、これが科学者たちを興奮させた」と原爆開発にかかわった彼自身の動機を語っている。新兵器の開発中に、それが招くかもしれない大量殺戮の惨状を科学者がイメージすることは困難だった。

戦後に引き継がれる科学と軍事の関係

ルーズベルト大統領は、1945年4月に脳卒中で急死するが、その半年前の1944年11月に、ブッシュに科学研究にかかわる4つの課題を検討させていた。(1) 科学者による軍事研究についての市民への周知方法、(2) ペニシリンなどの医学研究をさらに発展させる方法、(3) 今後の科学研究への政府による支援方法、(4) 若手研究者の養成方法、であった。ブッシュの答えは、1945年7月に提出された『科学―エンドレス・フロンティア：戦後の科学研究プログラムに関する大統領への報告』で示された。その内容は、基礎研究と研究人材養成に政府が支援を行い、政府に対して適切な助言を行うには、科学者が主体的に活動できる科学諮問委員会を設置して、研究における機密制限をなるべく解除するというものだった。つまりは、非軍事型のOSRDを目指していたようだ。

しかし、ブッシュの提案は、ほとんど採用されなかった。その要因は、新兵器開発での科学者の役割を高く評価した軍の関係者が、新兵器開発契約の継続を望んだこと、大学経営者が、財団や企業からの寄付金よりも、政府との委託契約金を取得することを選んだことなどにある。さらに1950年の朝鮮戦争の勃発も新兵器開発への関心を強めた。科学史家のレスリー（Stuart W. Leslie）は『米国の科学と軍産学複合体』（1993）のなかで、戦後の大学が軍からの資金に依存するようになった姿を「軍の周りに群がる大学」とよび、MITのリンカーン研究所（防空研究）、カリフォルニア大学のローレンス・リバモア研究所（核兵器研究）、スタンフォード大学の応用エレクトロニクス研究所（エレクトロニクス兵器）など、軍の資金で1950年代に設置された事例を紹介している。一方で、ブッシュの提案は完全に無視されたわけではなかった。航空宇宙局（NASA）、全米科学財団（NSF）、国立衛生研究所（NIH）などの設置につながり、政府が研究資金を投じる非軍事組織もつくられた。ただし、1950年代では、アメリカ連邦政府の研究開発関連費の約8割は、国防省が占めていた。

冷戦期の緊張のなかで、つねに軍事研究を継続し、新兵器配備を進めたアイゼンハワー大統領であったが、その一方で、大統領を離任する際に行った演説では、「軍産複合体による不当な影響力の獲得を排除しなければならない」と「軍産複合体」というグループの動きに警告を発した（1961年1月）。さらに、W. フルブライト上院議員は1970年に、大学にとって軍部や防衛企業が不可欠なパートナーとなっていることを「軍産学複合体」と表現し、大学と軍との危うい関係に警戒心を示した。

20世紀の2つの大戦を通して、科学研究、技術開発は、兵器開発に強い関心をもつ政府、軍部、そして軍需関連企業から大きな影響を受けるようになった。こうした科学技術と兵器開発との関係を、どのように考えたら良いのかが、21世紀に残された課題となっている。

第一次世界大戦では、既存の知識を応用して毒ガスやソナーなどを開発するために、科学者がアドバイザーや応用研究にかかわるようになった。第二次世界大戦では、戦況を左右するマイクロ波レーダや原爆などの新兵器の研究開発に組織的に関与するようになった。そのため、研究費の支援における国家の役割が大きくなり、国家が求める研究課題を、目的基礎研究を中心に解決していくスタイルが広まることになった。こうした戦争と科学とのかかわりのなかで、科学者は、産業研究や軍事研究を行う研究人材であること、政府への政策提言を行う助言者であること、さらに主体的に社会的責任を果たす知識人であることが、求められるようになった。

CHALLENGE

(1) 科学者が新兵器開発に取り組むことになった第一次世界大戦の事例を1つ取り上げ、その特徴を説明しなさい。

(2) 第二次世界大戦になると、物理学者が兵器開発に動員されるようになった。その理由について、調べなさい。

(3) 原爆開発に参加した科学者を1人選び、その科学者が原爆開発に参加した動機について、調べなさい。

BOOK GUIDE

- **D.R. ヘッドリク著、横井勝彦ほか訳『インヴィジブル・ウェポン：電信と情報の世界史 1851-1945』日本経済評論社、2013年**……商用目的から登場した有線や無線による通信手段が、植民地支配や軍事目的に利用されていく姿を描いている。
- **ルッツ・F. ハーバー著、井上尚英監修、佐藤正弥訳『魔性の煙霧：第一次世界大戦の毒ガス攻防戦史』原書房、2001年**……産業用資材の塩素ガスの兵器利用から、びらん性化学兵器が登場する第一次世界大戦を中心に、それがもたらす軍事的、政治的影響、開発者の動きを詳細に描き出している化学兵器の歴史書。
- **山崎正勝・日野川静枝編『原爆はこうして開発された』青木書店、1990年**……最初の核兵器であるウラン爆弾からプルトニウム爆弾へと開発を進める科学者と軍人との緊張する関係を描いた、マンハッタン計画の歴史書。読みやすい。
- **常石敬一『化学兵器犯罪』講談社（講談社現代新書）、2003年**……第一次世界大戦に登場した化学兵器は、第二次世界大戦では日本、冷戦期ではイラク、さらに日本でのオウム真理教サリン事件など、今日でもその非人道性が危ぶまれている。こうした経緯を科学史家の常石敬一が分析している。
- **スチュアート・W・レスリー著、豊島耕一ほか訳『米国の科学と軍産学複合体』緑風出版、2021年**……レスリーの原著は1993年に刊行されたものであるが、日本語訳ではその後の変化についても触れられている。MITやスタンフォード大学を中心とした兵器開発の実態を科学史家レスリーが描き出している。

- **M. スーザン・リンディ著、河村豊監修、小川浩一訳『軍事の科学』ニュートンプレス(ニュートン新書)、2022年**……軍事研究には化学、物理学だけでなく、医学、心理学、地理学、気象学などの研究分野も含まれる。一般の研究者が軍事研究に組み込まれ、研究の悦びと倫理的苦悩の間をゆれ動く姿を描き、問題の本質に迫ろうとしている。
- **トマス・クローウェル著、藤原多伽夫訳『戦争と科学者：世界史を変えた25人の発明と生涯』原書房、2012年**……殺戮兵器の開発者は、その発明によって兵士や市民の被害が減少すると信じていたという。発明者の動機にも触れた軍事研究の歴史書。

（河村　豊）

第14章 冷戦構造下における技術の軍事利用

【概要】 第二次世界大戦後の世界は、アメリカを中心とする資本主義諸国とソビエト連邦（ソ連）を中心とする共産主義諸国が体制間対立して、政治的・経済的に分断された「冷戦」のもとで核兵器の開発・量産を競った。同時に、現実に戦争や紛争、いわゆる「熱戦」が生じた場合は、そこでの勝利が目指された。世界大戦後のアメリカは、民生技術で世界の産業・技術分野を牽引するだけでなく、資本主義陣営の盟主として質的にも量的にも軍事技術開発で先行してきた。一方の日本は、戦後しばらくは軍事技術開発を禁じられ、非軍事の分野（民生分野）に資源を投じて優れた技術を開発するようになった。そこで本章では、冷戦下のアメリカにおける軍事技術開発と日本の民生技術の関係に着目し、軍事技術と民生技術の関係を考察する。

1 アメリカ軍事産業基盤の形成

アメリカの世界戦略の主眼は、原材料やエネルギー資源の供給源の確保、外国貿易と対外投資が安全になされる地理的範囲の保持と対外援助を通じたそれらの創出、通商上の空・海路の保護にある。アメリカ政府にとって、アメリカ資本の世界的な規模での経済的利益の確保と拡大を果たすことが「国益」であり、それが平和的に果たされない場合に戦争を行ってきた。

アメリカの「国益」を軍事的に追求するのが軍事戦略とすれば、軍事技術はその物質的基礎であり、軍事技術を供給するのが軍事産業基盤である。軍事産業基盤（defense industrial base）とは、アメリカの国家安全保障目標を達するのに必要な兵器や軍需品を、設計・開発、製造、維持・保守するための企業や機関の結合（combination）であり、主契約企業、サブ契約企業、部品や原材料のサプライヤという階層を形成する。

アメリカ軍事産業基盤の起源は第二次世界大戦にある。第一次世界大戦までのアメリカでは、平時から軍事生産を行う企業はほとんどなかったため、アメリカ政府は急遽、戦時動員体制として下請生産を組織し、生産力を軍事生産にむけることに成功した。第二次世界大戦のアメリカでは約６万機の軍用機が生産されたが、それだけの生産を計画・実行するために設けられた国防諮問委員会（National Defense Advisory Commission：NDAC）の工業生産の責任者は、GM の社長を務めたヌードセン（William Knudsen）であった。アメリカ政府は、不足する設備や機械を補って航空機を大量に生産するために資金を投入し、国防省から契約を受ける主契約企業と、主契約企業から発注を受ける中小企業による下請生産という生産体制が形成された。

アメリカ軍事産業基盤は軍事費を媒介して形成されてきた。第一に、軍事研究開発費に着目すると、アメリカ政府は研究開発資金の提供者として軍事産業基盤を形成してきた（図 14-1）。国防総省の研究開発費は、つねに連邦政府の研究開発費の 40 ～ 60% 程度を占めてきた。エネルギー省の研究開発費は、石油危機後の代替エネルギー開発で急増したものの、核兵器用の核分裂性物質を管理する原子力委員会が前身であり、研究開発の重点は原子力開発にあることから軍事との関係が密接である。NASA の研究開発費は、1960 年代のアポロ計画などの宇宙開発で急増し、その後は半減したものの一定の規模を維持している。

NASA は基本的には非軍事目的に特化するが、宇宙船や衛星の打ち上げに弾道ミサイルを改良したロケットを用いることで航空宇宙産業に市場を提供するなど、軍事と安全保障に深くかかわってきた。1957 年にソ連が人工衛星スプートニクの打ち上げに成功したことは、弾道ミサイルを打ち上げるロケット技術でもソ連が先行していることを意味したため（スプートニク・ショック）、アメリカ政府は 1958 年に ARPA（Advanced Research Projects Agency：高等研究計画局）と NASA（National Aeronautics and Space Administration：航空宇宙局）を設立して宇宙開発を急ぎ、ケネディ大統領は「1960 年代中の月着陸」というアポロ（Apollo）計画を発表して予算を大きく増やした。

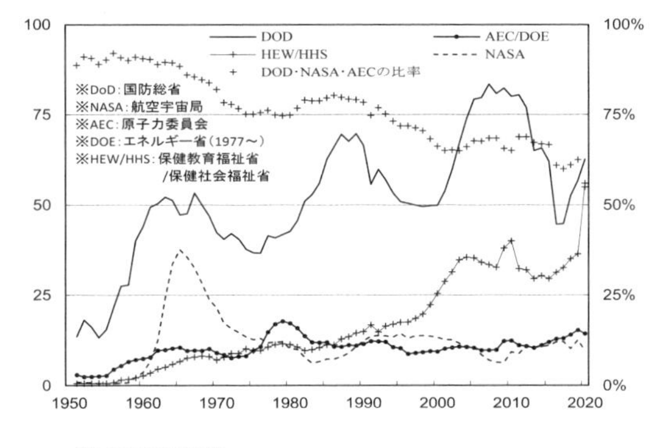

注）2020年は推計値。

図 14-1　アメリカ連邦政府における省庁別の研究開発支出額の推移（1951-2020）（10 億ドル、2012 年物価基準）［NSFa；NSFb より筆者作成］

国防総省、NASA、エネルギー省の研究開発費の合計は、冷戦終結後も政府の研究開発費の60～70％程度を占めており、連邦政府の研究開発の資金源は、戦後一貫して軍事や安全保障関連の省庁が中心なのである。研究開発の主な実施者である産業界、大学や研究機関は、出資者の影響を少なからず受け、研究内容が誘導されることもある。

第二に、軍事調達費に着目すると、アメリカ政府は最大のユーザーとして、航空宇宙産業や電子・情報通信産業、造船業に対して軍需を提供し、軍事産業基盤を形成してきた。一貫して最大の割合を占めてきた軍用機の他に、ミサイルや電子・通信機器、艦船が軍事調達されてきたのである。

したがって、アメリカ軍事産業基盤を構成する主な産業は、核弾頭産業、航空宇宙産業、造船業や電子・通信機器産業であり、それらは素材産業や機械工業などさらに広範な裾野産業から構成される。

兵器級プルトニウムと核弾頭を生産する核弾頭産業は、原子力委員会（現在のエネルギー省）によって管理されてきた。軍用機やミサイル、ロケット、衛星を製造する航空宇宙産業では、主な企業としてボーイング（1997年にマクダネル・ダグラスを吸収合併）、ロッキード・マーチン、ジェネラル・ダイナミクス、ノースロップ・グラマンがあげられ、航空母艦やイージス艦などの軍艦、

図14-2　シリコンバレーでフェアチャイルド・セミコンダクターを立ち上げたロバート・ノイス（左から4番目）ら［©Intel Corporation］

原子力潜水艦を製造する造船業では、ジェネラル・ダイナミクスとノースロップ・グラマンが主な企業である。2001年にニューポート・ニューズを買収したノースロップ・グラマンはニミッツ級の空母を製造できる唯一の造船企業である。これらに、レーダやミサイル、指揮管制システムを開発する軍用電子専門企業のレイセオン・テクノロジーズ（航空機エンジンや宇宙機器などのUTCと2020年に経営統合）を加えたのが、アメリカの五大軍事企業である。

軍事産業は、アメリカ北東部のニューイングランドから東海岸を南下してワシントンDCからフロリダに至り、アトランタ、ハインツビルなどの軍事拠点都市やテキサス、コロラドといった南部を経由し、今度は西海岸をロサンゼルスからシアトルまで北上する「ガンベルト（Gunbelt）」とよばれる地帯に形成されてきた。ミサイルやロケットには、多くのコンピュータや電子機器を使用するため、電子・通信機器産業は、こうした航空宇宙産業の周辺地域で発達した。航空宇宙企業が集中するカリフォルニア州にはシリコンバレーが形成され、半導体産業の一大集積地となった。

2　核兵器開発とベトナム戦争

第二次世界大戦後の世界の政治的・経済的構造は米ソの冷戦対立に基づいており、両国は核兵器による報復能力を示すことで潜在的な敵国からの攻撃を未然に防ごうとする核抑止戦略をとった。1950年代の米ソは、主に核弾頭（原爆・水爆）と運搬手段（戦略爆撃機、ICBM、SLBM）の開発を競った。1954年3月1日のビキニ水爆実験はその象徴的な出来事であった。1957年にソ連が人類初の人工衛星スプートニクの打ち上げに成功し（スプートニク・ショック）、核兵器運搬手段にロケットが使用できるようになると、1960年代にかけて、米ソは運搬手段の量産を競った。

1963年に米英ソが部分的核実験禁止条約（PTBT）を結び、1970年に核兵器不拡散条約（NPT）が発効されるころには、核軍縮交渉も部分的に進められたが、核弾頭の多弾頭・多目標（MIRV）化や精密化（トマホークミサイルなどの開発）も進められた。1970年代までには、核兵器の弾頭と運搬手段の基本的な技術は確立し、「冷戦」は、核戦争ではなく核兵器量産競争として展開され、1986年には核保有5カ国（アメリカ、イギリス、ソ連〔現在のロシア〕、フランス、中国）の核弾頭保有数がピークの約7万発に達した。

「冷戦」の一方で、アメリカが「熱戦」における勝利を追求するきっかけは、ベトナム戦争（1961～75）であった。ベトナム戦争は、15年という長期間にわたり、米兵の死者は約5万7千人に達し、戦費は1965～71年で2178億ドル（予算上の戦費と追加支出）にのぼった。経済的にも疲弊したアメリカは、1970年代に深刻な不況に陥った。アメリカの軍事戦略において、ベトナム戦争は以下の2点で転機になった。

第一に、ベトナム戦争後のアメリカは、軍事力を発動・行使する際に、米兵の戦死者に対する「反戦」世論を強く考慮しなければならなかった。ベトナム戦争で米軍を撤退に追い込んだのは、ベトナム人民の抵抗とアメリカ国内の「反戦」世論であった。その後、アメリカ政府は、世論の賛同なしには戦争ができなくなり、1991年の湾岸戦争までの約15年間、大規模な海外派兵ができなくなったのである。

アメリカ政府は、ニクソン・ドクトリン（1970）を発して、戦争の現地化を進め、武器や費用はアメリカが提供し、兵士を現地化しようとした。しかし、イラン革命（1979）やソ連のアフガニスタン侵攻（1979）で中東情勢が不安定になると、カーター・ドクトリン（1980）を発し、「国益」に死活的問題が生じた場合には、米軍を直接派遣できるように模索した。

第二に、ベトナム戦争は、冷戦終結後の対テロ・ゲリラ「戦争」の源流でもある。ベトナム戦争後の米軍は、米兵の被害を最小限に抑えながら、テロやゲリラ、非正規軍などさまざまな非対称な脅威に対抗できるような戦争の仕方と軍事技術開発を重視した。ここでは、世界大戦のような総力戦ではなく、アメリカより軍事力の劣る国の正規軍や抵抗組織、レジスタンスが想定される。ベトナム戦争では、解放戦線の正規軍によるゲリラ戦に米軍は悩まされたのであった。

再び大規模な米軍派兵を行いながら米兵の被害を最小限にとどめ、さまざまな脅威対象に対して軍事的優位を得るために重視されたのが、軍事技術のデジタル化とネットワーク化であり、それを用いた軍事戦術であった。

3　軍事技術のデジタル化とネットワーク化

通常戦争（非核戦争）で勝利を得るために、米軍は、質と量で他国を圧倒する軍事技術を開発した。素早く軍隊を戦地に送り、米軍にとって効率的な戦闘を行い、速やかに戦争を終結させる「クリーン」で世論から反発されない戦争の形態を追求してきたのである。アメリカの軍事技術を、打撃システム、輸送システム、指揮管制システムという技術構成でみてみよう。

打撃システムには、弾頭・弾薬（核弾頭を含む）と、その運搬手段である弾道ミサイル、軍用機、航空母艦、戦車などが含まれる。ベトナム戦争後は、「米兵の被害を最小限に抑え、敵の一方的被害を拡大させる」技術の開発が重視され、精密化（精密誘導爆弾）、低被発見化（ステルス機）、無人化（無人機）、遠隔化（巡航ミサイル）、全天候性化（赤外線センサー）などが追求された。湾岸戦争後は、無人兵器の実戦配備も進み、日本のロボット技術など、民生分野で発達した技術がますます軍事利用の対象となった。

輸送システムは、大量の戦力や軍需品を迅速に輸送することで、戦争の継続を支える。特に中東のような遠隔地に素早く軍隊を送り込み、速やかに戦闘を終えるには、大規模な軍事力の緊急展開能力が求められた。カーター・ドクトリンのもとでは、緊急展開軍が構想され、新たな長距離軍用輸送機開発（C-17など）や、戦時の民間動員、在外米軍基地のネットワーク化が図られた。湾岸戦争では、人員輸送（戦域間輸送）の64％（32万1千人）が民間航空機によって、総貨物輸送量の39％が民間のチャーター船によった（外国籍船は全体の26％）。

日本や韓国、欧州、サウジアラビアなどの米軍基地は、米軍の出撃・中継・補給基地としての機能を強化し、中東での戦争を想定したネットワーク化が進んだ。日本では、1973年に横須賀が米空母の母港になった。米ソ冷戦の時代のものであり、本来であれば存在意義を失った日米安保条約は、ソ連崩壊後も1996年の日米安保再定義によって位置づけ直して維持された。アメリカ政府は、在日米軍基地を地球的規模の紛争の出撃拠点にする意図を明確にし、日本政府は、憲法9条の改定や集団的自衛権の容認によって、米軍が海外で行う戦争に自衛隊を戦闘参加させることすら目指している。

指揮管制システムは、目標を発見したらすぐに攻撃するための素早い意思決定を実現する。1980年代のレーガン政権下では、戦略核兵器近代化計画のもとで核戦争下でも生き残って意思決定を行う司令部システム、命令を確実に伝える通信システム、人工衛星などを利用して時々刻々と変化する状況を把握する情報収集システムが統合された。核戦争用に整備された指揮管制システムは、通常戦争でも威力を発揮し、イラクやアフガニスタンでは「敵」の発見から攻撃までの時間を短くした。その一方で、「敵」と誤認された民間人の犠牲も多発した。

これら米軍のシステムの基本的要素はベトナム戦争までに確立され、その後は、打撃システムにおける個々の兵器の制御と、指揮管制システムを核とした軍事技術全体の制御・統合が技術的課題となり、電子技術や通信技術が取り入れられた。

たとえば、打撃システムの精密化を図るために、探知・誘導技術が取り入れられた。冷戦期は核兵器も精密化され、地下のシェルターに隠れた敵国の要人を暗殺できるように、戦略核ミサイルの精密誘導や巡航ミサイルの開発が進んだ。通常戦争においても、精密誘導爆弾によるピンポイント攻撃を実現するため、探知・誘導技術が取り入れられた。湾岸戦争で米軍は、開戦当初に、精密誘導爆弾によってレーダや対空ミサイルなどイラクの防御システムを正確に破壊することで、米兵の犠牲を最小限に抑えた一方的な航空爆撃が実現したのである。個々の兵器を制御するために取り入れられたのが、半導体や赤外線、レーザーなどを用いた探知・誘導技術であった。

ところが、軍事技術の電子化にともない、1970年代末～1980年代には新たな技術的問題も生まれた。電子技術を急速に取り入れることで、軍事技術は複雑化して故障や不具合が増え、兵器の信頼性や稼働率が低下したのである。1979年にイランでイスラム原理主義と反米政策を明確にするイスラム革命が起こり、アメリカ大使館が占領されたことで、翌年に米軍はアメリカ大使館員救出作戦を実施した。その時、出動したRH-53Dヘリコプターの事故率が37.5%に達し、作戦も失敗に終わった。同時期には、F-14A戦闘機の約半分がつねに飛行できない状態にあり、1回の飛行についての整備作業時間が、F-111DとF-14Aは98時間、F-15は34時間かかっていた。米軍では、戦争になっても、満足に兵器を動かせない事態すら懸念されたのである。さらに、電子技術が高価であり、兵器価格の3分の1～3分の2を電子部品が占め、兵器価格が高騰する原因になった。

これら技術的課題に対して米軍は、ハードとしての電子部品の信頼性とソフトウェアの能力向上に努力を払った。そのなかで、優れた外国製品、とりわけ日本の電子部品が軍用に調達された。

4　軍事産業基盤の再構築と民生技術の軍事利用

第二次世界大戦後、アメリカ製造業は多くの技術・産業分野で一流の生産力と技術水準を保ち、軍事技術におけるアメリカの優位を保証した。

アメリカの研究開発費の主な資金源は連邦政府と産業界であり、冷戦期は前者、特に安全保障関連の支出が多くを占めていた。ところが、1970年代後半から研究開発費の総額に占める連邦政府の出資割合が相対的に低下し、1980年に両者の割合が逆転してからは産業界の出資が大きな割合を占めるようになった。冷戦終結後は、政府出資額が1千億ドル前後を推移するのに対して、産業界出資額は2018年までの約30年で3倍近く増えた。冷戦期からポスト冷戦期にかけて、研究開発の主な実施主体が企業であることは変わりないが、冷戦期は連邦政府資金の75%以上、冷戦終結後も約60%以上が軍事・安全保障関連であることを考えると、産業界における非軍事目的の事業であっても巨額の資金を調達できるようになってきたことがわかる。

歴史的には、一般産業分野における生産力の発達を基礎にして軍事技術が形成されてきたのであり、戦争や軍事的な必要性があれば利用可能な民生技術が

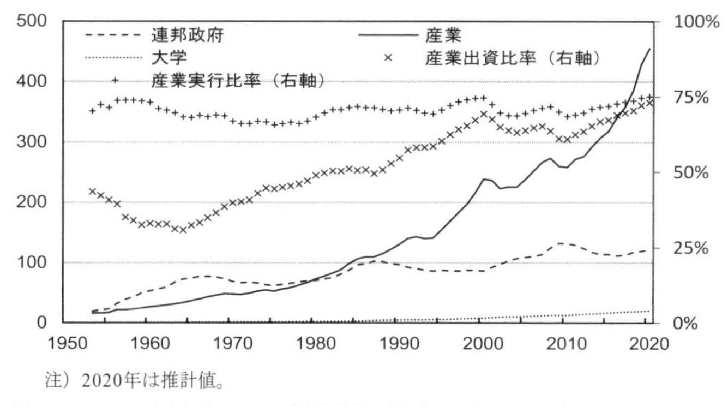

注）2020年は推計値。

図14-3　アメリカにおける研究開発費の資金源（1953-2020）（10億ドル，2012年物価基準）［NSFc, Table2および6より筆者作成］

軍事技術に組み込まれてきた。ところが、冷戦という特殊な状況のもと、軍事的な目的や用途であったり、軍事資金によって生み出された新たな技術もみられる。特に冷戦期のアメリカでは、軍事・戦争が、「バロック的」とも形容される巨額の資金を軍事目的で支出したことで、半導体（集積回路）やコンピュータ、ロケット、人工衛星、インターネットなどの技術発達を促し、初期市場を提供した。しかし、技術発達の要因は多様であり、特に民生分野で企業が市場を獲得する場合には、非軍事的な要因によって軍事用途とは異なる技術発達が必要になることがあった。

さらに、冷戦終結後は民間企業でも巨額の資金調達が可能になったことで、資金調達面での軍事のメリットが失われ、軍事技術開発の狙いは優れた民生技術の軍事利用におかれるようになった。これは、アメリカの軍事技術開発と日本の民生技術との関係に典型的にみられる。

1970年代末から90年代初頭にかけて、多くの産業分野でアメリカ企業の国際競争力の低下が問題にされた。国際競争力問題は、軍事との関係では技術の対外「依存」として問題にされた。戦後のアメリカでは、兵器の素材や部品の多くが国内企業から調達されたが、ヨーロッパや日本の産業発展を背景に重要な素材や部品の国外調達が増えたのである。軍事以外の目的で開発された製品であっても、その用途が適合的であれば軍事技術に取り入れられたのであり、それはいつの時代でも同じである。アメリカ政府によって問題視されたのは、軍事技術を構成する素材や部品、とりわけベトナム戦争後に取り入れられてきた電子技術を外国に依存していることであった。

アメリカ資本主義にとっては、必ずしも技術競争力そのものではなく経済的

表14-1　湾岸戦争（1991年）当時に日本が唯一の供給源となっていた兵器部品

［『毎日新聞』1991.1.28をもとに作成］

	品目	製造企業
1	セラミック・パッケージ	京セラ株式会社（世界的に独占）
2	16KCMOS RAM	株式会社　日立製作所
3	マイクロウェーブ出力ガリウム砒素化合物FET	日本電気株式会社、富士通株式会社
4	微少信号マイクロウェーブ・バイポーラ・トランジスタ	日本電気株式会社
5	低雑音ガリウム砒素化合物FET	日本電気株式会社
6	マイクロ・ウェーブ・シリコン・ダイオード	日本電気株式会社
7	シリコン・バイポーラIC増幅器	日本電気株式会社

利益こそが重要であるが、アメリカの国益を守るための軍事力は軍事産業基盤の技術競争力に依存している。しかし、軍事技術の優位を維持するために、裾野産業を含めたアメリカ国内産業を強化し、すべての技術分野における優位を取り戻すことは非現実的である。したがって、一国完結的な軍事産業基盤に依存してきたアメリカは、1980年代以降は別の方法で軍事技術の優位を保たねばならなくなった。さらに、1990年代には軍事費が大幅に削減され、軍事産業基盤の経済的な非効率性の改善という課題も生じた。

技術の対外「依存」と非効率性というアメリカ軍事産業基盤の2つの異なる課題は、統一的に「克服」された。第一に、経済的な非効率性は、1980年代のレーガン軍拡により温存されたが、1990年代に軍事費が大幅に削減されたことで問題になり、国内では軍事産業が再編成され、過剰資本の処理と人員削減によって、より少数の独占的な軍事企業が生まれた。また、高品質で安価な国内外の民生品を調達しやすいように調達制度が改革され、調達コストの削減が試みられた。

第二に、技術の対外「依存」問題とは、階層的な軍事産業基盤の下層に位置するサプライヤが、電子部品などを外国企業から調達し、緊急の増産や調達に支障をきたすという問題であった。1990年代には、グローバリゼーションへの適応という現実的判断を迫られ、アメリカ政府は軍事産業基盤をアメリカ国内に一国完結的に保持するという考えを放棄せざるをえなくなった。

しかし、アメリカの国家安全保障にとって深刻な問題と思われた対外「依存」問題は、適切な外国企業への依存を固定化・安定化させ、問題なく依存しつづけられる仕組みをつくることで「克服」された。日米は政治的に特殊な二国間関係を有しており、1990年代以降は、従属と表現できるまでに関係が深まっている。そのため、アメリカ国外の日本企業からの軍事調達であっても、1980年代のように問題にされることはなくなった。不安定な依存は脆弱性となるが、対外「依存」を制度化することにより、逆にアメリカの技術競争力は強化されたのである。

ただし、アメリカ政府はすべての軍事生産を国外に「依存」させようとしたわけではない。軍事産業基盤は、従来の一国完結的なものではなく、国外の外国企業を組み込むことでグローバルに再構築されたが、下請化されたのは軍事産業基盤の下層に位置する周辺技術であり、軍事生産において重要な中核技術は国内の軍事産業が保持した。軍事産業基盤は、国内的に軍事産業が再編成される一方で、グローバルに再構築され、軍事における技術競争力を支えているのである。

ベトナム戦争以降、米軍は、軍隊を素早く展開し、米兵の犠牲を少なく抑える効率的な戦争を速やかに行えるように再編成されてきたが、そのために軍事技術には電子技術や通信技術が取り入れられた。とりわけ、日本の優れた民生用の電子技術を取り入れることで、アメリカ軍事産業基盤はグローバルに再構築されてきたのである。

CHALLENGE

(1) アメリカの軍事戦略において、ベトナム戦争がどのような意味で転機になったのか説明しなさい。

(2) アメリカの軍事技術と日本の民生技術を思い浮かべながら、軍事技術と民生技術の関係を考察しなさい。

BOOK GUIDE

- **坂井昭夫『軍拡経済の構図：軍縮の経済的可能性はあるのか』有斐閣、1984年**……本書は財政学者である筆者が、イギリス滞在中に研究した成果であり、冷戦期の軍事経済を国際的な連関のなかでとらえたものである。軍事経済論の蓄積をふまえながら、アメリカの世界戦略、軍事経済と経済政策、軍事生産の関連をとらえ、日本を含む同盟国との関係や兵器移転の問題も広範に論じている。この基本的な視点と分析方法は、冷戦終結後の世界を軍事技術論的に分析する際にも、なお有効である。
- **藤岡惇『グローバリゼーションと戦争』大月書店、2004年**……経済学者である筆者が、経済と軍事技術開発の関係を論じている。冷戦期に形成された「軍民分離の壁」が崩れ、冷戦終結後は軍事分野で発達した技術が商業世界に開放されたと論じる。

（山崎　文徳）

第15章 日本における科学・技術と戦争

【概要】 戦前戦中期に一大産業分野となっていた軍需産業は、占領軍によって解体され、戦後日本は、軍需産業や軍事研究の存在感の薄いまま、民需産業中心で発展してきた。科学技術に占める軍事の割合は、他の先進工業国と比べ格段に低かった。しかし、近年、民生技術と軍事技術をより一体的に開発していこうという動きが世界的に広がり、日本でも、民生分野の先端技術の成果を兵器開発に積極的に取り込むための施策がはじまるなど、軍事研究をめぐる状況は変化しつつある。本章では、戦後日本の発展を振り返りながら、科学技術における戦争と民事の関係を考えてみたい。

1　軍事研究なんて自分には関係ない？

軍事研究というと、多くの人びとは、自分たちとは関係のない遠い世界の出来事と思うかもしれない。しかし、私たちの身のまわりには、軍事研究をもとに開発された数多くの技術が存在している。位置情報をリアルタイムで教えてくれるスマートフォンのGPS機能、お弁当や冷凍食品を調理するのに重宝する電子レンジ、家の中を自動で掃除してくれるロボット掃除機などは、すべて軍事研究をベースにして誕生したものである。軍事研究をきっかけにして日常生活に役立つ民生用の技術が生まれることを「スピンオフ」という。どのようにしてスピンオフが起こるかは、それぞれの技術によってさまざまだ。GPSのように飛行機や船舶などの位置情報を把握するための長年の軍事研究の成果がのちに民生用に転用されたケースもあれば、電子レンジのように軍事用レーダの開発中に偶然発見された加熱現象が実用化されたケースもある。科学技術には、日常生活に生かせば私たちの暮らしを豊かにしてくれる原理が、使い方によっては兵器開発につながるという二面性がある。その二面性がどのように現れるかは、時代や技術により異なる。戦後日本では、軍事研究を最小限に抑え、民需産業中心で経済発展を遂げてきた。

2 占領期

1945年の敗戦は、日本の科学技術のあり方に大きな変化をもたらした。戦前戦中期の日本では、軍艦、軍用機、銃火器などを開発製造する軍需産業が、多くの科学者や技術者を雇用する一大産業となっていた。世界最大の戦艦である大和を建造した造船産業や、零式艦上戦闘機（ゼロ戦）（**図15-1**）に代表される世界的レベルの軍用機を開発した航空機産業は、時代の先端を行く技術分野であった。最先端の技術開発を進めるため、軍と産業界および大学には、人的にも、また研究課題や研究開発費を通じても、深いつながりが形成されていた。特に戦時中には、陸海軍から大学等の科学者や技術者に軍事研究が委託されるなど、戦争遂行のため科学者や技術者を動員する施策が国策として追求された。そうした体制は、敗戦によって解体されることとなった。

ここでは、戦時期日本の代表的な軍需産業であった航空機産業に焦点を当てて、より具体的に敗戦の影響を見てみよう。航空機産業は、戦争末期の1944年には、年間生産数2万5千機、従業員数100万人に達する巨大産業であった。戦前戦中期に製造された飛行機のほとんどは軍用機で、航空機産業は、軍の支援を受けて成長した軍需産業だった。敗戦によって、こうした状況は一変した。占領下、GHQ（連合国軍最高司令官総司令部）は、日本の非軍事化を目指して、軍需産業の解体を推し進めたのである。航空分野では、GHQによる航空禁止令によって、飛行機の運航、生産、研究、実験など、あらゆる航空活動が禁止された。命令は非常に厳しいもので、軍用機だけでなく民間機もすべて破壊された。航空機製造会社は、一切の生産活動を停止し、業種転換するほかなかった。運輸省（現在の国土交通省の前身）航空局などの行政機関、東京帝国大学航空研究所などの研究機関、東京帝国大学工学部航空学科などの教育機関も廃止となった。

図15-1　零式艦上戦闘機［靖国神社遊就館にて著者撮影］

科学者や技術者の戦時動員を担っ

た学術研究会議、帝国学士院、日本学術振興会などの学術振興団体も、GHQの意向を受けて廃止もしくは改組された。戦時動員の中心的機関であった学術研究会議は廃止され、代わって1949年に日本学術会議が創設された。帝国学士院は日本学士院と改称され、日本学術会議の設置にともない同会議に付置された（1956年に同会議から独立）。日本学術振興会は、私的性格を有する学術奨励団体となり、政府補助金を打ち切られることになった（1967年に特殊法人化）。それぞれの研究分野で民主的に選出された会員からなる日本学術会議では、1950年に「戦争を目的とする科学の研究は絶対にこれを行わない」との声明を採択し、軍事研究との決別を明確にした。他方、1951年のサンフランシスコ講和条約締結により、中国やソ連などを含むすべての交戦国との講和ではなく、アメリカなどとの単独講和が結ばれると、同時に締結された日米安全保障条約のもと、朝鮮戦争（1950～1953）を背景に国内では再軍備が議論されるようになった。

軍需産業をめぐる軍産学の連携体制は解体されたが、一方で、戦時期に整備された科学技術振興体制は戦後社会に引き継がれた。戦前戦中から戦後への変容を理解するには、戦時と戦後の断絶だけでなく連続面についても、目をむける必要があるだろう。たとえば、幅広い基礎研究を支援する研究助成の制度は、戦時期に大幅に拡充された。前述の学術研究会議によって配分されていた科学研究費交付金の制度は、戦後も継続拡大し、現在は科学研究費助成事業として、日本を代表する競争的資金となっている。競争的資金とは、学生数や教員数をもとに配分される経常経費とは異なり、公募した研究課題のなかから評価されたものだけに研究費を配分する仕組みである。また、研究動員会議や帝国学士院を所管し戦時動員を担った文部省（現在の文部科学省の前身）科学局も、科学教育局と名前を変えて存続した。敗戦によって一時的に廃止された東京帝国大学航空研究所は、1958年に東京大学航空研究所として再建され、その後、何度かの改組を経て、現在、JAXA（宇宙航空研究開発機構）の宇宙科学研究所となっている。

3　講和前後から高度経済成長期

陸海軍が廃止され軍需産業が解体された結果、軍需に支えられてきた製造業

図 15-2　東海道新幹線開通記念の切手

各社は、船舶、自動車、鉄道などの民需産業に活路を見出すよりなかった。三菱重工業と並ぶ航空機製造会社であった中島飛行機は、財閥解体により12社に分割され、一部は富士重工業（現在のSUBARUの前身）となり、SUBARU（スバル）のブランド名で自動車製造に乗り出した。また、のちに日産自動車に吸収合併されたプリンス自動車も、立川飛行機の一部と中島飛行機の一部をもとに設立された自動車製造会社だった。勤務していた航空機製造会社を辞めて、自動車製造会社に転職した技術者も多かった。自動車産業は、朝鮮戦争でのトラック需要を取り込んで成長し、その後、日本を代表する輸出産業へと発展していった。鉄道分野にも、多くの航空技術者が流入し、鉄道技術の発展を担った。海軍で航空技術の研究に携わっていた技術者たちが、1964年に開通した東海道新幹線の開発を主導したことはよく知られている（図 15-2）。軍需産業に従事していた技術者が、民需産業へとシフトし、戦後の復興を担ったのである。

高度経済成長期の産業発展を考える上では、1960年代に急増した大学の理工系学生の役割も重要だろう。戦後の混乱期には、中長期的な展望をもった科学技術政策が策定されることはなかったが、1950年代後半になると、内閣総理大臣の諮問機関として科学技術会議が設置され、積極的な科学技術政策が立案されるようになった。1960年の国民所得倍増計画に合わせて策定された長期的指針である科学技術会議諮問第1号「10年後を目標とする科学技術振興の総合的基本方策について」に対する答申では、1960年代に17万人の科学技術者が不足するとして、理工系大学の大規模な拡張を求めるなど、多岐にわたる科学技術振興策を打ち出した。答申の求めた理工系の人材養成策により、理工系大学の定員数は、10年間に3万人弱から8万人以上へと拡大した。

理工系学部の増加にともない、教員ポストや研究費総額も増え、大学等での研究活動も盛んになったが、戦後日本の大学では、軍事研究が表立って実施されることはまれであった。1960年代には、アメリカ軍からの資金援助を受けた研究が実施されていたことが判明し社会問題となった。当時国会に提出された資料によれば、1959〜1967年までに、アメリカ陸軍極東研究開発局から、日本国内の37の大学や研究機関が研究費・旅費・国際会議開催費などの資金援助を受けていた。こうした状況を受けて、ベトナム戦争下の反戦機運のもと、日本学術会議は、1967年に再び「軍事目的のための科学研究を行わない声明」を発している。

一方、戦後の日本においても、兵器開発が行われ軍事技術が存在してきたことを忘れてはならない。代表的な経済団体であった経済団体連合会（現在の日本経済団体連合会の前身）では、1952年に防衛生産委員会が発足し、防衛力整備と防衛産業の拡充を繰り返し訴えた。実際に航空分野では、1950年代末から軍用の超音速ジェット機の自主開発がはじまり、1970年代には、超音速ジェット戦闘機F-1が開発されるに至った。ただし、防衛予算は長らくGDP（国内総生産）の1%程度にとどまっており、産業全体のなかに占める軍需産業の割合は、わずかなものであった。そのため産業界にとって、国内の兵器・装備品マーケットは積極的に開拓すべき場とはならなかった。また、1967年以来、政府が採用してきた「武器輸出三原則」によって、兵器・装備品の輸出が原則的に禁止されたため、海外に販路を拡大することも難しかった。国内に広がる軍事に対する忌避感も、軍需産業への参入を妨げたと思われる。

4　戦後日本の特徴

諸外国と比べると、軍事の割合の低さが、戦後日本の科学技術や産業の大きな特徴となっていることがよくわかる。多くの先進工業国では、第二次世界大戦期の戦時動員を経て、科学技術の有用性に気づいた軍が、戦後も引きつづき積極的な科学技術振興策を行ったため、軍と科学者や技術者の関係は、より強固なものとなった。

戦後のアメリカでは、連邦政府が国防総省を経由して莫大な研究開発費を支出し、産業界や大学に資金が流れ込んだ。特に物理学および工学では、軍からの資金の影響が大きく、冷戦期には、電子技術や航空技術などの分野の研究開発費の4分の3近くを、国防総省の予算が占めたという。ロッキードなどの防衛産業や、ゼネラル・エレクトリック、AT＆Tといった総合電機メーカーや情報通信産業は、軍の研究開発予算から大きな恩恵を受けた。また、マサ

図 15-3　湾岸戦争で使用された迎撃ミサイル「パトリオット」［The U.S. Army Center of Military History］

チューセッツ工科大学やカリフォルニア工科大学などを筆頭とした大学の電子工学や材料科学などの分野にも、多額の資金が配分された。

軍と産業界および大学の関係の深化は、科学のあり方を大きく変えた。アイゼンハワー大統領は、1961 年の離任演説で、軍と軍需産業が結びついた「軍産複合体」の存在を指摘し、民主主義や知的自由にとって脅威となりうることを警告した。軍産複合体によって、政治的プロセスがゆがめられたり、科学研究の方向性が規定されたりすることを危惧したのである。アイゼンハワー大統領の警告にもかかわらず、軍と産業界に大学を加えた「軍産学複合体」の影響力は弱まることはなく、冷戦期アメリカの科学研究は、研究開発費を支出する軍の要求によって、方向付けられるようになっていった。

これに対して、戦後の日本では、国全体の研究開発費に占める政府出資の割合は低く、民間出資の割合が高かった。民間の研究開発費は、基礎研究ではなく、企業の行う応用研究や開発製造分野に投資されることが多かった。また、産業全体に占める防衛産業の比率はわずかなので、多くの研究開発費は民生分野にむかい、軍事技術に比べて民生技術の高度化が進んだ。このため、軍事研究から民生品が生まれるスピンオフではなく、民生用として開発された最先端技術が兵器開発にも利用される「スピンオン」が目立つようになった。たとえば、1991 年の湾岸戦争で使用されたアメリカ軍の迎撃ミサイル「パトリオット」（図 15-3）では、民生用として開発された日本製半導体が数多く使われていたことが判明している（第 14 章 3 参照）。

5　軍事研究をめぐる近年の動向

基礎研究への資金配分が乏しいまま、主に民間からの研究開発費によって民生技術の開発を進めるという戦後日本のあり方は、1980 年代以降、国際的な批判を受けるようになった。日米貿易摩擦が深刻化した 1980 年代、日本が欧米諸国の基礎研究の成果を奪って工業製品をつくっているという批判が諸外国で巻き起こったのである。こうした基礎研究ただ乗り論や、バブル崩壊（1990年代前半）による民間研究開発投資の減少などを背景に、あらためて科学技術振興への期待が高まり、1995年に科学技術基本法が制定された。同法に基づき、5年ごとに科学技術の振興に関する総合的な計画である科学技術基本計画が策定されることとなり、第1期科学技術基本計画（対象年度1996～2000年度）では、政府研究開発投資の拡充が謳われた。以降5年ごとに基本計画が策定されてきたが、政府の研究開発投資の伸びは限られたもので、2022年現在までのところ、民間の負担割合が高い状態に大きな変化は見られない（図15-4）。

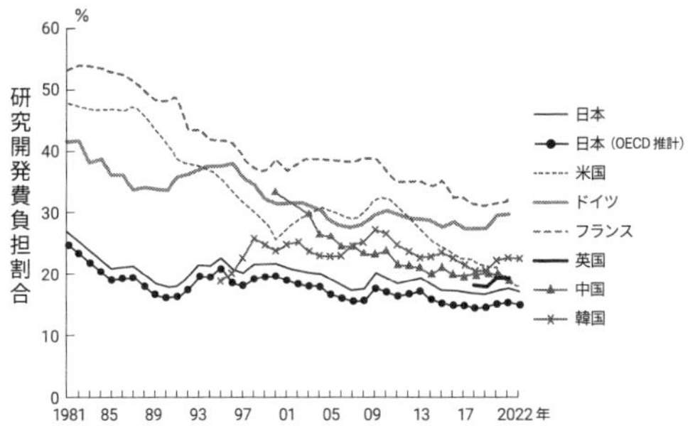

図15-4　主要国における政府の研究開発費負担割合の推移［科学技術・学術政策研究所, 2024, 図表1-2-4］

一方、1980年代まで政府の研究開発費負担の大きかったアメリカでは、冷戦終結後、国防総省の予算が頭打ちとなり、政府の研究開発費の伸びは、民間の研究開発費の伸びに大きく見劣りするようになった。そうしたなかで強調されるようになったのが「デュアルユース技術（軍民両用技術）」という考え方であった。デュアルユース技術とは、民生用にも軍事用にも利用できる技術を指す。低コストで優れた民生技術を活用することで、コストを抑えながら優位な兵器開発を進めていこうという考え方である。近年、人工知能や通信技術などの民生用の先端技術が発展するなかで、意識的に民生技術を取り込んでいこうとする動きはさらに強まっている。民生用に開発された成果をスピンオンとして事後的に利用するのではなく、民生技術と軍事技術を同時並行的に開発していこうという考え方が、世界的な潮流となってきているのだ。たとえば中国では、民間の技術開発力を効果的に軍事力向上に直結させる「軍民融合」の方針が掲げられている。

2015年度に日本で始まった「安全保障技術研究推進制度」も、兵器・装備品に「優れたデュアルユース技術を効果的・効率的に取り込む方策」である。

図 15-5　航空自衛隊の警戒管制レーダ
［防衛省］

安全保障技術研究推進制度は、防衛装備庁が、外部の研究者に対して競争的資金を提供する制度で、設立当初の予算は3億円であったが、2017年度には110億円へと増加し、大学の研究者からも応募が相次いだ。同制度の顕著な拡大に対して懸念が広がり、2017年には日本学術会議が、過去2回の声明を継承する「軍事的安全保障研究に関する声明」を発表し、大学や学会に対して、研究の適切性を審査する制度を設けるなどの対応を求める事態となった。

民生技術と軍事技術の境界を取り払おうという動きは、さまざまな分野で広がっている。航空宇宙分野では、2012年のJAXA（宇宙航空研究開発機構）法改正で、JAXAの事業を「平和目的に限る」とする規定が廃止され、防衛分野の研究も可能となった。実際に、中赤外線と遠赤外線を使うことで精度を高めた防衛省の「二波長赤外線センサー」を、JAXAの人工衛星に搭載し、H3ロケットで打ち上げる試みも実施された（打ち上げは失敗）。また、かつては科学技術政策の対象外であった軍事技術やデュアルユース技術が、科学技術基本計画（2021～2025年度を対象にした第6期からは、科学技術・イノベーション基本計画と改称）においても、取り上げられるようになってきている。

民需産業での高い技術力を生かして、兵器・装備品の輸出を促進しようとする動きも強まっている。2014年には「武器輸出三原則」に代わって「防衛装備移転三原則」が閣議決定され、「我が国の安全保障に資する」などの条件を満たした場合には、兵器・装備品の輸出や共同開発ができるようになった。これまで兵器・装備品の輸出は、戦闘機やミサイルなどの部品にとどまってきたが、2020年には新原則に基づいて、戦闘機やミサイルを探知する警戒管制レーダ（図 15-5）のフィリピンへの輸出契約が成立した。これは、新原則に基づく初の完成装備品の輸出である。

6　おわりに

戦後日本は、軍事研究の存在感の薄いまま、民需産業中心で発展してきた。

占領下、航空機産業などの軍需産業は解体され、軍需産業をめぐる軍産学の連携体制は解消された。軍需に支えられてきた製造業各社は、民需産業に活路を見いだすよりなかった。戦後日本において、軍事研究や兵器開発がまったく存在しなかったわけではないが、他の先進工業国と比べると、軍事の割合は格段に低かった。民生技術の高度化が進み、軍事研究から民生品が生まれるスピンオフではなく、民生技術が兵器開発へ利用されるスピンオンが目立つほどであった。しかし、近年、民生技術と軍事技術の関係に変化が見られる。民生分野の先端技術の成果を兵器開発に積極的に取り込むため、民生技術と軍事技術をより一体的に開発していこうという動きが世界的に広がっているのだ。日本でも、軍事研究の存在感は徐々に高まりつつある。

戦後日本では、軍事に対する極度の忌避感から、軍事技術についての社会的な議論は観念的なレベルにとどまりがちで、実際の軍備や軍事研究について踏み込んだ検討は乏しいままであった。そうしたなかで、なし崩しに民生技術と軍事技術の境界を取り払おうという動きが進んでいる。現実社会において一定の軍事研究の必要性を認めるとしても、その内容や進め方については、社会のなかで議論を行いコントロールしていくことが必要だろう。その際には、核兵器禁止条約の発効や、人間の関与なしに殺傷を行う「自律型致死兵器システム」の規制の議論などが参考になるだろう。また、研究に携わる人びとも、自分たちの行う研究が社会のなかでどのように利用されるのかといったことに、一層の目配りをすることが求められるのではないだろうか。

CHALLENGE

(1) 1950年代前半の日本学術会議では、軍事研究について、どのような議論がなされたか、杉山滋郎『「軍事研究」の戦後史』を参照して、まとめなさい。

(2) 1967年に打ち出された「武器輸出三原則」と、2014年に閣議決定された「防衛装備移転三原則」について、Webなどを利用して調べ、その内容を説明しなさい。

(3) 2015年度に日本ではじまった「安全保障技術研究推進制度」では、どのような研究機関の課題が採択されているか、Webなどを利用して調べ、具体的に答えなさい。

BOOK GUIDE

● 杉山滋郎『「軍事研究」の戦後史』ミネルヴァ書房、2017年……戦後日本において、科学者が軍事研究にどのようにかかわってきたのかを詳述。「軍事研究をしない」という方針がいかにして確立し機能してきたのか、そうした方針の限界にも目を配りながら、軍事研究をめぐる多様な論点を分析。

- **スチュアート・W・レスリー著、豊島耕一・三好永作訳『米国の科学と軍産学複合体』緑風出版、2021年**……アメリカの有力大学であるMITおよびスタンフォード大学を事例として、第二次世界大戦から冷戦期までの軍事研究と科学者とのかかわりを分析。アメリカの大学がどのように軍事研究に組み込まれていったのかを詳述。

（水沢　光）

第４部

科学・技術の進展と現代社会

第16章　情報技術の発展

【概要】 現代のコンピュータは、情報処理を実際に実行する機械装置としてのハードウェアと、情報処理命令を記述したソフトウェアから構成されている。本章ではハードウェアに焦点を当て、古代におけるアバカスやそろばんといった計算道具からどのようなプロセスのもとで現代的コンピュータへの発展がなされてきたのかを振り返る。

1　歯車式計算機から機械式計算機への技術発展

情報に対する操作を演算とよぶ。演算という作業を実際に実行する技術的手段を演算素子（arithmetic element）とよぶ。情報処理技術に関する最初の発展は、そうした演算素子にかかわるものであり、「小石、豆、珠（たま）など粒状の物体の空間的位置の移動」を用いて人間が手で計算するアバカス（abacus）やそろばん（算盤）といった計算道具から、「歯車の回転運動」を用いて機械が半自動的に計算する計算機械への発展であった。

アバカスやそろばん（図16-1）といった計算道具では、計算の実行のために、人間が小石や珠を一定のルールにしたがって指で動かす必要があった。ま

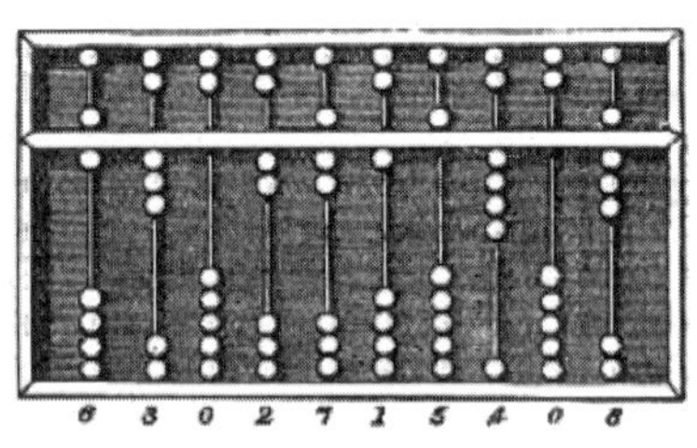

図16-1　アバカス（左）とそろばん（右） 左図はルネサンス期のアバカスの絵である。右図は中国のそろばんである。日本のそろばんと異なり、5の位の珠が2個、1の位の珠が5個となっており、それぞれ1個ずつ多い。右図の珠の置き方で、6,302,715,408という数字を表している。［（左）Reisch, 1503,（右）Encyclopedia Britannica, 1875, p.4］

た、繰り上がりや繰り下がりなどの演算処理も、人間がその必要性の有無を判断して実行する必要があった。

これに対して歯車式計算機では、複数の歯車を組み合わせながら回転させることで機械が半自動的に計算を実行する。そろばんなどの計算道具と異なり、歯車式計算機では計算作業プロセスの素過程に人間が直接的にかかわることはない。計算処理作業を実行しているのは、計算道具では人間であったが、歯車式計算機では機械である。「人間の知的作業である計算作業を機械が行っている」という意味において、歯車式計算機も、原始的なものではあるが一種の人工知能であり、アバカスやそろばんよりも技術的に進歩した機械であった。

歯車式計算機の重要な技術的要素の1つは、数のカウントである。数のカウント作業それ自体は、古代でもヘロンなど、距離の測定作業のために、歯車装置を利用して車輪の回転数をカウントする装置の発明があった。そうした数のカウントに加え、繰り上がりや繰り下がりといった演算処理作業も、歯車というメカニズムで自動的に実行できるようにしたことに、歯車式計算機という発明のポイントがある。

歯車式計算機は17世紀ごろに開発がはじめられ、フランスの哲学者として有名なパスカル（Blaise Pascal）が足し算を実行できる計算機（図16-2）を、ドイツの哲学者として有名なライプニッツ（Gottfried Wilhelm Leibniz）が足し算の繰り返しで掛け算を、そして引き算の繰り返しで割り算を実行する四則計算機（図16-3）を開発している。パスカルの計算機は、数字ダイヤルを鉄筆で回すタイプであっただけでなく、引き算を直接的には実行できず、操作者が補数を加える処理を実行することで引き算の結果を求めるというものであった。これに対してライプニッツの計算機は、その後主流となる回転ハンドルを回すことで段付き歯車を回転させるタイプであり、四則演算を直接的に実行すること

図16-2　パスカルの計算機ー外観および内部構造［Turck, 1921, p.10］

図 16-3　ライプニッツの計算機ー外観および内部構造［(左) Computer History Museum,（右）Meyer, 1904, p.964, fig.11 を一部修正］

ができるという意味でより進歩した計算機であった。

しかしどちらも、簡単な数値に対しては正しく計算を行えたが、当時の加工精度の不充分さや機械設計上の問題から、繰り上がりが数桁以上つづく場合には正しく動作しないなど、実用機に求められる充分な性能や信頼性をまだもってはいなかった。

歯車式計算機の実用化が進んだのは 19 世紀である。フランスのコルマー（Charles Xavier Thomas de Colmar）がアリスモメーターという計算機を発明し、1820 年に特許を取得している。同機は、ライプニッツの計算機と同じく段付き歯車を利用したタイプのものであったが、1825 年から 65 年までの 40 年間に約 500 台、1865 年から 1878 年までの 13 年間に約 1 千台が売れるなど一定の量産がなされるとともに、数多くの類似品が出回った。1870 年代には、スウェーデンのオドネル（Willgodt Theophil Odhner）やアメリカのボールドウィン（Frank Stephen Baldwin）らが、段付き歯車の代わりにピン歯車を利用するようにアリスモメーターを改良し、より大きな数を扱うことができるようにしている。

2　機械式計算機から電子式計算機への技術発展

歯車式計算機の処理速度の向上に関しては、19 世紀にはバベッジ（Charles Babbage）の解析機関など蒸気機関を動力源に採用する試みもあったが、その性能向上には一定の限界があった。

歯車に代わる新しい演算素子として最初に採用されたのが電磁リレーである。電磁リレーとは、19 世紀のモールス電信機や 20 世紀の電話交換機にも用いられているもので、電磁石によりスイッチの開閉を機械的に行うための電気的回路である（図 16-4）。すなわち、電磁的作用を用いてはいるが、歯車装置と同じく機械的装置であった。電磁リレーも機械的動作による演算素子として、スピードには一定の限界があった。アメリカ初の電気機械式計算機であるHarvard Mark I（1944）で1秒間に3回という演算速度でしかなかった。

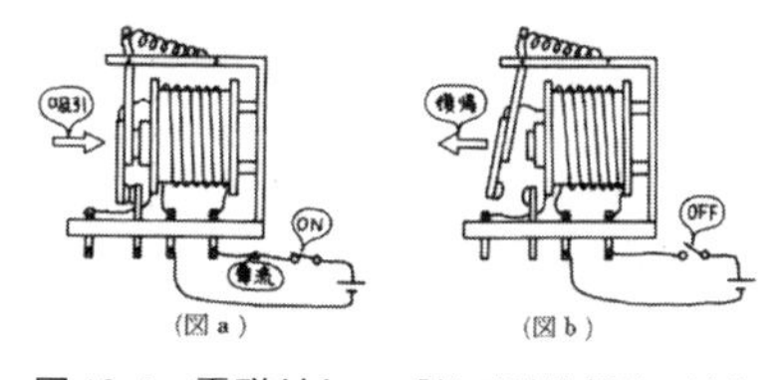

図 16-4　電磁リレー［松下電器製造・技術研修所編, 1978, p.63］

電磁リレーを利用した電気機械式計算の限界を超えた処理速度のさらなる高速化の実現は、演算素子を機械的なものから電子的なものに変える技術進歩によってもたらされた。

最初に登場した電子的な演算素子が真空管である。真空管式電子計算機の研究開発は、リレー式計算機とほぼ同時期に行われ、ENIAC（1946）、EDSAC（1949）、UNIVAC-1（1951）、富士写真フイルムFUJIC（1956）などのマシンが開発された。1943年に開発が開始され、1946年に完成したENIACは、1万8千本の真空管、7万個の抵抗、1万個のコンデンサーなどきわめて多数の部品から構成されていたため、幅30m、高さ2.4m、奥行き0.9m、総重量27tという巨大な装置であったが、1秒間に5千回の演算速度を実現するなど、リレー型電気機械式計算機よりも大幅な性能向上を実現した。

しかしながら真空管という演算素子は、熱電子を利用するというその技術的構造から、長寿命化・高集積度化・消費電力低減の実現が困難であるという問題を抱えていた。

こうした技術的困難の克服を可能にしたのが、ゲルマニウムやシリコンなど、電気を通す「導体」と通さない「絶縁体」との中間の性質をもつ半導体を素材とした回路素子である。電気の流れを一方通行にする電子部品として二極真空管に代わってダイオードを、電気信号を増幅したり回路のオンオフをしたりする電子部品として三極真空管に代わってトランジスタを利用することで、現代に至るまでの飛躍的な性能向上を実現することができた。

ダイオードやトランジスタといった電子的演算素子を用いたコンピュータの20世紀後半期における技術発展は、**表16-1**に示したように、4つの世代に区分できる。

第一世代は、先にあげたENIAC（1946）やEDSAC（1949）など、真空管を演算素子とするコンピュータである。

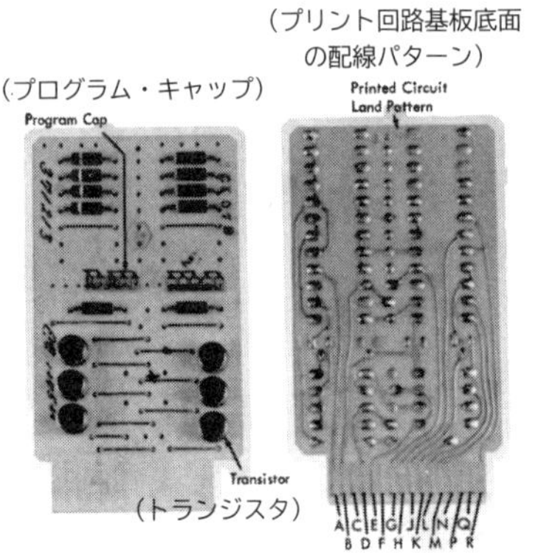

図 16-5　第二世代コンピュータにおける個別半導体を用いた回路基板（IBM の Standard Modular System カード）(1955)
右図 A ～ R の 16 個の端子をもち、ソケットに挿して利用する。[IBM, 1962, p.18]

第一世代から第二世代への発展は、UNIVAC-1（1951）、IBM-701（1953）など、演算素子としてダイオードやトランジスタといった半導体を採用したことによるものである。

第二世代コンピュータでは、**図 16-5** に示したように、ダイオードやトランジスタを、抵抗器やコンデンサーなどと同じく、個別の独立した回路素子として 1 つずつ配置しながら配線して、演算のための電子回路を組み立てていたため低コスト化が困難であっただけでなく、トランジスタの集積度は低く高性能化には一定の限界があった。

第二世代から第三世代への発展は、集積回路（Integrated Circuit, IC）採用によるものである。

第三世代コンピュータでは、真空蒸着技術により回路基板上に抵抗、コンデンサー、配線を形成してトランジスタと組み合わせた薄膜集積回路や、スクリーン印刷技術により回路基板上に抵抗、コンデンサー、配線などを形成してトランジスタと組み合わせた厚膜集積回路など、半導体の集積度を高めることで信頼性を高めるとともに動作を高速化したハイブリッド集積回路を用いることで、高性能化が実現された。メインフレームの IBM360（発表 1964、出荷 1965）や、ミニコンピュータの DEC PDP-8（発表 1965）などが代表的な第三世代コンピュータである。

第三世代から第四世代への発展は、写真の現像の仕組みを応用した、フォトリソグラフィ技術の採用という半導体製造技術の発展によるものである。**図 16-6** に示したように、レンズなど光学技術を利用し、回路図をシリコン・ウェハ上にそのままあるいは縮小投影しながら転写することで、回路素子および配線を一挙に一体型で形成するモノリシック集積回路が、キルビー（Jack St. Clair Kilby）特許やプレーナー特許などにより製造可能になったことで、それまでよりも信頼度の高い集積回路を大量生産により低コストで製造できるようになったのである。

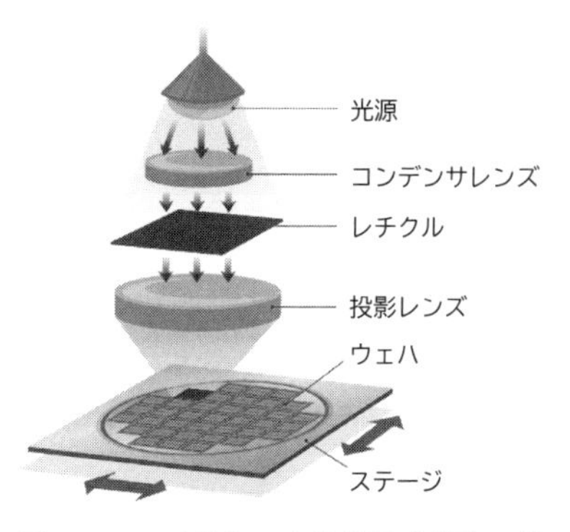

図 16-6　モノリシック集積回路製造の仕組み［板垣, TDK Web サイト］

モノリシック集積回路の製造に利用する光源の波長をより短くして回路素子をより微細化することで、半導体の集積度は、1960 年代初頭には数個程度であったが、1970 年代前半期に数千個程度となるなど、大規模集積回路（Large Scale Integrated circuit, LSI）化が進むことにより、第四世代コンピュータが登場した。

LSI 化により、マイクロプロセッサや半導体メモリの実用化が進んでコンピュータの高性能化・小型化が可能になっただけでなく、大量生産によるコンピュータの低価格化も可能となり、個人利用を対象としたパーソナル・コンピュータが登場・普及した。

パーソナル・コンピュータ市場の形成・発展に大きく寄与したのが、ムーアの法則で知られるムーア（Gordon E. Moore）やプレーナー特許で知られるノイス（Robert Norton Noyce）らが創立したインテルである。

世界最初のマイクロプロセッサ 4004 を電卓用の演算素子として日本のビジコン社と共同開発したインテルは、マイクロプロセッサの開発をつづけ、パーソナル・コンピュータむけの CPU（中央演算処理装置, Central Processing Unit）として 8 ビットの 8080 を 1974 年に出荷開始した。同 CPU を採用した MITS の Altair8800（1975）の登場を契機として、パーソナル・コンピュータ市場の形成・発展がアメリカを中心として 1970 年代後半期に進んだ。（マイクロプロセッサは、その内部にマイクロプログラムとよばれるプログラムを内蔵したプロセッサ（演算処理装置）である。マイクロプロセッサという呼称は、マイクロプログラミング方式のプロセッサという技術的構造に由来するものである。現代の CPU は、すべてマイクロプロセッサ型であるため、以下ではマイクロプロセッサに代えて CPU と略記することにする。）

日本では、8080 の互換 CPU を採用した NEC のマイコン・キット TK-80（1976）を契機としたマイコン・ブームが 1970 年代後半期に起こった。そして、NEC

表 16-1　計算技術の歴史的発展構造［筆者作成］

分類	計算道具	機械式計算機				電子式計算機（電子計算機、コンピュータ、および、電卓）			
名称	手動式計算道具	手動歯車式計算機	蒸気動力歯車式計算機	電動歯車式計算機	電気機械式（リレー式）計算機	［第1世代］真空管式電子計算機	［第2世代］トランジスタ式電子計算機	［第3世代］IC式電子計算機	［第4世代］LSI式電子計算機
演算素子（計算実行のための技術的要素）	小石 数珠	歯車			電磁リレー（1835）	真空管（1904） 3極真空管（triode） 2極真空管（diode） 抵抗器 コンデンサー	個別半導体 トランジスタ（1948） 半導体ダイオード 抵抗器 コンデンサー	集積回路（IC）（1958）	大規模集積回路（LSI）（1968）
動力源	人間		蒸気	電気					
非プログラム型計算機（calculator 系計算機）				電気計算機	リレー式計算機	真空管式パンチカード型計算機	電卓（電子式卓上型計算機 , Electronic Calculator）		
	アバカス そろばん	パスカルの計算機（1642） ライプニッツの計算機（1671） アリスモメーター（1820） タイガー計算器（1923）	バベッジの階差機関（1820）	モンロー電気計算機（1925） タイガー電気計算機（1960）	カシオ計算機 14-A（1957）	IBM 604 Electronic Calculating Punch（1947）	シャープ　コンペット CS-10A（1964） キヤノン Canola 130（1964）	シャープ コンペット CS-31A（1966）	サンヨー ICC-141（1968） シャープ QT-8D（1969）
プログラム型計算機（computer 系計算機）					リレー式計算機	電子計算機（Electronic Computer）			
			バベッジの解析機関（1834）		ベル研究所 Model II（1943） ハーバード大学 MarkI（1944）	ENIAC（1946） EDVAC（構想 1944） EDSAC（稼働 1949） UNIVAC-1（1951） IBM701（1953） IBM650（1954）	ベル研究所 TRADIC（1954） UNIVAC　Solid State Computer（1958） IBM7070（1960）	DEC　PDP-8（発表 1965 年） IBM360（発表 1964 年 出荷 1965 年）	MITS Altair8800（1975） IBM4300（発表 1979 年）
					富士通 FACOM100（1954）	富士写真フイルム FUJIC（1956） 東京大学 TAC（1959）	電気試験所 ETL MarkIII（1956） NEC NEAC2201（1958）	富士通 FACOM230-60（1968）	富士通 M-190（1975）

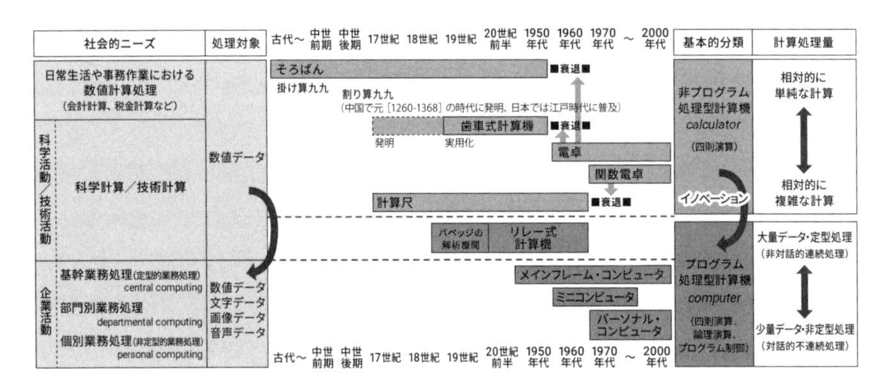

図 16-7　情報処理ニーズ視点から見た情報技術の歴史的発展［筆者作成］

の PC8001（1979）、シャープの MZ-80C（1979）、富士通の FM-8（1981）など 8 ビット・パーソナル・コンピュータ市場の発展が 1980 年代前半期に進んだ。

以上のような計算技術の歴史的発展構造を図式化すると、**表 16-1** および**図 16-7** のようになる。

3　数値計算専用の情報処理機械から汎用的な情報処理機械への発展

情報はその形態からは、文字情報、数値情報、画像情報、音声情報などに分けられるが、現代のコンピュータは、すべての情報を 0 と 1 という 2 つの値にデジタル化して取り扱っている。数字情報だけではなく、文字情報・画像情報・音声情報も含めてすべての情報を、そのような0と1から構成されるデジタル・データとすることにより、同一のメカニズムで処理できるようにしているのである。

こうしたバイナリ(二進法)化によるデジタル処理は、ハードウェアの単純化および信頼性向上を可能とするものであり、19世紀のモールス電信機においてすでに採用されていた。モールス電信機は、短点(短符号)と長音(長符号)という2つの符号の組み合わせによって、文字･数字･記号を統一的に取り扱っており、現代のデジタル情報化と同じ構造を有した情報通信技術だったのである。

情報のデジタル化とプログラム処理により、電子計算機は、数値データだけでなく、文字データ、画像データなどの各種データも含めて自動的に処理できる汎用的な情報処理機械となった。

そうした技術発展の社会的普及とともに、英語では、数値計算専用の機械をcalculatorとよび、プログラムによりさまざまな情報を扱える汎用的な情報処理機械をcomputerとよぶのが一般的となった。たとえば、数値計算しかできない機械式計算機はmechanical calculator、電卓はelectronic calculatorと表記するのに対して、プログラム処理が可能で多様な情報を取り扱うことができるデジタル電子式計算機はdigital electronic computerと表記される。これに対応して、日本では、電子計算機に代えて、コンピュータという名称が一般的となった。

プログラムによる汎用的な自動情報処理機械としてのコンピュータ・システムは、入力、演算、記憶、出力という4つの技術的要素を備え、各種の情報をプログラム処理できる機械として理論的には定義される。

実際、現代のコンピュータ・システムの主要な技術的構成要素は、キーボードやマウスなどのデータ入力装置、データを処理するCPUやGPU(Graphics Processing Unit, 画像処理装置)などの演算装置、データを記憶するRAMメモリやHDD、SDDなどの記憶装置、データを表示するディスプレイやデータを印刷するプリンターなどの出力装置である。インターネットを利用するためのネットワーク装置は、データを外部からダウンロードする入力装置であるとともに、アップロードする出力装置でもある。

なおスマートフォン、ゲーム専用機、ワープロ専用機も、そうした内部構造を備えたマシンであり、コンピュータの一種である。たとえば、ゲーム専用機の任天堂ファミリーコンピュータは、アップルの最初のパーソナル・コンピュータ製品 Apple Ⅱ（1977）が採用していたのと同じ、モステクノロジーの 8 ビット CPU6502（1975）系の CPU である。またソニーの PS4（2013）、PS5（2020）およびマイクロソフトの XBOX One（2013）、XBOX Series X/S（2020）は、Windows パソコンと同じくインテル社が開発した x86 アーキテクチャの 64 ビット CPU を採用するとともに、GPU も Windows パソコンで広く使われている AMD 社の製品を採用している。

さらにまた、アップルのパソコン Macintosh の macOS とスマートフォン iPhone の iOS というどちらの OS ソフトとも、その中核部分（カーネル）は、カーネギーメロン大学で開発されたオープンソースソフトウェアの Mach（マーク）に基づく OS ソフトである。そして CPU のアーキテクチャ（基本設計）はどちらも、アーム社が開発した ARM アーキテクチャである。

ARM アーキテクチャの CPU は、iPhone 以外も含め、ほぼすべてのスマートフォンに採用されているだけでなく、任天堂のゲーム専用機 Switch（2017）や富士通のスーパーコンピュータ富岳（2021）にも使われており、2020 年には年間で合計 250 億個も出荷されている。

アップル、ソニー、マイクロソフトらの IT 企業は、そうした技術的共通化により、「規模の経済」効果や「範囲の経済」効果を享受できるようにし、ハードウェアのコスト低減を図るとともに、研究開発費の増大を抑制しながら技術革新による製品の高性能化の実現を追求している。

次に、コンピュータに対するニーズの違いに応じた 20 世紀後半期におけるコンピュータ製品セグメントの分類、および、CPU のマイクロプロセッサ化を取り上げながら、20 世紀後半期以降のコンピュータの技術的発展を見ていくことにしよう。

4　演算素子視点から見たコンピュータ技術の発展

コンピュータは、真空管を演算素子とする第一世代では科学技術計算や軍事などごく限られた場面での利用であったが、演算素子にトランジスタやダイオードといった半導体を用いた第二世代以降、徐々にその利用が広がっていった。全社的情報処理（基幹業務処理、central computing）を主要用途とする大型電子計算機であるメインフレームが1950年代に、企業の会計部門・人事部門・研究部門などの部門的情報処理（departmental computing）を主要用途とするミニコンピュータ（ミニコン）が1960年代に、社員の個人的業務用途や、家庭・自宅における個人的用途といった個人的情報処理（personal computing）を主要用途とするパーソナル・コンピュータ（パソコン）が1970年代に開発された。

アメリカでは、これら3つの製品セグメントに関して**図16-8**や**図16-9**に示すような市場発展が1960～1980年代にあった。

1980年にはアメリカでメインフレームが約1万台で約90億ドル、ミニコンが約10万台で60億ドル、パソコンが約80万台で16億ドルという市場規模であり、最初に市場成立したメインフレームが最も高性能で単価が高いことから金額的に見ると最も市場規模が大きく、次に高性能のミニコンが2番目、最も低性能で単価が低いパソコンが最も市場規模が小さかった。

しかしながら1975年に市場成立したパソコンは、**図16-8**に示されているように市場形成直後から出荷台数・出荷金額とも指数関数的な急成長を遂げ、1980年代後半期には出荷金額においても先行市場のメインフレームやミニコンを大きく上回るようになった。

これは、「半導体の集積度は1年半から2年で倍増する」というムーアの法則にしたがった半導体技術の進歩により、パソコンの高性能化が20世紀後半期に急速に進み、それまでメインフレームやミニコンでしか担えなかった作業がパソコンでも処理可能になったためである。

パソコン市場のこうした飛躍的成長を可能にした主要な技術的要因は、マイクロプロセッサという演算素子の技術革新にある。

パソコンのCPUは、1970年代後半期にはバス幅が8ビットでサポートしているメモリ量が64KBと、その当時のメインフレームやミニコンピュータよりもかなり性

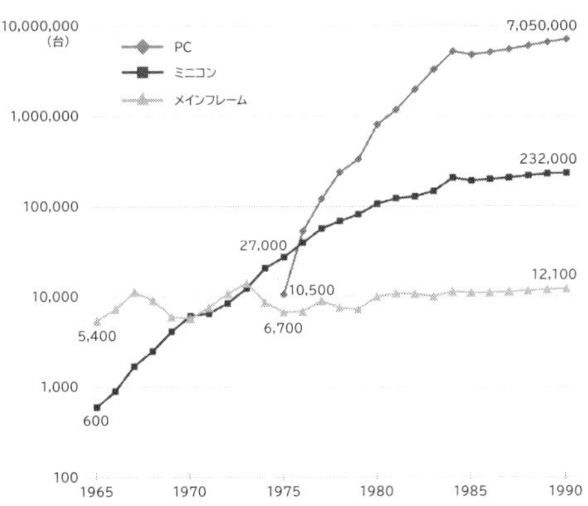

図16-8　アメリカにおけるPC、ミニコン、メインフレームの出荷台数の歴史的推移（1965-1990）
［筆者作成。数値の出典はAdamson, 1993; 1995, p.52］

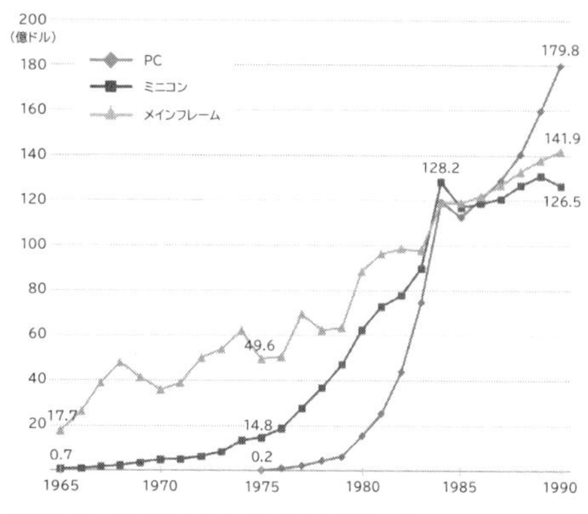

図 16-9　アメリカにおけるPC、ミニコン、メインフレームの出荷金額の歴史的推移（1965-1990）
［図 16-8 に同じ］

能が低いものであった。その当時の代表的CPUのインテル8080（1974）で1秒間に64万回の命令処理速度であり、最初期の電子計算機であるENIACの1秒間における5千回という演算速度の100倍以上も速かったが、それでもその当時のメインフレームやミニコンに比べかなり低性能であったことに変わりはない。

しかし20世紀後半期にインテルは、パソコン市場の規模拡大に応じた巨額な研究開発費を毎年つぎ込んでCPUの技術革新を追求した。

CPUを構成するトランジスタ数は、**表16-2**に示したように、最初期の8ビットPC用の8080（1974）では4500個に過ぎなかったが、16ビットPC用の8086（1978）では2万9千個、32ビットPC用の80386DX（1985）では27万5千個と急激に増加させている。インテルは、その後もCPUのトランジスタ数をムーアの法則にしたがって急拡大させつづけ、初代Pentium（1994）で310万個、20世紀末のインテルPentium Ⅳ（2000）で4千200万個、Core i7（2008）

表 16-2　インテル製CPUのトランジスタ数および演算速度の歴史的推移［筆者作成］

年	CPU名	トランジスタ数	演算速度
1974	8080	4,500	0.64
1978	8086	29,000	0.33
1985	80386DX	275,000	5
1989	80486DX	1,200,000	20
1994	Pentium	3,100,000	166
1997	Pentium Ⅱ	7,500,000	466
1999	Pentium Ⅲ	9,500,000	1,000
2001	Pentium Ⅳ	55,000,000	3,860
2008	Core i7 920	730,000,000	82,300
2013	Core i7 4770K	1,860,000,000	133,740

［注］表における演算速度の単位は、MIPS（Million Instructions Per Second）である。1 MIPSで1秒間に100万個の命令を処理できる。

で7億3千万個、Core i7（2013）で18億6千万個としている。

また、計算処理速度も同時に急激に増加させている。これは、半導体製造プロセスの微細化により、半導体集積度向上と処理性能向上を同時に実現できるからである。

5　スマートフォンなど21世紀における情報技術の発展

21世紀には、アップルのiPhone3G（2008）の販売開始を契機として、パソコンに代わる汎用的な情報処理機械としてのスマートフォンが飛躍的成長を遂げている。

スマートフォンは、Webページやネット動画配信という文字情報・画像情報・音声情報などを含む総合的メディアのダウンロード・閲覧、電子メールという文字情報の閲覧・作成・送受信、音声通話機能やテレビ電話機能といった音声情報の入力・再生・送受信、写真や動画などの画像情報の作成・保存・閲覧・送受信、文字情報の音声入力といったさまざまな個人的情報処理作業を実行できる多機能携帯端末という情報処理装置である。

2008年以降のパソコンの世界出荷台数は年間約3億台であるのに対し、スマートフォンはiPhone3G登場から2年後の2010年に3億台、5年後の2013年には10億台となり、2014年以降は年間12億～14億台となっている。

こうしたスマートフォン市場の急成長を支えている1つの重要な要因も、半導体の高集積度化による性能向上である。アップルもインテルと同じく多額の研究開発投資をつづけ、iPhoneの性能向上を図っている。

iPhoneはCPUとGPUの統合チップを採用しているが、アップルはその統合チップの情報処理性能向上のため、**表16-3**のように、トランジスタ数を急速に増大させ、2021年にはパソコン用CPUを上回るまでになっている。

表16-3　iphoneシリーズに搭載されている統合チップのトランジスタ数の歴史的推移［筆者作成］

年	iPhone名称	チップ名称	トランジスタ数
2013	iPhone 5S	A7	10億
2014	iPhone 6	A8	20億
2015	iPhone 6S	A9	20億
2016	iPhone 7	A10	33億
2017	iPhone 8	A11	43億
2018	iPhone XS	A12	69億
2019	iPhone11	A13	85億
2020	iPhone12	A14	118億
2021	iPhone13	A15	150億

スマートフォンの社会的普及には、インターネットの社会的普及が大きく関与している。インターネットでは、データをまるごとそのまま送るのではなく、日本語で「小包」を意味するパケット（packet）とよばれる小さな単位に分割し、データの送信元や送信先の情報などの制御情報を付け加えて送信している。

パケットの送受信という情報処理操作を行っているのが、パケット交換処理装置としてのルーターである。インターネット通信を支えるルーターも、パソコンやスマートフォンなどと同じく、OS ソフトとマイクロプロセッサによって動作する一種のコンピュータである。

スマートフォンやインターネットに代表される 21 世紀における情報技術の発展・普及は社会のあり方を大きく変えつつある。コンピュータとインターネットを利用した電子メール・ネット検索・ネット動画などにより、社会生活はそれ以前と大きく変わった。また最近では、AI、ロボット、ドローンなどにより、生産・物流・販売・事務などさまざまなプロセスの自動化がこれまで以上に高度に推し進められており、全自動運転自動車・完全無人トラクター・完全無人化工場・完全無人コンビニ・電子行政などの実現・普及が追求されている。

CHALLENGE

(1) 文章作成のためのワープロ専用機は 20 世紀にはパソコンに取って代わられた。それと同じように、ゲームのためのゲーム専用機はパソコンやスマートフォンといったさまざまな処理ができる汎用機に取って代わられるのかどうかを考察しなさい。

(2) ゲーム専用機、パソコン、スマートフォンに共通する技術的要素について、その機能と特徴をまとめなさい。

BOOK GUIDE

- **Martin Campbell-Kelly ほか著、杉本舞監訳、喜多千草ほか訳『コンピューティング史』共立出版、2021 年**……人間が計算者（computer）として計算作業を担っていた時代から、現代的コンピュータおよびインターネットに至るまでを取り上げた一般むけ通史。
- **ペギー・キドウェル、ポール・セルージ著、渡邉了介訳『図で見るデジタル計算の道具史』ジャストシステム、1995 年**……多数の図版・写真を利用し、ひもの結び目やそろばんといった古代の計算道具から現代のコンピュータまでデジタル計算処理の歴史をわかりやすく描いた通史。

（佐野　正博）

第17章　巨大科学の登場とその影響

【概要】 20世紀の科学は巨大化が進み、国家もしくは国家間の支援を不可欠とする研究プロジェクトも現れた。世界の数百の大学や研究機関が関係し、巨額の費用が投じられる現代の実験装置や観測施設はその典型例である。このような科学は「巨大科学」と称され、現代科学の特徴とみなされている。この章では粒子加速器の発展を例にとり、20世紀に巨大科学がどのように生まれ、どのように成長してきたかを考察し、あわせて巨大科学の問題点も考えていく。

1　20世紀科学を象徴する巨大科学

第13章で確認したように、2つの世界大戦で兵器開発に関与した科学者たちは、研究開発を管理する組織に加わり、国家への政治的な発言力をもち始めた。科学者たちがこうした行動をとるに至った理由には科学そのものの変貌が関係している。20世紀を経た現代科学では、国家もしくは国家間の支援なくしては成り立たない研究活動が現れ、総額1兆円超の費用を要する粒子加速器や宇宙望遠鏡も出現した。このような巨額な資金や大量の人材を要する大規模な科学は「巨大科学（ビッグ・サイエンス）」といわれる。先の科学者たちの行動様式も巨大科学の動向に深い関係があった。

「巨大科学」の動向に対して、アメリカ・オークリッジ国立研究所所長の核物理学者ワインバーグ（Alvin Martin Weinberg）は『サイエンス』誌上で懸念を示した。彼は科学の巨大化にともなう出版、財政、管理の問題に着目し、「巨大科学が大きな公共的支援を必要とするため、公共をむさぼり繁栄する」こと、「頭を使うのではなくお金を費やす」傾向の科学が現れることなど、研究現場とその周辺で起こりえる懸念事項を示した。加えて、粒子加速器を利用する高エネルギー物理学が、たとえ世間の関心を集めたとしても、他の科学分野と比較して人類に価値があるかどうかも考える必要があると述べた。今後も巨大科学のない科学研究は考えられないものの、無自覚に巨大科学を受け入れることがないようにワインバーグは警告した。

以下では、彼が言及した高エネルギー物理学研究のこれまでを追い、巨大科学の誕生とその発展、さらにはそれらの特徴や問題点もあわせて考えていく。

2 巨大粒子加速器の出現

粒子加速器が現れはじめたのは1930年代である。その出現は原子や原子核の研究の必要性から求められた結果だった。19世紀末～20世紀初めのヨーロッパでは新粒子や放射線の発見が相次ぎ、それらの研究が注目されるようになった。つづく段階では、ある特性の放射線を利用した実験が行われ、たとえば、大きな運動量をもつアルファ線（ヘリウム原子核であるアルファ粒子の流れ）を物質に衝突させて、どのような現象が起こるかを探る研究が進められた。

イギリスでは、物理学者ラザフォード（Ernest Rutherford）（図17-1）たちがアルファ線の散乱現象を調べるなかで、1911年に原子に正の電荷を帯びる核があることを突き止めた。この結果は、原子核とその周りに電子があるという原子構造論につながった。第一次世界大戦中（1914～1919）は一連の研究がほとんど休止するが、大戦前後に行われたラザフォードたちのアルファ線の研究から、アルファ粒子との衝突による人工的な原子核変換が発見され、さらに陽子の発見につながっていく。

原子構造の研究では、運動量の大きなアルファ線が重要な手段となったが、これらは天然の放射性物質による放射線とその特性に依拠していた。原子と原子核の世界をより精密に研究するためには、高いエネルギーの粒子を放つ粒子源が必要であり、こうした粒子を人工的につくり出すことのできる粒子加速器が求められた。

図17-1 ラザフォード［Library of Congress（Bain Collection)］

最初の人工的な粒子加速には高い電圧の利用が考えられた。そのために高電圧発生技術が研究され、アメリカ企業のジェネラル・エレクトリック、サザンカリフォルニアエジソンによる技術も活用された。アメリカやヨーロッパの研究者たちは粒子加速のための高電圧競争を展開したが、最終的に成功したのはケンブリッジ大学キャベンディッシュ研究所のコッククロフト (John Douglas Cockcroft) とウォルトン (Ernest Thomas Sinton Walton) だった。

彼らは高電圧X線管に応用されていた電圧増倍整流回路（高圧の直流電圧を発生させる電気回路）を改良し、コッククロフト・ウォルトン回路とよばれるものを開発した。この回路を使用して生み出された電圧は当初500 kV（kVは千ボルト）ほどで、その電圧によりアルファ粒子を生み出した（図17-2）。1932年には、700 kVを超える電圧のアルファ粒子によってリチウム原子核の破壊に成功し、人工的に加速された粒子による世界初の原子核変換を成し遂げた。その後、オランダ企業のフィリップスがキャベンディッシュ研究所のために建造した電圧倍増装置は1.25 MV（MVは100万ボルト）で、より高い電圧による粒子加速の研究が展開された。

図17-2 キャベンディッシュ研究所のコッククロフト・ウォルトン型加速器（1932年）

3 サイクロトロンの登場

次の段階で現れた加速器はサイクロトロンである。それまでの加速器は高電圧による絶縁破壊などの技術的制約を被っていたため、高電圧に依存せずに高速粒子を得ようとする試みがカリフォルニア大学バークレー校のローレンス (Ernest Orlando Lawrence)（図17-3）たちによって模索された。

ローレンスが注目したのは、ドイツで研究していた物理学者ヴィデロ (Rolf Widerøe) の論文だった。その論文には、「円筒形の2つの電極へ高周波電場をかけ、それと共鳴するように荷電粒子を通すと、粒子はかけた電圧が与えるはずのエネルギーの2倍のエネルギーまで加速されるという実験」が記されていた。この原理を使うと直接に高電圧を使わずに済み、かつ円軌道による粒子

図17-3 ローレンス［AIP Emilio Segrè Visual Archives］

の加速であるため、装置を小型におさめることができると考えられた。

ローレンスの研究グループはこの着想による加速器を、最初に水素イオン（陽イオン）で試し、1千Vの高周波電圧で80 keV（keVは千電子ボルト、電子ボルトは1Vの電位差のある2点間を動いた電子の得る運動エネルギーを意味する）に達する水素イオンの加速に成功した。この試作を経て、1931年に水素イオンではなく陽子を加速できるサイクロトロンの開発に入り、1932年に1.2 MeV（MeVは100万電子ボルト）まで陽子を加速できるサイクロトロンが完成した。このサイクロトロンによって同年、リチウムを含む複数の原子核の破壊に成功した。この開発費用を支えたのは、第一次世界大戦時に国防を強く意識して設立された全米研究協議会（NRC）であった（第13章参照）。

サイクロトロンは電場と磁場を組み合わせて粒子を加速させるため、2つの電極の上下に電磁石を設置している。最初のサイクロトロンは直径10インチ（25.4 cm）の電磁石であったが、つづく段階では直径27インチ（68.58 cm）となった（図17-4）。粒子の円軌道が加速されると、その半径は徐々に大きくなるため、電磁石の直径を大きくして粒子のエネルギーを増大させることができる。この27インチ電磁石のサイクロトロンを用いることで、重陽子（重い水素の原子核）の加速が1933年に成功した。

サイクロトロンの開発はアメリカの科学振興機構（RCSA）からの財政上の支援を受けたものであり、その電磁石の一部はフェデラル・テレグラフ・カンパニー（のちに米国企業International Telephone & Telegraphの一部となる）から寄贈され、重陽子はローレンスの大学の同僚で化学者のルイス（Gilbert Newton Lewis）から提供されていた。サイクロトロンの大型化は、科学の一分野にとどまらず、企業の技術も含めた広範な共同研究と開発によって導かれた。

図17-4　バークレーの27インチ電磁石のサイクロトロンとローレンス（右側の人物）（1932年）
［©The Regents of the University of California, Lawrence Berkeley National Laboratory］

サイクロトロンはバークレーだけでなく、他の場所でも建設されるようになる。ローレンスの研究グループのリヴィングストン（Milton Stanley Livingston）がコーネル大学、マサチューセッツ工科大学(MIT)に異動していくなかで、各大学にサイクロトロンが建造された。また、バークレーではさらなる大型のサイクロトロン開発が進み、1936年に37インチ(93.98 cm)電磁石で8 MeVの重陽子、1939年には60インチ(152.4 cm)電磁石で16MeVの重陽子、その後は20 MeVの重陽子、40 MeVのヘリウムイオンなどの粒子の加速に成功した(図17-5)。

図17-5 バークレーの60インチ電磁石のサイクロトロン(1938年ごろ:最前列の左から四人目がローレンス)[flicker/Photo courtesy of Lawrence Berkeley National Laboratory]

1930年代のサイクロトロンの成功は、バークレーにとどまらず、世界各地に100台を超えるサイクロトロンの建設をもたらした。さらに重陽子反応、誘導放射能(中性子やガンマ線などの放射線との核反応により物質が放射能をもつようになる場合、この放射能を誘導放射能とよぶ)、中性子発生といった新分野の開拓だけでなく、癌治療の中性子発生や生体組織のトレーサー実験のための放射性同位元素の製造など、医学や生物学へも応用されるようになる。高度な技術を必要としながらも広い用途をもつサイクロトロンを利用した科学研究は、巨額な資金や大量の人材を要する総合的な研究プロジェクトに成長していった。

4 国家プロジェクトとの近接

1930～40年代に粒子加速器が巨大科学の典型例として現れたのは、物理学だけでなく、化学、生物学、医学までをも覆う広い応用範囲を見込まれ、それにともない多様な人材と資金を獲得できたからである。だが、そうなるためには、バークレーのローレンスの存在が欠かせなかった。

ローレンスを知るセグレ(Emilio Gino Segrè)は、彼と研究所のことを次のように記している。「彼が自分自身の発明を中心として設立したこの研究所において、やはり彼は欠くべからざる要素であり、ユニークな存在であった。そしてこの研究所を、彼は一種独裁的な流儀で指揮し、大きな成功を収めたのである。彼の科学よりはむしろ、その非凡な統率力、熱狂的な献身、それに彼の

図 17-6 バークレーの184インチ電磁石のサイクロトロン［©The Regents of the University of California, Lawrence Berkeley National Laboratory］

人柄がもっと重要である」。巨大科学が発展する過程では研究プロジェクトの有望さだけでなく、多くの科学者、技術者、巨額な資金を適宜投入して、加えてこれらの要素をうまく組み合わせて運営できる統率者が求められる。こうした能力を備えた主導者がローレンスであった。

第二次世界大戦（1939〜1945）が起こると、彼の放射線研究所はさらなる発展をとげる。大戦の勃発後、ローレンスは「なんとしても英帝国を滅ぼしてはならない。そのためにやれることは何でもやって助けになるべきだ」と考え、アメリカの重要な物理学者の１人として、国防研究委員会（NDRC）のレーダ開発の仕事を担った。

一方で、核物理実験の発展を目指した彼は、さらなるサイクロトロンの大型化のために、184インチ（467.36 cm）電磁石による２千tの重量があるサイクロトロンの提案を試みた（図 17-6）。1939年にカリフォルニア大学学長に宛てた覚書では、「より高エネルギーの範囲で、まったく新しい放射線や物質の形態が示されるであろうということを……そして、人類の有用に供されるであろうということを、私たちは確信」し、「原子内部の限りないエネルギーの蓄えを開発」して、「意のままに、ある元素を他の元素に変換」できるかもしれないとも記された。

当時は、1938年末にドイツのハーン（Otto Hahn）たちがウラン原子の核分裂を発見しており、アメリカでもその追試が行われていた。原子核研究が急展開する時期にローレンスもサイクロトロンの大型化を図り、さらに高いエネルギーの粒子を用いた実験に進もうとした。ただ、それにはカリフォルニア大学からの割り当て予算をはるかに超える金額が必要であり、巨額の支援を得るためにも国防関連の国家プロジェクトに与することは重要だった。緊急課題のレーダ研究への関与のために、弟子たちをマサチューセッツへ送り、MITでの仕事に従事させた。バークレーでは、サイクロトロンを使用した超ウラン元素を研究するプロジェクトを設けて、国防関連支援を受けることに成功した。

ローレンスは1941年には科学研究開発局（OSRD）の原爆研究部門の責任者の1人となり、国家プロジェクトの支援を受ける大型サイクロトロンの開発・研究の構造を構築した。加速器による研究プロジェクトのさらなる大型化は戦時という機会をとらえて可能になった。

5 原爆研究と冷戦下の高エネルギー物理学研究施設

核開発とアメリカの物理学者たち

マンハッタン計画のはじまる1942年以後、アメリカの原爆開発が本格的に開始されると、ローレンスは放射線研究所に戦時体制を敷いて、核燃料となる濃縮ウラン（ウラン235の含有率を高めたもの）を製造するための同位体分離の大規模装置を開発した。それは「カルトロン」として知られる質量分析装置で（図17-7）、イオン化した粒子を電場と磁場の作用で偏向させて特定の質量の粒子（この場合はウラン235）を取り出すものである。これは電磁分離法とよばれる。ローレンスたちは、サイクロトロン開発で使用した電磁石を利用し、質量分析計の基本原理をウラン濃縮法に応用して、カルトロンを開発した。この装置はマンハッタン計画下のオークリッジの研究所（戦後にオークリッジ国立研究所という名称になる）で稼働し、1945年8月に広島に投下された原爆の核燃料製造に使用された。

原爆開発では、ロスアラモス研究所所長だった物理学者オッペンハイマーが有名だが、彼と並んで、ローレンスは原爆開発への主要な貢献者であった。第二次世界大戦後、彼らは大学の生活に戻ったものの、国家的軍事プロジェクトで成果を上げた彼らの国家政策との関係はつづいた。

ローレンスはバークレーの放射線研究所所長を指揮しながら、科学的国家プロジェクトへの影響力を保ちつづけた。ロスアラモス研究所のオッペンハ

図17-7　カルトロンを連ねた電磁分離装置「アルファ-1」［flicker/ U.S. Department of Energy］

図 17-8　リバモア研究所の設立にかかわったローレンス（左）とテラー（中央）。右の人物は初代所長のハーバート・ヨーク（Herbert Frank York（1921-2009））。[Courtesy of Lawrence Livermore National Laboratory]

イマーの後任所長ブラッドベリー（Norris Edwin Bradbury）が同研究所のテラー（Edward Teller）（図 17-8）と水素爆弾（水爆）の開発をめぐって意見が対立すると、ローレンスは水爆開発推進派のテラーらの意見に与して、ロスアラモスのライバルとなるリバモア研究所の設立を導いた。当研究所の1952年設立には、1949年に行われたソ連の核爆発実験後のアメリカの軍事政策や、当時の科学者たちの意向と信条をめぐる違いが複雑に絡みあっていた。こうした科学者たちの国家政策への影響力は、国家的研究機関の新設を促すまでに達していた。

戦後アメリカの粒子加速器開発

サイクロトロンのような粒子加速器の開発は、戦後、どのようになったのか。バークレーでは戦時中に中断していた開発が戦後に再開されて、戦時中に製造された184インチの電磁石を使ってシンクロサイクロトロンが建造された。

加速粒子の速度が増大するにしたがって、相対論的効果による質量の増大が加速を妨げるというサイクロトロンの欠点を修正したのがシンクロサイクロトロンであり、高周波電場をつくる周波数を一定にするのではなく変化させる原理の加速器であった。さらに、シンクロトロンという高い磁場によって一定の軌道半径にとどまるようにした加速器も開発され、大型化に頼らずして高エネルギーの粒子を生み出す研究がつづけられた。バークレーのシンクロサイクロトロンは、素粒子の中間子を人工的につくり出すことにはじめて成功し、6 GeV超（GeVは10億電子ボルト）の高エネルギーで陽子を加速できるシンクロトロンは1955年に陽子・反陽子対をつくり出すことに成功した。

戦時中にレーダ研究で功績のあったMITの放射線研究所のラビ（Israel Isaac Rabi）たちは、戦後も原子力委員会や国防関連の業務に携わり、国家政策との関係を保ちつづけた。彼らの尽力で、1947年にニューヨーク州ロングアイランドにブルックヘブン国立研究所が設立され、ラビの同僚だったラムゼー(Norman Foster Ramsey Jr.)は研究所の要職に就いた。この研究所はアメリカ政府の原子力委員会に属する施設（現在は米国エネルギー省の施設）であり、原子炉や粒子加速器を備えていた。ブルックヘブンの初期の高性能加速器は「コスモトロン」(図17-9）とよばれ、3 GeV 超の陽子シンクロトロンであった。さらに、1960年に建造された強集束の原理（電気を帯びる粒子を集束用電磁石を用いて細い束に集束させて加速する原理）を利用した新たなシンクロトロン（強集束シンクロトロン）は、30 GeV 級を目指した陽子加速器であった。このシンクロトロンは30 GeV を超える高エネルギーを記録し、1960年代後半途中までブルックヘブンは世界最高エネルギーの加速器をもつ研究所となった。

図17-9　ブルックヘブン国立研究所のコスモトロン
［Courtesy of Brookhaven National Laboratory］

ソ連の粒子加速器開発

ブルックヘブンの記録を破ったのが、冷戦下でアメリカと対峙したソ連の加速器であった。プロトヴィノ（モスクワ州）の陽子シンクロトロンU-70が1967年の10月革命記念日に合わせて、76 GeV を記録したのである。第二次世界大戦中、ソ連の原爆開発は小規模にしか行われておらず、核燃料の不足もあってほとんど進んでいなかったが、戦中の1944年にレニングラードのサイクロトロンでわずかなプルトニウムを得ると、戦後直後の1946年には最初の原子炉での臨界達成に成功していた。戦中の原子炉の開発・研究はアメリカが著しく先行していたものの、戦後にはイギリス、ソ連の開発も進展して、原子力発電といった産業分野の発展ではソ連は最先端の地位にあった。

戦後の原子核研究でも、ソ連は秘密裏に研究施設を構築しており、1946年にソ連政府はデュブナ（モスクワ州）に陽子加速器の建設を決めて、1949年に稼働させていた。ソ連は、この10 GeV 級の加速器の存在を、1955年にジュネーブで開催された原子力の平和利用の国際会議で明らかにした。さらに、

1958年にソ連政府は高エネルギー物理の新たな研究センターの設立を決定し、1967年に至るまでにU-70を建造した。その開発過程では欧州諸国の協力を受けているものの、1967年の10月革命記念日に合わせて世界最高の76 GeVを発表したことは、ソ連の国威を表す一行事だったと考えられる。冷戦下での国家間の対抗意識は、粒子加速器の性能争いにも深く関係していた。

6　ポスト冷戦への展開

冷戦期の粒子加速器の新たな動向

冷戦期のもとで新しい方式の粒子加速器が現れた。それまでの加速器は、加速された粒子を固定された標的に当てる方式で、そこからどのような粒子が現れるかを観測していた。だが、向きあう加速粒子を正面から衝突させる方式をとるならば、粒子のエネルギーを有効に利用できるし、より高いエネルギーの粒子の反応を観測できる。この「固定標的から衝突型へ」という展開によって建造された加速器は、GeV級ではなくTeV（1兆電子ボルト）級のエネルギーを生み出した。

こうした新たな高エネルギー領域の加速器施設は、上記のバークレー、ブルックヘブンではなく、アメリカのスタンフォード線形加速器センター(SLAC, 1962)、シカゴ近くのフェルミ国立加速器研究所（Fermilab, 1967)、スイス・ジュネーブ郊外の欧州原子核研究機構（CERN, 1954）で展開された。これらの施設では1970～90年代にかけて電子・陽電子、陽子・反陽子の衝突実験が行われ、新粒子をとらえることに成功した。フェルミ研究所の建造では、ラビの弟子ラムゼー、ローレンスの弟子ウィルソン（Robert Rathbun Wilson）たちが深く関与していたものの、より高い性能の加速器施設は基礎科学の性格を強く帯びて、冷戦下の構造から離れる傾向にあった。

CERNの誕生

欧州のCERNは1954年という冷戦期の設立年ながら、冷戦後にこそいっそう発展できる素粒子物理学の実験施設であった。第二次世界大戦が終結しても、大戦による影響の残る欧州では、アメリカのような大規模な加速器施設の実験研究を発展させることはできないままであった。欧州諸国が互いに戦争状態になり破壊的な結末を迎えた直後の時代だったからこそ、欧州諸国の共同で原子核の実験研究施設を設立することが構想された。当初はフランスとイタリアの物理学者が中心となり、困難をともないながらも1951年末に国際連合教育科学文化機関（UNESCO）の会議でCERN設立に関する最初の決議が採択され、1954年に正式にCERNの組織が設立された。最初の設立参加国には、フランス、イタリア、英国、ドイツ（当時は西ドイツ）を含む12カ国が名を連ね、大戦後の難しい諸国間にあって貴重な共同機関となった。

CERNの目的は、「純粋に科学的かつ基礎的な性格をもった原子核研究と、それに本質的に関係した研究において、ヨーロッパ諸国間でのコラボレーションを提供すること」であり、このコラボレーションの中心に世界最大級の加速器が位置していた。CERNの精神は「平和のための科学」であり、「オープン・アクセス」であり、「当組織は軍事的要求のための研究といかなるかかわりももたず、その実験的ならびに理論的研究の成果は出版されるか、もしくはほかの方法で一般的に利用可能にされるものとする」と宣言された。軍の役割が大きかった戦後アメリカの巨大科学施設とは、CERNの成り立ちはまったく異なっていた。

CERNの発展とSSCの中止

現在（2022年）のCERNの主要参加国（メンバー国）は、設立当初の12カ国に加えて、ポーランド、ハンガリー、イスラエルなど東欧や非欧州地域を含めて23カ国となっている。このCERNで現在稼働する大型ハドロン衝突型加速器（LHC）は世界最大の衝突型円形加速器であり、円周の長さは27kmにおよぶ（図17-10）。LHCは陽子衝突でTeV級のエネルギーの記録を更新しつづけ、2022年時点で13 TeV超の記録を打ち立てた。

図17-10　地上から見たCERNのLHCの概観　LHCは地下に設置されており、白線が該当場所にあたる。背後に見えるのはアルプス山脈。［Photo courtesy of CERN］

LHCの最も知られる成果は、2010年代初頭に7 TeVの陽子衝突で得られた、ヒッグス粒子の存在の確証である。ヒッグス粒子とは、素粒子の質量獲得の仕組みに関係する粒子であり、万物誕生の起源を探る上で重要な粒子とみられる。この功績は2013年ノーベル物理学賞「素粒子の質量の起源に関する機構の理論的発見」に直結し、その受賞理由にも「CERNのLHCでの実験」という言葉が刻まれている。さらに、LHCを改良したHL-LHCも2020年代後半にむけて計画されている。CERNによる高エネルギー物理と関連分野の発展、そしてそれに刺激を受けた国際的な研究動向には目覚ましいものがある。

CERNの発展とは対照的に、1980年代に計画され20億ドル（2500億円超）を投入され建造途中だったアメリカの超伝導超大型加速器（SSC）は深刻な議論を経て1993年に中止となった。SSCは国家の安全保障問題と直接に結びつくものではなかったが、1990年代初頭の冷戦終結が大きく影響したといわれる。

冷戦期に設立されながらも、軍事的な関係をもたずに発展を遂げたCERNでは、大きな副産物も生み出された。それは、情報がウェブサーバで公開され、ウェブブラウザを介してウェブサーバ上で閲覧するシステム、ワールド・ワイド・ウェブ（WWW）である。1980年代にCERNで情報システム開発に従事していたティム・バーナーズ=リー（Timothy John Berners-Lee）（**図17-11**）は世界中の科学者や研究機関がアクセスし情報共有するためのシステムを考案し、それが起点となってWWWが誕生した。平和的でオープンな精神を掲げるCERNの土壌がWWWの誕生を手助けしたことは、アメリカのSSCの中止の事態とはきわめて対照的な結末であった。

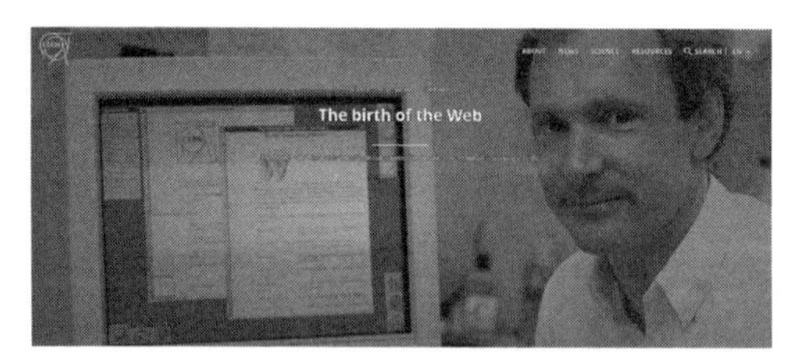

図17-11　CERNの「ウェブの誕生」サイトのティム・バーナーズ=リー ［Photo courtesy of CERN］

7　巨大科学の今後を考える

本章冒頭で紹介した寄稿文の最後にワインバーグは次のことを記している。フランス革命がヴェルサイユ宮殿の厳しい帰結となったこと、ローマのコロッセオが外敵を食い止めるのに何の助けにもならかったこと、こうした歴史の教訓から私たちが学びとれるのは、「巨大科学の壊れやすいモニュメントを近視眼的に求めることによって、人間生活を豊かにし、広げていくという私たちの真の目標から逸れてはならない」ということである。

ワインバーグが寄稿したのは冷戦期の1960年代であった。宇宙開発や高エネルギー物理学でアメリカとソ連が熾烈な競争を繰り広げた時代である。当時は世界最大級の高エネルギー粒子加速器は国威の象徴の1つとみなされた。競争のなかでは加速器のエネルギー規模の大きさが重視される傾向があった。こうした当時の傾向にワインバーグは警告を発したのである。現在は当時と状況が異なるとはいえ、粒子加速器を駆使する研究プロジェクトは依然として巨額な費用を要して運営され、巨大科学の典型例でありつづけている。それは、この種の研究が万物の起源を探るといった普遍的な問いに答えようとする基礎研究を含んでおり、人類にとって意義ある研究の1つだからである。

現在の科学研究は、医学、情報科学、物質科学などをはじめとする各分野で大量の人材と高価な装置・機材を必要としながら、そうした分野はより多様化しており、それを支える社会セクターも複雑化している。だからこそ、当該研究がどうして必要なのかを確認する視点を広く社会で共有することがいっそう求められている。本章で取り上げたCERNの運営形態とその成功はこれらを体現する好例であり、マンハッタン計画を起源とするオークリッジ国立研究所が現在、政府の運営ではなく大学と民間企業によって法人運営され、安全保障に関する研究だけでなく、クリーンエネルギー、生物・環境、物質、スーパーコンピュータなどの幅広い分野の研究を進めているのもその現れとみなすこともできる。今後の巨大科学はいっそう現在の人間社会に必要とされるかどうかが厳しく問われ、それに実際に応えることが求められている。

CHALLENGE

(1) 20世紀に巨大科学（ビッグ・サイエンス）が現れたことによって、科学研究はどのような影響を受けたと考えるか説明しなさい。

(2) 第二次世界大戦時のアメリカのマンハッタン計画を起源とする研究所には、ロスアラモス、オークリッジ、アルゴンヌの国立研究所がある。これらの研究所は現在どのような研究を行っているか説明しなさい。

(3) 本章では巨大科学の例として粒子加速器を取り上げたが、他の例はどのようなものがあるか考えなさい。

BOOK GUIDE

- **エミリオ・セグレ著、久保亮五・矢崎裕二訳『X線からクォークまで：20世紀の物理学者たち』みすず書房、1982年**……セグレ自身が高エネルギー物理学者であるため、彼が見聞きしたことも交えて20世紀の物理学の流れを興味深く知ることができる好著である。
- **ヘリガ・カーオ著、岡本拓司監訳『20世紀物理学史　上・下』名古屋大学出版会、2015年**……20世紀物理学をさまざまな角度から分析してきたカーオによる著書である。20世紀を通じた社会の動向とともに物理学がどのような変遷をたどったかを知ることができる。

（小長谷　大介）

第18章

戦後日本における製造技術の発展

【概要】 高度成長期に戦後日本の製造技術は飛躍的に発展した。本章では、機械工業で大量生産の製造技術が確立したことを取り上げる。

戦後日本経済の高度成長は投資拡大メカニズムによって実現された。この投資拡大の過程で製造技術が大きく変化するので、まずはマクロ的な視点から戦後日本の高度成長の理解を深め、徐々に視点を狭めて高度成長を牽引した機械工業（自動車工業）の製造技術に接近していこう。

1　高度成長期の投資拡大メカニズム

高度成長期にあたる1950年代なかばから70年代初頭の日本の経済成長率（年平均実質成長率）は約10%に達し、先進国経済のなかでも群を抜いて高かった。長期にわたる高い経済成長には供給・需要の両サイドの持続的拡大が必要であるが、「投資が投資を呼ぶ」といわれる投資拡大メカニズムによって、これが果たされた。

鉄鋼と機械の相互拡張

高度成長期前半（1955～60年）の投資拡大において重要な役割を果たした鉄鋼業と機械工業では、相互の生産拡大が市場拡大に結びつき、互いに投資を刺激しあう関係が形成された。鉄鋼業では戦後直後の傾斜生産方式を経て、1950年代に大型投資が促進された。鉄鋼業の設備投資の増加は、機械需要を増加させる。そして機械生産が拡大すると、原材料として用いられる鉄鋼需要が増加する。こうした鉄鋼と機械の相互拡張的な関係に、機械需要の増加に追いつくための機械工業の設備投資が加わることで、「投資が投資を呼ぶ」状況がつくりだされた。

ここで重要な点は、この時期の設備投資の中心となった産業では、国際競争力の向上が課題として認識され、戦時期からの老朽化した生産設備の更新にとどまらず、欧米の新技術導入や設備の増強が積極的に進められたことである。さらに、製造業において雇用が急速に拡大したことも重要である。製造業全体の労働者数は1955年の551万人から60年の816万人に増加した。なかでも機械工業の雇用増加が著しかった。55年から60年にかけて機械工業では約100万人の労働者が新たに雇用され、60年代なかばに機械工業は製造業最大の雇用を抱える産業になった。設備投資による生産性上昇は労働コストの低減をもたらしたので、雇用増加だけでなく所得上昇が可能となり、個人消費支出の拡大が促された。

耐久消費財の消費拡大と大量生産

高度成長期後半（1961～1973）に新たな要素が投資拡大メカニズムに加わることになる。その1つは雇用・所得増加を背景に耐久消費財に対する支出が増加したことである。個人消費支出に占める飲食費（エンゲル係数）は1955年の48.4％から60年の43.5％、70年の36.3％へと低下した。その一方で、家庭耐久材（白物家電、冷暖房）、自動車関連、娯楽耐久材（テレビ、ラジオなど）を合計した耐久消費財率は55年0.1％から70年には6.5％に上昇した。こうして50年代後半から「三種の神器」（洗濯機、白黒テレビ、冷蔵庫）の普及率が急速に高まり、60年代に入ると「3C」（カラーテレビ、クーラー、カー［乗用車］）が普及した。耐久消費財が普及していくと買替需要が増加し、メーカー側も多様な製品を市場に投入するようになるので、次第に消費行動は選択的になり、消費が多様化する。

こうして消費拡大と多様化を通じて耐久消費財市場が拡大すると、大衆的な消費欲求を満たしうる大量生産が求められた。これが2つ目の新たな要素である。前半期の投資拡大メカニズムは生産財（鉄鋼などの原材料）と資本財（生産設備）の連関であったが、ここに耐久消費財の消費拡大と大量生産が加わることで、投資拡大はさらに強化された。すなわち、家電や自動車などの耐久消費財生産のための設備投資が増加し、耐久消費財生産の増加は鉄鋼をはじめとする各種の素材需要を増加させ、機械・鉄鋼需要の増加がまたその部門の投資拡大を促した。そして、耐久消費財の大量生産が機械工業の成長を促進させ、これがまた雇用・所得増加につながり、耐久消費財市場を広げていく。

後半期の投資拡大メカニズムの特徴は、前半期の鉄鋼と機械の相互拡張的関係に耐久消費財の消費拡大と大量生産が組みあわさったことで、経済成長パターンが設備投資中心から設備投資＋個人消費支出に主導されるものへと変化したことにある。高度成長期の前半と後半で異なる成長パターンがみられ、両者が重なりあうことで、高い経済成長率が長期にわたって継続された。

高度成長期に日本の産業構造は一般的に「重化学工業化」（鉄鋼業、化学工業、機械工業の構成比の上昇）したといわれる。しかし、上述の通り、資本財の生産拡大だけでなく耐久消費財の大量生産という意味で機械工業が投資拡大メカニズムのコアに位置していたこと、高度成長の進展とともに製造業における機械工業の構成比はますます高まっていったこと、耐久消費財型の機械工業の成長によって大衆消費社会が出現し、「経済大国」としての日本経済の地位を築き上げていったことを考慮すると、高度成長期の産業構造の変化は「機械工業化」と表現した方が的確だろう。

2　自動車生産の拡大

次に、高度成長を牽引した機械工業の代表格である自動車工業を取り上げて、乗用車の大量生産実現までの戦後の歩みを、製造技術に注目しつつ、解説しよう。

1946年の自動車年間生産台数は1.5万台であり、戦後直後の自動車工業の生産規模は小さかった。その後、生産台数は年々増加し、55年は7.3万台、60年は56万台となった。60年代に入ると生産台数の増加速度が速まり、60年代なかばの生産台数は100万台を超え、69年に467万台に到達した。

私たちが真っ先にイメージする自動車は乗用車であろうが、復興期から高度成長期前半までの自動車生産はトラックが中心であった。自動車生産台数に占めるトラックの比率をみると1950年は83.4%、55年は62.8%、60年は63.3%である。当然、その需要は事業用が中心であり、乗用車の場合であってもその多くはタクシーとして使用されていた。60年代に入ると個人需要を対象とした乗用車生産が急増し、68年に乗用車の生産台数はトラックのそれを追い越した。

このように戦後日本の自動車工業はトラック中心から乗用車中心の生産へと

移行しながら、生産台数を伸ばしていった。60年代から乗用車の大量生産が本格的に始動し、生産拡大を加速させることができたのは、50年代のトラック生産において大量生産の製造技術の基盤が形成されていたからである。

3　トラック生産

復興期の製造技術

復興期の自動車工業の生産規模は小さかったため、国際競争に耐えられる製品を生産できるかという点で、自動車工業の自立可能性が政策当局から疑問視されていた。「経済復興五カ年計画」を検討した復興計画委員会では、自動車よりも造船に産業育成の重点をおくべきとの見解が支配的であった。これに対して商工省（1949年から通商産業省）は、「自動車工業五カ年計画」を作成して、自動車工業の自立可能性を主張した。日本のトラックは燃費効率が良好で、堅牢性に優れていたため、トラック部門は自立可能性があると商工省は主張したのである。

自動車工業の自立可能性はあったものの、これを実現するには国際水準の価格と性能を備えなければならない。当時、相対的に高価格といわれていたトラックの原価を下げる必要があり、そのためには労働生産性の向上が求められた。

労働生産性の点で問題になったことは、部品加工に用いられる工作機械の老朽化である。通産省の調査によれば、1952年時点の「自動車・同付属品製造業」の金属工作機械の経過年数構成比は5年以下が4％、5～10年以下が25％、10～15年以下が50％、15年以上が21％であり、戦時期の設備が更新されない状況がつづいていた。しかも、それらの設備は汎用工作機械を中心に構成されていた。

汎用工作機械とは、加工対象や内容を定めず、自由度の高い加工が行えるタイプの工作機械を指す。たとえば、**図18-1**の普通旋盤は、刃物を取り付けた送り機構のハンドルを作業者が操作することで切削加工を行う汎用工作機械である。作業者は部品図面から加工手順を定め、刃物の取り付け、加工対象の脱着といった段取りを行った上で、工作機械を操作するので、加工精度や効率は作業者の技能と経験に左右される。したがって汎用工作機械を中心に構成された機械加工工程には熟練した機械工が不可欠であった。しかし、当時の自動車メーカーは正社員抑制と人員配置の是正が課題となっていたことから、未経験者でも扱うことができ、かつ高精度・高速加工が可能な生産設備に転換する必要があった。

図 18-1　普通旋盤［通産統計協会, 1988, 付録 p.2］

大量生産の製造技術

朝鮮戦争（1950 ～ 1953）は戦後の自動車工業にとって転換点となった。米軍からの特需によってトラック生産が増加したことで、自動車メーカーの経営状況が改善され、設備投資のための資金的な余裕が生まれたからである。こうして大量生産にむけた設備投資が進められ、鋳鍛造などの前工程から機械加工工程、組立工程に至るまで刷新された。

1950 ～ 52 年には老朽化した工作機械が更新され、高性能の機械が導入された。53 年からは小型車に対する設備投資が本格化した。小型車には小型トラックだけでなく、それとシャシー（車台）を共有する乗用車も含んでいたので、労働生産性の向上を重視した生産設備が多くなっていった。50 年代後半に入ると、工作機械に対する投資は高速度加工が可能な機械の導入にむけられた。その結果、工作機械の構成は、従来、比重の高かった普通旋盤が低下し、歯切り盤･研削盤などの比率が上昇し、アメリカ自動車工業の工作機械構成に近づいていった。また、汎用工作機械から専用工作機械への転換が進み、専用工作機械による専用ラインが形成され、トランスファーマシンによる自動化が実施された。

専用工作機械とは加工対象・内容を特定し、それに合わせて機械自体を特殊化、専用化させたタイプの工作機械のことである（第 6 章 5､6 参照）。工作機械を専用化する目的は加工精度や生産能率の向上である。たとえば、**図 18-2** は多数のドリルをもった多軸型の専用ボール盤であり、加工対象を取り付けて、機械を作動させれば、両サイドから一度に多くの穴をあけることができる。

図 18-2　多軸専用ボール盤［通産統計協会, 1988, 付録 p.21］

ある部品生産に必要な各種の加工内容に対

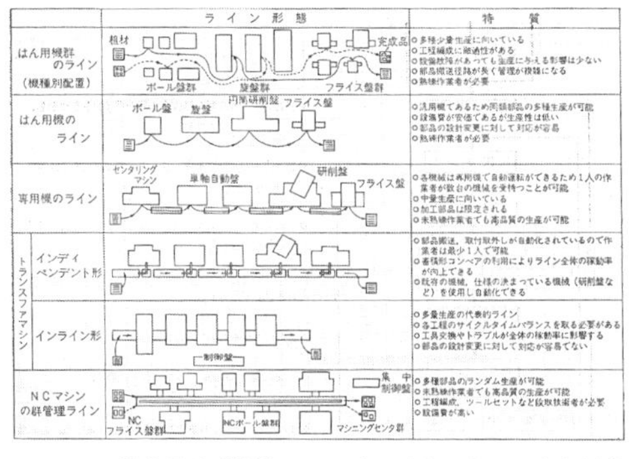

図 18-3　代表的な機械加工ライン［自動車工学全書編集委員会編, 1980］

応した専用工作機械を順番に配置することで、専用ラインが構成される（**図 18-3**）。専用ラインで取り扱われる加工対象・内容は特定されているので、各種の段取り作業は不要になる。作業者は加工対象の脱着と運搬をすればいいので、機械の取り扱いが簡単になる。

図 18-4　トヨタ自動車工業のトランスファーマシン第１号［トヨタ自動車「トヨタ自動車 75 年史」ウェブサイト］

作業者に残されていた加工対象の脱着や運搬を機械化したものが、トランスファーマシンである（**図 18-3、図 18-4**）。複数の専用工作機械に、コンベアと脱着装置を組み込むことで、専用ラインそのものが１つの複合機械になっている。

自動車部品用のトランスファーマシンは 1947 年にフォード社によって開発され、その開発部署はオートメーション部と名づけられた。オートマチック・オペレーション（自動操作）という言葉を１つに縮めた造語であるオートメーションは、その後ジャーナリズムにも取り上げられ、大量生産の新時代を表す流行語となって、トランスファーマシンを用いた自動化は世界中に知れわたることとなった。その９年後の 56 年に日産自動車とトヨタ自動車工業（以下トヨタ）はトランスファーマシンを導入した。

さて、各種の専用工作機械やトランスファーマシンは生産性向上をもたらすが、導入効果を最大限に引き出すには、作業の標準化・単純化と流れ作業化が必要である。トヨタでは専用機が導入される以前から流れ作業化が重視されていた。作業分析を行い、運搬作業を改善し、機械加工時間の差をなくすことで、従来のロット作業（同種の部品加工を一定量まとめて行う）から流れ作業に変えていった。その延長上に専用機とトランスファーマシンの導入があった。

組立工程におけるコンベア導入も同様のことがいえる。ただし、組立工程を流れ作業にしただけでは、次の問題は解決されなかった。トヨタの場合、1953～54年までに組立作業の工程管理が進み、標準作業も設定できるようになったが、そこで新たに現れた問題は生産の「団子状態」であった。当時、機械加工された部品は運搬係が一品一葉の伝票によって組立工場に運搬していたが、部品加工の遅れなどが発生すると、部品の運搬が遅れ、部品が揃うまで組立作業ができなくなっていた。部品が揃わない月初めは予定の半分しか組み立てられなかったので、月末に追い込み生産を行って予定の目標を達成していた。

この問題への対応として、54年から必要な車を必要な台数だけ、日々の計画通り生産する方針を定め、新たな生産方式として「スーパーマーケット方式」を試行しはじめた。「前工程から後工程に運ぶ」という従来の部品運搬の方式ではなく、後工程を「お客さん」、前工程を「スーパーマーケット」に見立てて、お客さんが店の棚から必要な商品を取りに行くように、「後工程が前工程に取りにいく」部品運搬の方式に改められた。この生産方式を組立工程に適用することで、必要な型式の自動車を計画の順序どおりに組み立てることができた。この方式は機械工場と総組立工場に導入され、60年までに鍛造、鋳造、車体、塗装工場へと拡大していった。これが、いわゆるジャスト・イン・タイム生産を柱とするトヨタ生産方式の原型である。

4　乗用車生産

1950年代まで日本の自動車工業はトラックの生産設備で乗用車を生産していたが、乗用車市場が成長するにつれて、こうした乗用車生産のあり方に限界が訪れる。60年前後から自動車メーカーは乗用車専用工場を建設して、本格的な乗用車の大量生産に乗り出していく。トヨタの元町工場（59年）を嚆矢として、日産自動車の追浜工場（61年）、プリンス自動車の村山工場（62年）などが建設され、次々と操業を開始した。専用工場の建設をきっかけにして、設備投資が飛躍的に増加し、生産設備の中核をなす工作機械は量、質の両面にわたって著しく改善された。

通産省が1965年に実施した自動車メーカー13社に対する生産設備調査によれば、トランスファーマシンを含むシリンダーブロックおよびヘッドの加工ラインは合計50系列あり、1742台の工作機械によってそれらのラインが構成されていた。トランスファーマシンを含むシリンダーブロック加工ラインのタクトタイム（車1台分の部品を加工するのに要する時間）は1～2.5分で、月産1～2万台分（2交替）の部品を加工することができた。しかも、これらの工作機械のほとんどが国内工作機械メーカーによって製造されていた。

鋳造工程ではシリンダーブロック用の自動造型機が増設され、鋳物の軽合金化に対応してダイカストマシンが増加した。鍛造工程ではハンマーから鍛造プレスに置き換わり、プレス工程ではプレスを数台並べてライン化したプレスライン、さらにはトランスファープレスが新増設された。工作機械を含め、こうした製造技術はトラックの生産拡大の過程ですでに何らかの形で導入していたものであり、1960年代に入ってより高性能な機種を導入し、量的に拡大することで、乗用車の生産量を飛躍的に増加させることができた。

5　大量生産と製品多様化の両立

自動車市場が事業用需要を中心としたトラック・タクシーから個人需要を中心とした乗用車に転換していく過程で、製品多様化が進んでいく。1960年代前半は排気量1001～1500ccクラスのモデルが中心であったが、60年代後半から1000cc以下、特に1501～2000ccクラスの製品展開が活発になった（**表18-1**）。製品多様化の背景は、乗用車市場における買替需要の拡大である。乗用車を買い替える際、消費者はより上位クラスのモデルを選択する傾向がある。こうした顧客の要求に応えるために、自動車メーカーは次々と新しいモデルを開発していった。

表18-1　製品多様化［韓, 2011, p.317］

排気量	日産自動車				トヨタ自動車工業			
	1964年		1969年		1964年		1969年	
	モデル	数	モデル	数	モデル	数	モデル	数
～1000cc			サニー	12	パブリカ	4	その他	3
							パブリカ	4
小計	0		1	12	1	4	2	7
1001～1500cc	ブルーバード	13	ブルーバード	12	コロナ	5	カローラ	12
	セドリック	3	スカイライン	6			コロナ	3
	その他	1					その他	1
小計	3	17	2	18	1	5	3	16
1501～2000cc	セドリック	10	セドリック	9	クラウン	6	クラウン	10
			グロリア	4			コロナマークII	9
			フェアレディ	4			その他	3
			ローレル	3				
			シルビア	1				
			スカイライン	1				
小計	1	10	6	22	1	6	5	22
2001cc～	セドリック	2	プレジデント	4	クラウン	1	センチュリー	4
小計	1	2	1	4	1	1	1	4
計	5	29	10	56	4	16	11	49
～1000cc	0.0	0.0	10.0	21.4	25.0	25.0	18.2	14.3
1001～1500cc	60.0	58.6	20.0	32.1	25.0	31.3	27.3	32.7
1501～2000cc	20.0	34.5	60.0	39.3	25.0	37.5	45.5	44.9
2001cc～	20.0	6.9	10.0	7.1	25.0	6.3	9.1	8.2

新モデルの増加は開発負荷の増大を意味するが、製造面では多品種生産への対応が求められた。しかも、1960年代の生産台数は急速に拡大していたので、量

産規模を拡大させながら多品種生産に対応する必要があった。

前述の通り、機械加工工程では量産化の過程で、汎用工作機械から専用工作機械に転換した。そのためには、加工対象と内容を限定する必要があった。専用化して、高精度・高速度加工を実現することは、同時に汎用性を犠牲にすることを意味していた。シリンダーブロックなど共通して使用できるコア部品から専用ライン化が実施されたのは、このためである。しかし、専用ラインが適用できる範囲には限界があり、製造現場では依然として多様な部品生産に対応する汎用ラインが必要とされていた。製品多様化の傾向はこうした汎用ラインにおける労働生産性の向上を強く要請した。

こうした要請に応える工作機械は1970年代以降に普及する。数値制御（Numerical Control）の工作機械である（図18-5）。NC工作機械は、戦後アメリカで航空機部品、つまり多品種生産の部品を能率的に加工するために開発された。NC工作機械は次のように操作される。設計図面から加工工程計画（工具選択、加工順序、取り付け方法、加工精度、切削条件など）を作成し、その内容をプログラム言語に変換し、指令テープに鑽孔して書き込む。これをNC装置が読み取り、指令内容を工作機械の駆動系に伝え、自動制御で機械加工が行われる。読み込む指令テープを変えれば、加工内容を速やかに変更することが可能なので、NC工作機械の導入は汎用ラインでの加工能率の飛躍的な向上につながった。

NC工作機械は1970年代以降に日本の自動車工業でも大いに導入され、在来型の工作機械と置き換わっていった。「自動車・同付属品製造業」の旋盤台数は1967年の4万4166台から87年の4万7314台に増加したが、その間の普通旋盤は1万8985台から7814台に減少し、NC旋盤は16台から1万524台に増加した。

NC工作機械は、旋盤、ボール盤、中ぐり盤、フライス盤などをそれぞれ数値制御によって自動化したものである。機械加工には多種類の加工工程を必要とす

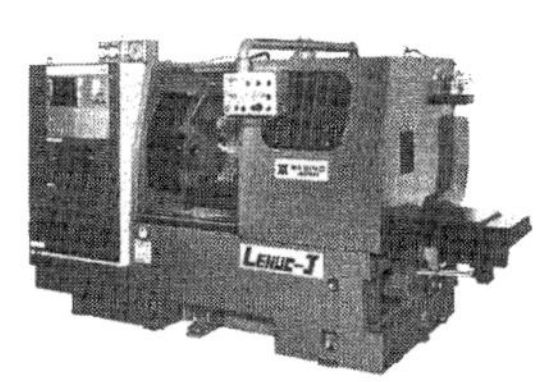

図18-5 （左）NC旋盤、（右）マシニングセンタ［（左）通産統計協会, 1988, 付録 p.1,（右）同付録 p.22］

るものが多いので、加工内容が変わるたびに加工対象の脱着が必要となる。機械を変えずに、1台の工作機械でフライス、穴あけ、中ぐりなど多様な加工を行うために開発されたものがマシニングセンタである（図18-5）。マシニングセンタには数十の工具を収納できるマガジンと自動工具交換装置が備わっており、従来の汎用工作機械あるいはNC工作機械と比べても汎用性が高められている。

こうした新たな機械の登場によって、生産ラインは様変わりした。マシニングセンタを中心にいくつかのNC工作機械、ロボット、自動搬送装置、自動倉庫を結合して、その全体をコンピュータで制御する生産システムはFMS（Flexible Manufacturing system）とよばれている（図18-3 NCマシンの群管理ライン）。現在、FMSは多様な部品生産に対応しつつ量産化を図る汎用ラインとして広く採用されている。しかし、FMSが適用できる量産規模には限界があり、トランスファーマシンを含んだ量産工程を代替する条件はもちあわせていない。他方で、従来型の量産工程では、トランスファーマシンに主軸頭交換、数値制御、ロボットを備え、一定の柔軟性をもたせたFTL（Flexible Transfer Line）も登場している。

CHALLENGE

現代においても自動化が難しい金属加工の分野が存在する。自動化が難しい加工分野を調べ、なぜその加工は自動化が難しいのか、なぜ汎用工作機械とそれを扱う職人技が依然として必要とされるのか、その理由を調べなさい。

BOOK GUIDE

- **上野歩『削り屋』小学館、2015年**……本書は切削加工を生業とする町工場を舞台にした小説である。歯科大を中退して東京都墨田区の町工場の旋盤工となった主人公が身につけていく普通旋盤を扱う職人技を、覗いてみてはどうだろうか。

（永島　昂）

第19章

医学史を通して複雑化する現代の科学・技術を考える

【概要】 医学の進展により、感染症を含め、さまざまな疾患に対処できるようになり、人びとの健康増進につながった。しかし、医学の進展は何にも増して優先すべきことなのであろうか。本章では感染症対策の歴史の概観から記述をはじめ、医学実験における被験者保護の問題、個別医療技術の実施可否の問題に目をむける。その上で、医学を含む科学研究が進むべき方向について、価値観の分かれる人びとの合意を形成していく必要があることを示していく。

1 医学の歴史のイメージ

読者の皆さんは、「医学史」と聞いて、どのようなイメージをもつだろうか？　さまざまな疾病の原因、および対処法がわかるようになり、人びとの健康が増進した進歩の歴史、ととらえるだろうか？　もちろん、このイメージは決して間違いではない。間違いではないのだが、本書の他の章でみてきた科学、技術の歴史と同様、それほど単純な話ではない。医学の発展は、基本的には「良いもの」ではあるのだが、「良い」ところばかりをみていては、「未来を考える」にあたって、大切な点を取りこぼすことになる。そこで本章では、入門書の１章分で収まる範囲に話題を絞って、医学の歴史を概観してみよう。

2 感染症対策の歴史

医学の歴史を概観するにあたって避けて通れないのが、感染症対策であろう。今日とは比べ物にならないほどに、かつては感染症によって人びとの生命が奪われていた。各種のワクチンや、抗生物質をはじめとする薬剤の開発、普及を経た現代であっても人びとは感染症の脅威から解放されたわけではない。それ故にこそ、医学は感染症への対処を懸命に模索してきた。2019年から広がった新型コロナウイルスの世界的流行は、このことをあらためて意識させてくれる。１人の研究者の力量の限界もさることながら、この短い文章のなかで、過去の感染症対策を語り尽くせるわけはないので、後の節につなげることを意図した例として、ここでは、天然痘対策を簡単に紹介するにとどめておこう。

天然痘は、天然痘ウイルスを病原体とし、発熱や特徴的な発疹が出て、死に至ることもある疾患である。飛沫感染、接触感染が主な感染経路だが、稀に空気感染も生じる。かつては世界中で流行し、多くの人の命を奪っていた。世界保健機構が1980年に根絶を宣言したこの疾患は、人類が唯一根絶に成功した感染症として知られる。

現代に生きるわれわれにとって、感染症の原因が細菌やウイルスだということは常識だが、こうした認識に至ることができたのは、近代以降の話である。われわれが感染症として理解している疾患の原因について、かつて、悪い空気であったり、神のたたりであったり、あるいは、何かしらの毒であったりととらえられていた一方で、経験的に人から人へ伝播するものであることも把握されていた。

感染症対策の観点からすれば、原因の精確な理解はきわめて重要なことであった。その嚆矢の1つは、ドイツのコッホ（Heinrich Hermann Robert Koch）の実験であり、彼はネズミを用いた炭疽病の実験から、1876年に特定の病気と細菌の関連を証明した。ただし、コッホよりも前から、微小な生物が疾患と関連しているのではないかと予想されることもあった。コッホがこれを実証し、のちの感染症対策の礎となったのである。

天然痘自体は、有史以来存在していたといわれているが、人びとの移動が限られていた段階では、世界規模で蔓延していたわけではなかった。しかし、近世になり、長距離交易が活発化し、世界のさまざまな地域が結びつけられるとともに、天然痘は万国共通の脅威となっていった。日本に住む人びとは、近世以前から天然痘への罹患を経験しており、東大寺の大仏が奈良時代に天然痘の根絶も企図して建立されたのは有名な話である。

天然痘の脅威に対して、人類はまったくの無策であったわけではない。その1つが、「種痘」とよばれる方法である。いつからはじめられたのかは不明だが、「人痘種痘（じんとうしゅとう）」と称される方法が存在した。天然痘患者の発疹のかさぶたをすりつぶし、未罹患者の鼻に吹き入れたり、患者の発疹から採取した膿を未罹患者の皮膚につけた創傷（ひっかき傷、あるいは切開傷）に注入する方法などがとられた。天然痘を人為的に感染させ、免疫を獲得させるのである（「免疫」

という概念のない時代であっても、天然痘に1度罹患すると、2度と発症しないことは経験的に理解されていた)。当然、天然痘に感染するわけなので、人痘種痘を受けた者は死亡することもあったし、それがきっかけで地域に天然痘が流行することすらあった。こうした理由もあったのであろう、大陸から伝わった人痘種痘は、18世紀なかばから日本でも散発的に行われるようになったが、さほど普及しなかった。

種痘が普及し、その後の天然痘の根絶につながったのは、「牛痘種痘」の開発が契機となる。牛痘は主として牛が罹患する疾患で、原因の牛痘ウイルスはヒトの天然痘ウイルスの近縁である。牛痘は症状の緩やかな疾患であり、牛飼いなど、牛とともに生活する人が感染することもあり、牛痘を患ったことのある者は、天然痘にかからない、という言い伝えがあった。イギリスの医師ジェンナー(Edward Jenner)は、この因果関係を確かめるべく、牛痘とみられる発疹の膿を、天然痘にも牛痘にも罹患したことのない数名に接種し、その後、人痘種痘を行ってみた、つまり、故意に天然痘に感染させようとした(図19-1)。結果、天然痘の症状は誰にも出現しなかった。

ここであえて「牛痘とみられる」と表記したことには理由がある。牛は文字通り、牛痘ウイルスによって牛痘に罹患するのだが、その一方で、馬に発症する疾患である馬痘の原因である、馬痘ウイルス(これも天然痘ウイルスの近縁)に感染し、病状を呈することもある。ジェンナーが実験に用いた、そして、その後、各国で天然痘予防のために用いられたものは、実は牛から採取された馬痘ウイルスだった可能性が高いことが、近年のゲノム解析を用いた研究で示されたのである。

それはともかく、ジェンナーの実験の成果は、論文にまとめられ、1798年に公刊された。これが、天然痘に限らず、今日の各種ワクチンの嚆矢とされている。

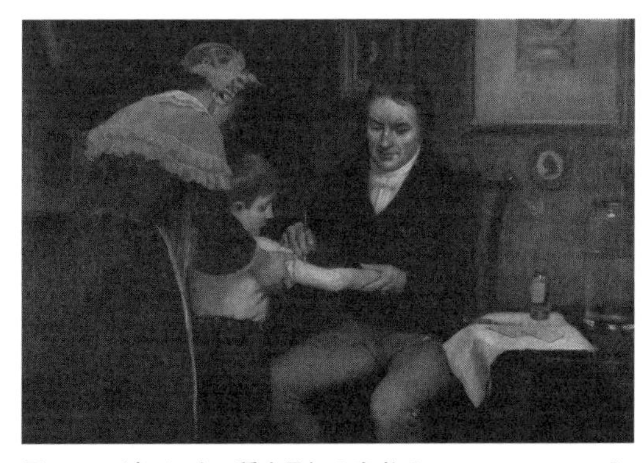

図19-1 ジェンナー種痘最初の患者[Wellcome Collection]

天然痘ウイルス自体に手を加えて弱毒化したわけではないが、たまたま、牛痘種痘として接種された天然痘ウイルスに近縁のウイルスの毒性が弱く、かつ、体内に入れば、天然痘ウイルスに対しても有効な免疫を獲得できたのである。付け加えておくと、この時点では細菌が感染症の原因となることはもちろん、細菌よりもさらに微細なウイルスの存在は知られていなかった。したがって、天然痘の原因を理解しようがなかったといえども、ジェンナーは有効な予防法を見出したのである。さらに付け加えれば、牛痘種痘に用いられていたのが、牛痘ウイルスだったのか、馬痘ウイルスだったのか、という問題は、ウイルスという存在が明らかになったからこそ、問われるに至ったのである。

ジェンナーが開発した牛痘種痘は急速に世界に広がった。日本でも19世紀なかばから徐々に普及していき、1876（明治9）年に「天然痘予防規則」が制定され、生後1年未満の小児に対しての牛痘種痘が義務化され、やがて、日本も含め、世界中で天然痘が根絶されるに至った。一生のうちに何度も罹患するインフルエンザなどとは異なり、一度罹患すれば、終生の免疫を獲得できるという特徴を有していることなどの要因はあれど、種痘が天然痘の根絶に果たした役割は大きく、それによって多くの人命が救われたのである。

3　被験者の保護

ジェンナーの実験が天然痘根絶の重要な一因であったことは、疑う余地もない。しかし、ここで注意したいのは、ワクチンや新たな治療法を開発するにあたり、人体への介入をともなう実験は避けて通れず、その際には安全性が切実に問われることである。当時であっても、ジェンナーの実験に対する風刺画において、牛痘種痘を接種された人から牛の頭が生えている様子が描かれていたように、この試みに安全性の面から疑念を抱く人びとも存在した（図19-2）。加えて、少なくとも今日のわれわれの視点から看過できないのは、この実験の最初の被験者であった少年がジェンナーの使用人の息子だった、言い換えれば、立場の弱い人が安全性の定かではない実験の被験者として用いられていたことである。牛痘の効果や安全性を確かめたいだけならば、たとえば王族の子弟が最初に使われても目的は果たせたはずであるが、そうはならなかった。

この構造は、ジェンナーに限ったことではなく、過去の医学研究では珍しいことではなかった。それが極端な形で表出したのが、ユダヤ人を強制収容するなどして迫害したナチスドイツの医師たちによる非人道的な医学実験であった。ジェンナーとは異なり、こちらは被験者にメリットをもたらす可能性すらなく、たとえば、収容者を人為的にマラリアに感染させ、さまざまな薬品の治療効果を試す実験、海水を飲ませたりする実験などが行われ、実験によって多数の死者が出た。

図 19-2　牛痘の風刺画［The National Library of Medicine］

第二次世界大戦後の1947年、ナチスの非人道的な医学実験に対する裁判（ニュルンベルク裁判）が行われ、医師に有罪が宣告された。このとき、「ニュルンベルク綱領」という、医学研究を倫理的に実施するための基本原則が提示された。ニュルンベルク綱領では、ナチスの非人道的な医学実験の反省を踏まえ、実験参加に際して「被験者の自発的同意が絶対に不可欠」であることが求められた。しかし、これはあくまでもナチスの罪を裁く原則に過ぎないととらえられ、医学者たちにほとんど影響を与えなかった。加えて、これに忠実にしたがえば、同意能力を欠く存在に対する実験は実施できなくなり、小児や精神障害者などに対する医療の進展が立ち遅れてしまいかねないという問題があった。その後、世界医師会は1964年に「ヘルシンキ宣言」を採択し、同意能力を欠く者については、保護者等による代諾を認める方針を示し、ニュルンベルク綱領で求められた同意要件が緩められた。

しかし、非倫理的な医学研究が行われなくなったわけではなく、そのことが度々問題になっていた。代表的なものを1つ紹介しておこう。1972年にアメリカで、重大な倫理的問題を内包する医学研究が表沙汰になる。「タスキーギ梅毒事件」である。1932年から40年間の長期にわたり、貧しい黒人梅毒患者たちを対象に研究が行われた。被験者には無料で定期検診と治療が受けられるという説明がされたが、実際は定期的な病状観察がなされただけで、死亡すると病理解剖に回された。重要な問題は、社会的な地位が低い人が観察対象になったことのみならず、1940年代に抗生物質のペニシリンが梅毒の治療に有効であることが判明していたにもかかわらず、治療が施されなかったことにあり、梅毒が直接の原因で亡くなった被験者も多数みられた。

タスキーギ梅毒事件は、アメリカで一大スキャンダルとなり、被験者保護をめぐる議論は議会にも波及し、1974年に「国家研究法」が制定され、被験者保護の仕組みが法的に整備されるに至った。こうした動きとともに、被験者保護のあり方にとどまらず、医療や生命科学をめぐる倫理的な問題について考える学問であるバイオエシックス（生命倫理学）がこの時期に興隆した。

4　医療技術そのものの是非

今日の医学研究においては、被験者保護を考えなければならないことは言を俟たない。同様に、新たな治療法等の開発を目的とする研究というフェーズを離れ、患者の治療、もう少し範囲を広げれば、医療サービスの利用者の健康保持・増進を目的とする医療実践の場では、利用者の保護が重要なファクターになっている。

同時に考えなければいけないのは、本当にその医療技術を実施してもよいのか、という問題である。人工妊娠中絶を例に考えてみよう。日本では、明治期に定められた刑法に堕胎罪が規定されており、今日に至るまで、妊娠の人為的な中断は違法行為ととらえられている。しかし、母体保護法に定める要件、すなわち、「一　妊娠の継続又は分娩が身体的又は経済的理由により母体の健康を著しく害するおそれのあるもの」もしくは、「二　暴行若しくは脅迫によって又は抵抗若しくは拒絶することができない間に姦淫されて妊娠したもの」を満たす場合、中絶は違法行為ではなくなる（＝違法性が阻却される）という扱いになる。

日本で中絶の是非が切実に問われることはめったにない。他方アメリカでは、1970年代以降、中絶の是非は大統領選挙の争点にもなるほどの問題になっている（**図19-3**）。中絶に反対する人びとの組織がいくつかあり、共和党の強力な支持基盤の1つになっている。特に1980年代に顕著にみられたことだが、中絶に反対する人びとが、中絶を施術するクリニックに放火したり、爆破したりする事件も起きていた。

たしかに、胎児と新生児には連続性があり、考え方によっては、中絶は殺人と同等の行為になってしまう。しかし、養子縁組など、他者に養育を託す選択肢はありえるといえど、中絶が禁じられれば、子を養育する目処の立たない女性の生活が破綻する可能性も十分にある。実際、1948年に優生保護法（現在の母体保護法の前身）ができるまで、日本には中絶の違法性を阻却する規定はなかった、つまり、妊娠・出産が母体に深刻な危機を与える場合でもない限り、中絶は完全に違法行為であり、それゆえ、戦前期には止むに止まれず出産した女性が子どもとともに心中する事件が多数起きていた。

図 19-3　アメリカの中絶論争

本稿で中絶論争に立ち入ることはしないが、実施してよいのかどうか、人びとの見解が分かれる医療技術が存在することはご理解いただけたかと思う。中絶以外にも、体外受精などの生殖補助技術、臓器移植、クローン、遺伝情報の改変などが、技術の是非について議論されている。関心があれば、ひとまず、生命倫理学の入門書（たとえば『教養としての生命倫理』（村松聡ほか編、丸善出版、2016年）など）を手にとってみてほしい。

5　医学研究と社会

最後に、本章冒頭で触れた感染症と、中絶をめぐる問題の接続を試み、医学研究と社会の関係性を考えてみよう。感染症と中絶の接続として、次の２つの方法の医学研究を念頭におくことができる。１つめの方法は、培養液の中でヒトの胎児から採取した細胞に病原体を感染させ、培養液中に出てきた病原体に手を加え、ワクチンなどを開発する。２つめの方法は、免疫機構を喪失させたマウスに、ヒトの胎児組織を移植することで、ヒトの免疫機構を備えたマウスを作成する（図 19-4）。

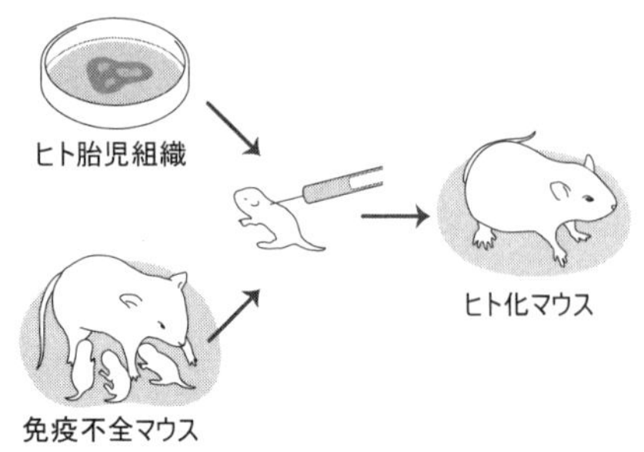

図19-4　ヒト化マウスの作成方法

２つめの方法がイメージしづらいので補足しておこう。通常であれば、ヒトには感染する一方でマウスには感染しない病原体を、ヒトの免疫機構を備えたマウスに感染させることができる。そうすると、ヒトの免疫機構を備えたマウスを用いた実験によって、ヒトに感染する疾患のワクチンなどの開発に役立つ知見が得られるのである。このようなマウスを「ヒト化マウス」といっている。ヒト化マウスは胎児組織を用いず作成する場合もある。ヒト化マウスを作り出すこと自体、もっといえば、動物実験自体に倫理的問題が内包されるが、そこはひとまずおいておこう。

では、胎児組織はどのように採取するのか。ありうる選択肢の１つで、さほど倫理的な問題を考慮しなくともよいのが、臍帯（へその緒）などの胎児付属物である。しかし、臍帯から得られる組織は限られる、ゆえに使い道も限定される。そうなると、流産、死産した胎児からの採取が考えられるが、何らかの「異常」があって、流産、死産に至ることが多くあるため、研究に用いるには、適さないことが多くある。そこで注目されるのが、中絶胎児である。

しかし、中絶胎児の研究利用は、中絶を前提にした行為であるがゆえに、中絶そのものに反対する人たちから強い批判がある。こうした背景があり、中絶反対派組織が支持基盤の１つである共和党のトランプ大統領（当時）は2019年６月に中絶胎児由来組織を用いた研究に対する連邦資金の拠出を大幅に制限する方針を打ち出した。この方針は2020年も継続し、国際幹細胞学会（International Society for Stem Cell Research）が「アメリカと世界がCOVID-19パンデミックと戦うために、あらゆる生物医学研究の手段を利用すべき時に、ウイルス性疾患を調査するための重要なツールは、特定の価値観によって阻害されている」とする声明を出しているように、科学者たちからの批判を集めている。その後、2021年に成立した民主党バイデン政権のもとで、制限は撤回されている。

胎児を単なる母体の付属物としてとらえ、女性の同意のもとに中絶胎児組織が研究利用されるのだとしても、想像力を働かせれば、中絶をする女性に対して胎児の細胞を研究利用させてほしいと頼むこと自体が、女性に多大な心理的負担を強いるものでありえる。この点だけを考慮しても、胎児組織を利用するのであれば、厳格な条件のもとで必要最低限のものにしなければならないであろう。他方で、胎児組織の研究利用を目的に中絶が行われるわけではないにしても、胎児を新生児と同等の権利をもつ存在ととらえるのならば、人為的に死に至らしめられた胎児の組織を研究利用することは、たとえ、全人類を新型コロナウイルスの脅威から救うことにつながるのだとしても、承服し難い場合もあるだろう。

この例から示唆されるのは、医学のみならず、科学研究がどのような方向にむけて進展するかは、さまざまな方向から社会の影響を受ける、ということだけでなく、科学研究が進むべき方向について、価値観の分かれる人びとの合意を形成していく必要がある、ということである。

CHALLENGE

(1) 1948年に中絶の違法性を阻却した優生保護法という法律が日本にできたが、この法律および、この法律が体現しようとしていた優生学・優生思想について、調べなさい。

(2) 過去に行われた倫理的に問題のある医学研究について、調べなさい。

(3) アメリカで中絶論争が活発化した契機として、中絶を女性のプライバシー権の範疇として容認した1970年代の連邦最高裁判決があるが、2022年に連邦最高裁はこの判決を覆した。女性が中絶を選択する権利、胎児の生存する権利という観点から、アメリカの中絶論争の歴史について調べなさい。

BOOK GUIDE

- **米本昌平ほか『優生学と人間社会』講談社、2000年**……優生学、優生政策史研究の入門書として広く読まれている良書。各章で国別（日本のみならず、アメリカやドイツなど）の展開が解説されている。
- **村松聡ほか編『教養としての生命倫理』丸善出版、2016年**……生命倫理の入門書。各トピックが見開き1ページで収まる範囲で手短にまとめられている。一読することが望ましいことはもちろんではあるが、辞書のようにして使用するのにも便利。

（由井　秀樹）

第20章　これからの科学史・技術史の課題

【概要】 これまで第１章〜第19章を通して古代・中世・近代・現代の科学・技術の歴史を見てきた。そこから見出される科学と技術の起源と発展、そして科学技術の展開がどのようなものであり、当時の社会や人間活動とどのように関係していたかをここで振り返り、あらためて確認していく。また、各章で言及しなかったことや、科学史・技術史をさらに学び進める上で考えてほしいことにも触れる。

1　本書のねらい

本書では、人類の進歩のなかで科学・技術・科学技術がどのように発展してきたかを見てきた。そこからは、科学・技術が多様な人間活動にかかわり、さまざまな機能を果たしてきたこと、近代を通じて科学と技術がつながり科学技術が生まれたこと、科学・技術・科学技術の発展にはさまざまな社会的領域とのかかわりが必要であったこと、このかかわりが深いゆえに何らかの社会的、国際的問題が起こるとその発展の行方に大きな影響が現れることが見出された。そして、これらを踏まえて、現代の新たな課題を解決する手がかりを考えようというのが本書のねらいであった。このねらいを鮮明にするために、あらためて各章を振り返ってみよう。

近代以前の科学と技術

第２章と第３章では「科学」と「技術」の起源と誕生について論じられている。地球がつくり出した環境のもとで誕生した人類は数百年前から進化をつづけながら、技術を身につけ、社会を築き、戦争をも含む社会に関する諸活動と関連技術を発展させてきた。また、紀元前の古代文明の発展においては多元的な文化が生まれ、その文化的環境が科学の誕生と発展につながったことを確認できた。人間の社会活動と深い関係をもつ「技術」だけでなく、「科学」もその担い手が人間である以上、人の考え方、おかれている時代や状況、社会や組織の変化などが「科学」の誕生や発展には関連していた。

「近代科学」の誕生とその前史について論じた第4章と第5章からは、古代、中世の地中海周辺と中東地域の地理的・経済的・文化的状況が作用することで近代科学誕生の前史が形成され、キリスト教社会の動向に左右されながらも、継承されてきた知的伝統を基礎として天上界と地上界の運動に関する科学が改変され、それらを経て近代科学が生み出されたことが見出される。「科学」であっても、「哲学・思想」「宗教・政治」「経済・社会」を含む社会的領域から大いに影響を受けて発展してきたことをあらためて確認できる。

産業革命以降の科学・技術

「科学」と「技術」の交わりが進んだ中心地は近代以降の西洋である。第6章では、18世紀の産業革命以降の機械制大工業とその技術の発展が描かれ、それらは熟練工に依存せずに生産工程を担う機械、より大きな動力を生み出す機械を活用して、産業の機械化が進められ、大量生産方式に達する展開となっている。第7章では、科学革命を経て近代科学の方法論が示され、その方法論が時代に即してわかりやすく改変されていくとともに、その科学の担い手が組織化されていく18世紀の展開がフランスを中心に描かれている。アカデミーのような組織で科学が遂行されるようになると、国家の要請にしたがう技術の応用も強く推進された。18世紀以降、産業や国家プロジェクトを通じて科学と技術もともに社会のなかで組織的に活用されることによって、科学と技術の相互の交わりが進展した。

18世紀以降の西洋の科学と技術の著しい動向を吸収したのが江戸末期と明治初期の日本であった。第8章では、江戸末期に国際関係上の危機感も相まって広範な実践を目的とする先進の西欧知識の導入が図られるようになり、蘭学だけでなく、西欧全般の洋学の導入が本格化する。19世紀後半の明治期になると、欧米から来日した外国人を教師として雇う科学・技術の学校や機関が現れ、直接外国人から学び、近代科学に精通した日本人が育成され、近代科学の教育や学会などが整備されて、近代科学が日本に定着する。こうして西欧起源の近代科学と日本との本格的な接触がはじまった。

産業革命の影響が浸透する19世紀の欧米で蒸気機関、電動機、電灯などが登場し、各種産業が勃興したことを受けて、第9章は科学と産業がさらなる発展を遂げたことに着目している。実験の進展とともに発達した電気学・磁気学・熱学・化学などが「科学依存型技術」を生み出し、さらに新しい産業を創出する展開につながり、この展開が「産業化科学」の誕生や企業内研究所の設立に代表されるような、さらなる発展をもたらした。また、第10章は、光、熱、電気、磁気に関係する機械が多数現れ、それらの関連する物理現象に対する科学的考察や分析が積極的に進められた結果の一端を論じている。それは19世紀西欧の科学界で当時支配的だった自然観の影響を受けながら、熱や電磁気に関する科学理論がつくり上げられるが、一方で実験結果との相違によって科学理論が限界に行き着き、古い自然観にとらわれない相対性理論と量子論の誕生に至る展開であった。

科学・技術の軍事への展開

19世紀までに発展した科学・技術は社会の進歩に作用するとともに、戦争とのかかわりを深めるに至った。これらの展開を論じたのが第11章～第15章である。

第11章は、西洋諸国が大航海時代を経て帝国主義政策をとるなかで、世界規模の支配権を掌握するその手段となったものが、産業革命によってもたらされた工業製品であり、新たな交通手段や渡航手段であり、質と量ともに増大した軍事技術であったことに着目している。この結果行き着いたのは世界規模の第一次と第二次の大戦であり、人員・物質・イデオロギーを含む国家の総力をあげた「総力戦」であった。近代西洋のもとで発展した科学技術は「総力戦」という負の遺産の手段となってしまった。第12章は、第11章の「総力戦」に至る過程を受けて、近代の軍事技術の生産や産業がどのような歴史のもとで形成されてきたかが論じられている。それは、戦時には、民生用を含めたあらゆる技術が兵器製造を担う企業のもとで軍事技術の開発や生産に収斂されていく展開なのであった。

2つの世界大戦を経た科学・技術をとりまく環境はどのように変容したであろうか。第13章は、緊密さを増した国家と科学・技術の関係が、科学活動とそれに携わる研究者・研究組織にどのような影響を及ぼしたかを論じている。

アメリカの大学の研究所が軍の資金で設置された例のように、大戦を経た国家と科学は相互に協力しあう関係となり、軍事産業に絡む「軍産学複合体」と称する構造も出現した。こうした動向を経験した科学者に何が求められるかも問われている。さらに、戦後からはじまった冷戦下のアメリカで、産業界の民生技術が軍事技術にどのように利用されていったのかが第14章では論じられた。核兵器を含む軍事技術を供給するための複数産業からなる軍事産業基盤が冷戦期に形成され、1980年代からは日本を含む国外企業からも安定的に技術協力を得られるようにグローバルな軍事産業基盤に再構築されたのである。

翻って、第二次世界大戦後の日本では科学・技術と軍事の関係にどのような動向があったのか。それらを扱ったのが第15章である。戦前・戦中の日本では、軍需産業に多くの科学者・技術者が雇われる構造や、科学者に特定の軍事研究が委託される構造が見られ、戦後は軍需産業の解体によってそれらの構造は消失もしくは変化した。科学研究費助成事業の存続のように、戦時に整備された科学技術振興体制が戦後に引き継がれたものもあり、また、戦後の自動車産業や鉄道産業に見られるように、軍需産業に従事した技術者が戦後の復興を担う構造も存在した。さらに、戦後の日本においては、全体の研究開発費のうち多くを占める民間の研究開発費が高度な民生技術の開発を担いながらも、それらの技術が軍事技術に利用される傾向も見られた。近年では、民生技術と軍事技術を同時並行で開発する考え方が世界的な潮流となるなかで、日本国内でもそれに呼応する動きが現れている。

科学・技術の進展と現代社会

現代社会における特徴的な科学技術が20世紀後半にどのように成長してきたのか。これらを論じたのが第16章～第19章であり、各章では情報技術、巨大科学、製造技術のオートメーション、医学の諸問題を題材にして、現代社会における科学・技術の動向の一端を示している。

第16章は、現代社会で不可欠な情報技術のこれまでの発展を振り返りながら、情報技術の技術史的意味や、社会における情報技術の普及の仕方を考えている。技術的課題を科学技術の活用によって克服してきた情報技術が、戦時の軍事技術や省エネルギー、多様な情報機器などの社会のニーズに応えながら、さらなる発展を遂げるという社会に呼応して進歩する情報技術の展開を確認できる。

第17章は、巨大科学という20世紀に出現した科学の新たな潮流がどのように生まれ、どういった過程で成長を遂げたのかを、巨大粒子加速器の発展史を題材にして考察している。当初、大型加速器は純粋科学の目的のためにつくられはじめたが、大型化のためには財政的支援が必要であり、その支援を得るためには加速器開発を戦時の軍事研究に関連づけることもいとわず、冷戦時代も国防関連の業務とつながりつづけた。翻って冷戦後になると、国防研究とは距離をおく大型加速器の研究・開発が求められる展開となっていくのである。

第18章は、戦時の航空機や工作機械などの大量生産を経験した戦後日本の機械工業が、欧米から技術導入を経てオートメーションを成立させたことを、自動車産業を題材に論じている。そこで示された展開は、20世紀中ごろに日本に導入された製造技術のオートメーションが単にアメリカの先行技術を使用するというのではなく、自動車製造のさまざまな工程に効率的に柔軟に適用できるように改良されたことで独自の製造技術につながり、これらが日本の自動車製造の強みとなったというものである。

第19章は、現代の科学・技術を考えるために、医学の進展の背後に存在する諸問題を考察し、医学研究を例としながら科学研究の今後を論じるものである。近代科学技術の発展によって現代の医学研究は大きく進歩し、それによって得られた成果は輝かしいが、成果の背後にある被験者や患者保護の倫理的・道徳的問題をも含めて総合的に医学の進歩を考える重要性が問われている。

2　戦争から見えてくる感染症との闘い

本書では、現代に至る科学·技術の社会への影響を考える1つの視座として、戦争を幅広く取り上げている。それは、軍事分野にも民生分野にも利用できる技術を開発する考え方や、優れた技術をデュアルユース技術と称して民生分野だけでなく、軍事分野でも利用しようとするあり方をあらためて考察するために、そこに至る歴史的過程を確認するという意図をもっていた。そして、武力による国家間、地域間の衝突が絶えず存在しつづける可能性が残るにせよ、世界大戦のような「総力戦」の状態に陥ることを繰り返させないために何を考える必要があるかを本書は問うている。

だが、戦争の歴史に焦点をあてて振り返ると、本書で触れることができなかった他の観点も見られるだろう。たとえば、第19章で取り上げた感染症とその対策を考えるとき、戦争との深いかかわりが見えてくる。

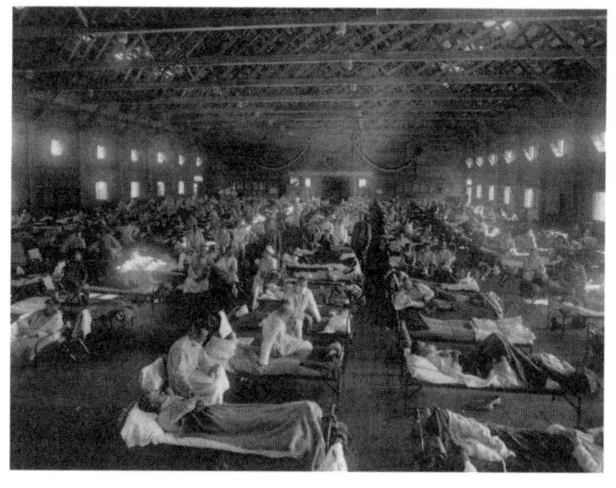

図 20-1　1918 年ごろのカンザス州キャンプ・ファンストンにある救急病院のスペイン風邪の患者たち
［National Museum of Health and Medicine］

第一次世界大戦についていえば､塹壕戦が展開されることで、湿気が多く、不衛生な塹壕に長くいることを強いられた兵士たちの間で赤痢やチフス、コレラなどの感染症が蔓延した。砲弾で受けた傷口から細菌が入り込むことで感染症にかかる兵士も多数いて、戦闘による死者数に匹敵する数の兵士が亡くなっていた。また、第一次世界大戦期に最も甚大な被害をもたらしたスペイン風邪は1918年にアメリカで発生した新型インフルエンザが発端だったが（図 20-1）、数年間で世界中に5千万人を超える死者を出した。当初大戦に参加していなかったアメリカが参戦し、アメリカ兵士がヨーロッパ入りしたことで、西欧諸国に感染が拡大し、さらにロシア、アジア、アフリカなどへ広がり世界規模の流行が起こってしまった。第一次世界大戦は悲惨な「総力戦」であるとともに、感染症に苦しめられた戦争でもあった。

一方で、第一次と第二次世界大戦の戦間期に感染症対策にむけた科学研究が進んだことにより、第二次世界大戦での感染症の問題は第一次世界大戦時のような顕著な被害には至らなかった。その１つの有効な手段が薬の開発であった。抗生物質のペニシリンはその代表的な例である。広範な実用化は第二次世界大戦後となるが、1940年代前半にすでにアメリカの製薬会社はペニシリンの大量生産を行っており、1944年にドイツ占領地域に進攻した連合国軍は傷病兵の治療に対して充分な量のペニシリンを携帯できていたという。また、マラリアに関しては、抗マラリア薬としてクロロキンなどの人工化合物が使用されたのに加えて、マラリアの媒介蚊を駆除する殺虫剤DDTが大規模に使用された。戦時中の連合国はDDTを使用して、少なくとも数年間は媒介蚊の数の減少に成功したが、戦後にDDTが環境汚染物質であることが判明する。感染症への科学的対策には功と罪があったものの、第二次世界大戦では医学および関連する科学研究が発達することによって、感染症の大きな被害は抑えられた。

第一次世界大戦後に発達したのは、感染症に対する科学研究だけではなかった。国境に関係なく蔓延する感染症に対しては国を超えた対策が必要であり、第一次世界大戦の直後に「国際協力の必要性」が強く求められた。感染症対策を含む保健衛生分野の国際的な取り組みを試みた赤十字社連盟（1919年設立）、感染症の被害が深刻な地域を支援する国際連盟（1920年設立）の感染症委員会（1921年発足）、感染症委員会の活動を基礎にして、感染症の管理だけでなく広く人間の健康を高める事業に取り組む国際連盟の保健機関（1923年に常設機関となる）などが関係国や関係組織の試行錯誤を経て立ち上げられた。保健機関に設けられた感染症情報業務は、国際機関と各地域局などとの感染症情報のやりとりを推進し、保健機関による血清やビタミンなどの国際標準化事業は、治療や医薬品の国際流通の整備に貢献した。第二次世界大戦中は主に連合国側に対してであったが、感染症対策を含む保健業務の支援に成功した。その結果、国際連盟保健機関の機能は世界保健機関（WHO, 1948）へと引き継がれ、WHO設立の原動力につながった。

20世紀はじめに近代化した先進諸国が起こした世界大戦は、植民地諸地域や同盟国などを巻き込み、大規模な戦争に至った結果、グローバルな人や組織の移動をいっそう促し、それによって感染症を拡大させてしまった。こうした感染症の拡大は中世・近代のグローバルな交易を通じたペストや梅毒の蔓延とも重なるが、近代化した武力、輸送手段を駆使した戦争でありながら、他方で、兵士のおかれた環境の悪化を招き、軍の大規模な移動のために感染症の甚大な被害をもたらしたという状況は実に非対称な展開であった。国境を超えて被害を与える感染症や保健の問題は、国際協力のもとで対策や政策を立てる必要があり、第一次世界大戦後の国際連盟の保健機関や、第二次世界大戦後のWHOなどの設立を通じて、科学的手段を国際的に有効にする調整やその管理がもたらされた。悲惨な総力戦の経験は、国際協力のもと「健康」を追求するきっかけを人類に与えたともいえるのだった。

3 「科学」「科学技術」への視野をさらに広げるために

本書の内容は、そのほとんどが西洋の歴史とのかかわりであり、日本の科学および科学技術の発展も、西洋の近代科学や科学技術をどのように受容して、それをどう発展させたのか、という視点で書かれている。それは、古代ギリシア人たちによって「科学」の出発点が形成され、「近代科学」が西洋を中心に創られ、その延長線上に「科学技術」が近代から現代にかけて発展した歴史と見ることもできる。そうとするならば、西洋の社会や文化のもとで育った人たちの経験や考えが「科学」と「近代科学」の出自やその発展に深くかかわるとして解釈して、「科学」や「科学技術」の属性を西洋に帰するものとして考えることもできる。

だが、そう考えるのみでよいのだろうか。「科学」や「近代科学」が主に西洋起源のものとしても、これまでの科学や科学技術の発展は欧米だけでなくアジアなどの他地域の人たちによっても担われてきた。ニーダム（Joseph Needham）が編者となった『中国の科学と文明』（1954～）は、近代科学が西欧独自のものとする見方が根底にあったとしても、非西洋を意識して中国の科学と技術の歴史が著されたことで知られる。日本の科学の発展についても吉田光邦や辻哲夫たちの研究がある。辻は「科学を西欧だけのもの」、「日本の伝統文化を非科学・反科学に類するもの」とする風潮に疑問を投げかけて、多数の近世以降の人物たちの事例を交え、日本の文化、技芸、政治などの諸領域と科学の関係を検証し、日本で科学が発展した理由を求めた。

近代日本の科学と「非西洋」

近代日本における科学史に目をむけると、日本の科学を非西洋のものとして意識した事例は数多く見られる。最も知られる1つの例は、初期のノーベル賞候補者に関するものであろう。1901年から授与が始まったノーベル賞は、「候補者の国籍」をいっさい考慮せずに、「人類のために最大の貢献をした人たち」に与えるとした国際的な賞であり、当初から創設された5賞（物理学、化学、生理学・医学、文学、平和）のうち3賞が自然科学を占めるため、現代科学史においてノーベル賞とその受賞者の存在意義は大きい。その自然科学系の

図 20-2　山極勝三郎（1863-1930）
［東京大学人体病理学・病理診断学分野の許諾を得てホームページより転載］http://pathol.umin.ac.jp/w/chronology/professor/

ノーベル賞を日本ではじめて受賞したのは1949年物理学賞の湯川秀樹であるが、それまでに推薦を受けた複数の日本の科学者がいた。

北里柴三郎は第1回（1901）のノーベル生理学・医学賞で推薦されていたが、結局、北里と共著論文を著していたベーリングが受賞した。その後、化学賞、生理学・医学賞、物理学賞において、秦佐八郎、野口英世、鈴木梅太郎、山極勝三郎（図 20-2）、本多光太郎らが推薦され、そのうち湯川の受賞以前にノーベル賞に最も近づいたのは山極であった。1915年にタールによる人工的な癌の発生に成功した山極の評価は高く、1925年と1926年に連続して推薦されるも、1926年にはデンマークのフィビゲル（Johannes Andreas Grib Fibiger）が寄生虫による発癌説に関する研究で受賞が決定した。その決定の過程には東洋人への偏見、西洋中心の科学界で非西洋人への偏見が作用したと解釈されることもある。

この見方には確証はないものの、これまでの自然科学分野のノーベル賞で西洋の科学者たちがほとんどを占めており、特に20世紀前半でいうと、英領インドのチャンドラセカール・ラマン（1930年の物理学賞）、日本の湯川秀樹（1949年の物理学賞）たちが数名いるだけである。ヨーロッパ発の賞であり、当時は西洋中心の評価システムで評される科学研究だったゆえに、非西洋地域出身の科学者にとっては同じ土俵に上がること自体が難しかったと考えられる。「候補者の国籍」にいっさい考慮しないノーベル賞であったとしても、評価システム上で中心的存在になりにくい非西洋の科学研究は主要な候補対象から外れる可能性が高かったのである。

現代科学技術と女性

ノーベル賞に関連してさらに言及すべきは女性への視点である。20世紀において自然科学分野のノーベル賞を女性が受賞した例はきわめて少ない。ノーベル物理学賞では、1903年のマリ・キュリー（Marie Curie）（ポーランド出身、フランス）を含む2名、ノーベル化学賞では、1935年のイレーヌ・ジョリオ＝キュリー（Irene Joliot-Curie）（フランス）を含む3名、ノーベル生理学・医学賞では、1947年のゲルティー・コリ（オーストリア＝ハンガリー帝国出身、アメリカ）を含む6名となる。20世紀でいえば、物理学賞で2人、化学賞では3人、生理学・医学賞では6人となり、20世紀の自然科学分野ノーベル賞受賞者469名のうち、女性の占める割合は2%ほどに過ぎない。

ノーベル賞だけを基準に考察することは避けなければならないとしても、こうした数字をどう理解すべきだろうか。1つの解釈は男性の科学者の数に比べて、女性の科学者が少ないためにノーベル賞受賞者も少数にとどまるというものである。科学者になるためには、基本的には自然科学系の高等教育機関に入学し科学教育を受ける必要があるが、そもそも女性の高等教育機関への入学は、19世紀以降に少しずつ増えてきたに過ぎず、まして科学教育を受けるまでに至る道のりは厳しかった。

1944年にノーベル化学賞を受賞したハーンの重要な共同研究者だったマイトナー（Lise Meitner）（**図20-3**）はオーストリア＝ハンガリー帝国出身だが、当時、女子は高等教育を受けられず、彼女の大学入学前の学歴は14歳で一度途切れた。20世紀に入り、女子の大学入学が認められることとなり、苦学の末、1901年にウィーン大学入学を果たした。マイトナーはウィーン大学物理学部に入学を認められたはじめての女子学生だった。日本の場合、自然科学の高等教育の中心は帝国大学であったが、日本初の帝国大学への女子学生の入学は1913(大正2)年であった。このように19世紀末～20世紀初頭にかけて、ようやく女性が自然科学の高等教育を受けられる状況が生まれてきた。近代以降、西洋では少しずつ自然科学教育を近代化させてきたが、それが女性に充分にいきわたるのは20世紀以降なのであった。

図20-3　マイトナーとハーン（ドイツ・ベルリンのカイザー・ヴィルヘルム化学研究所、1913）［Archives of the Max Planck Society, Courtesy of AIP Emilio Segrè Visual Archives］

20世紀後半を通じて、科学技術界の女性研究者は少しずつその活躍の場を広げてきた。それは女性が活躍できる環境づくりが試みられてきた結果でもある。アメリカ国立科学財団（NSF）の調査は、1920年代と1970年代末に50年ほどの年月が経っているにもかかわらず、女性科学者や工学者の割合がほとんど増加していない状況を明らかにした。1980年にアメリカでは「科学技術機会均等法」が発効され、科学技術分野における女性の活躍を促進する政策がとられた。1990年代に入ると、アメリカと欧州連合（EU）で科学分野の女性研究者が少ない現状がいっそう明らかにされた。たとえば、アメリカの上位10数学科の終身在職権（テニュア）をもつ研究者は男性300名に対して女性は2名という状況であった。職位の上昇とともに科学分野における女性研究者の割合が激減する職位間格差の状況や、科学・技術の分野間で女性研究者の活躍に大差が生じる分野間格差の状況も見られた。さらには、スウェーデンの医学研究組織における助成金や助手の選考でジェンダー・バイアス（社会的・文化的性差別）が存在することが暴露される出来事も起こった。これらの問題が開示され、問題視されることによって、欧州委員会やNSFなどでそれらへの対策が講じられ、現在では、日本を含む東アジア諸国でも女性の科学界、産業界での活躍を促す政策がとられている。

このように見ると、現代の科学技術が今まで発展してきた過程には、「西洋」「男性」が中心だった科学界、科学技術界が浮かび上がってくる。それに対して、これからの社会では、人種、地域、ジェンダーなどのバイアスを超えた多様な環境のもとで科学、技術、科学技術の発展が図られ、それが実践されていくことが望まれている。持続可能な社会の諸環境への重視は、現代の科学技術がさらに発展していくための条件と考えられており、日本の「第6期科学技術・イノベーション基本計画」(2021）でも見られるように、今後もそれらにむけた政策が検討されている。

4　これからの科学史・技術史のために

スマートフォン、パソコン、AIなどをソフト、ハードの両面で扱う情報技術産業、電気自動車や燃料電池車などの登場で変革期を迎えた自動車産業、エネルギー需要の高まりと脱炭素化の両立が迫られているエネルギー産業など、科学技術の発展と社会活動の関係は、現在いっそう複雑になっている。こうした現代において、どのような点を意識しながら、私たちは科学と技術の過去・現在・未来を考察し、未来を展望していく必要があるだろうか。

グローバル・ヒストリーの視点

ここでは２点に触れておきたい。１点目は、先に触れた「西洋」と「非西洋」という構図に関係する。本書は「西洋」中心の科学・技術の発展を論じて、近代科学および科学技術を保持する「西洋」から、それらをもたない側の「非西洋」へという流れを描く傾向が強かった。近代科学の前史において、地中海沿岸のイスラム圏の「非西洋」地域との重要な相互作用への言及などはあるものの、全体的な科学史、科学技術史の流れは「西洋」中心となっている。それゆえに、ここでは歴史学全般で意識されている「西洋」「非西洋」を超えたグローバル・ヒストリーの視点やその射程にも触れておきたい。

「西洋」と「非西洋」という構図は、『オリエンタリズム』（1978）などで知られるように、人文学の理解において長く意識されてきた。同書の著者サイード（Edward Wadie Said）は、西洋がオリエント（東洋）を語り把握するときの思考様式には、西洋がそれ以外の世界（非西洋）を支配する植民地主義的な知の権力構造が含まれていることを論じた。こうした人文学全般の動向と連動して、歴史学にも西洋中心史観による見方が根底にあることが意識されるようになり、それへの克服も検討されるようになった。その解法の１つと考えられるのがグローバルな視点に立つグローバル・ヒストリーのアプローチである。

従来の世界史とグローバル・ヒストリーを分ける特徴は、「あつかう時間の長さ」、「対象となるテーマの幅広さ、空間の広さ」、「ヨーロッパの相対化、あるいはヨーロッパが主導的役割をはたした近代以降の歴史の相対化」、「異なる諸地域間の相互連関、相互の影響」への重視、「歴史学に新たな視角をもたらす」対象やテーマの取り扱いにある。

グローバル・ヒストリーの代表作には、ダイアモンド（Jared Mason Diamond）の『銃・病原菌・鉄』（1997）やベイリ（Christopher Alan Bayly）の『近代世界の誕生』（2004）などがある。『銃・病原菌・鉄』は、アメリカ大陸がヨーロッパによって植民地化される過程を、人類学・考古学・生物学などを駆使してグローバルな視点で分析したことで知られ、『近代世界の誕生』は、1780 ～ 1914

年という長い19世紀を通じて現れた「近代世界」の様相を分析したものとして知られる。前者は、植民地化の理由を鉄の技術や伝染病の対応力などのヨーロッパ人の優位性だけに求めるのではなく、植民地のインカ帝国の崩壊にはその統治体制や文字の有無なども含む複合的な要因が関係していたことを分析して見せた。後者は、19世紀を通じて支配的で合理的な欧米が世界の中心に位置して、世界中にあった「社会・経済・イデオロギー的なシステム」が統一性を増す様相を呈したが、他方で、各人間社会にはその領域内に大きな複雑性が存在したことを分析して示し、「植民地化ないしは半植民地化された非ヨーロッパの人々や欧米社会における従属集団の活動が、同時代の世界秩序を形成するうえで重要だった」とした。

科学・技術の発展史を考える場合にも、これらの研究は、その先進性が欧米という中心から他地域に伝播するという一般的な近代化の理解だけにとどまることなく、近代以降をも含めて世界を多中心的にとらえようとする見方が重要であることを示唆するものである。また、グローバル・ヒストリーの動向は、日本の科学史家である伊東俊太郎の地球的世界史の試みとも相通じるものでもある。17の基本文明圏とそれらの諸関係を論じる「比較文明論」や、人類史における複数の文化的革命と文明圏を複合させた「比較科学史」の取り組みなど、日本の先駆的研究にもあらためて注目する必要もある。とはいえ、各地域の科学的知識や技術の起源とそれらの発展を対象とする諸研究の蓄積が、新たな科学・技術のグローバル・ヒストリーを生み出す原動力につながるのであり、特定の地域の個別テーマに着目した科学史・技術史の重要性も依然として色あせない。今後も、地球的、地域的、個別的なさまざまな視野に立つ諸研究が多岐にわたって展開されることが科学史や科学技術史には重要なのである。

ジェンダーの視点

2点目としては、科学界や産業界における女性たちに着目したジェンダーの視点である。ジェンダーとは、生物学的な性差に付加された社会的・文化的性差を指すものであり、外で仕事をする男性と家庭内の仕事を担う女性というように社会や文化のなかでつくられた性差をいう。イギリスの女性研究者ホジキン（Dorothy Crowfoot Hodgkin）が1964年のノーベル化学賞を受賞した際、新聞記事には「物腰の柔らかな主婦」「まったく主婦らしからぬ才能」といった言葉が並んだ。自然科学の教育を受けた後に研究に打ち込む女性が圧倒的に少ない時代だったゆえに、結婚して子どももいる女性科学者が大きな成果を上げたことで、まずそのことが世間一般の耳目を集めたのである。こうした例は科学界のジェンダーの問題を物語る例であるが、先に述べたように、科学界・産業界における女性の活躍を促すさまざまな政策が現在、各国でとられはじめている。

図 20-4　スタンフォード大学のジェンダード・イノベーションのウェブサイト

これらのジェンダーの課題の克服に加えて、さらにその克服を技術革新につなげようとする動きも見られる。その1つがジェンダード・イノベーション(GI)の試みである。その概念は「研究開発において性差に着目することで、より良い技術革新を」目指すものであり、スタンフォード大学のシービンガー(Londa Schiebinger)たちによって世界に広められている(図20-4)。たとえば、長期間にわたり自動車の安全試験が男性身体モデルで実施されてきたために、運転する妊娠女性と胎児がリスクを被っていた事実から、ジェンダー・バイアスを是正してより健全に自動車の安全性を高める技術につなげていくというものである。また、骨粗しょう症の例では、女性には閉経後の骨粗しょう症への警戒や予防が周知される一方で、男性の骨粗しょう症には関心が低く、診断が遅れて深刻な症状に陥るという事態があるため、それらを是正するためにジェンダー・バイアスを排除した医学・医療の改善が求められる。GIはこうした問題を改善しながら新たな技術革新を生み出すことを意図したプロジェクトである。さらにシービンガーたちは、障がい、年齢、学歴、民族、家族構成、ジェンダー、地域、人種、性別(生物学的な性別)、性的特質、社会的・経済的状況、持続可能性の12の交差要素を明示して、ジェンダーにとどまらない諸要素を考慮した交差的なデザインを社会に根づかせようと取り組んでいる。

上記のようなグローバル・ヒストリー、GIや交差要素に着目して科学と技術の歴史と向きあうことは、さまざまなバイアスや交差要素の存在とその諸関係を歴史から読み取り、それらを今後の科学・技術の革新や発展に結びつけていくことにもつながる。交差要素を交えたGIの取り組みは、科学と技術の歴史を振り返り、何が起こっていたかを考察し、分析することが、科学技術の未来に対してより良い影響を与えることを例証しているといえるだろう。

CHALLENGE

(1) 本書で扱った科学・技術と社会の関係を表す事例のうち、関心をもった例を取り上げて、あらためてその概要を説明しなさい。

(2) 水島司『グローバル・ヒストリー入門』(2010) には、グローバル・ヒストリーに関係するたくさんの本が紹介されている。どのような本があるか調べて、興味をもった本の概要を説明しなさい。

(3) ジェンダード・イノベーションズのケーススタディ集（事例研究集）がスタンフォード大学のウェブサイト（http://genderedinnovations.stanford.edu/fix-the-knowledge.html　2022年9月25日閲覧）に掲載されている。どのような事例があるか調べて報告しなさい。

BOOK GUIDE

- 辻哲夫『日本の科学思想：その自立への模索』こぶし書房、復刊2013年（中央公論社、1973年）……近代科学が導入される以前の近世日本の科学思想にはどのようなものがあったかを、近世の人物たちの思想や取り組みを紹介しながら論じている。
- 吉田光邦『日本科学史』講談社、1987年……本のタイトルが「日本科学史」となっているが、近代に至る日本の科学・技術の起源や発展の歴史を幅広く解説している。
- 水島司『グローバル・ヒストリー入門』山川出版社、2010年……グローバル・ヒストリーが現れる以前と以後の世界史の流れをわかりやすく紹介する入門書。
- 日本科学史学会編『科学史事典』丸善、2021年……現代の科学・技術に関連した事項を網羅しながら、最新の科学史・技術史の研究動向も踏まえた事典。

（小長谷　大介）

引用・参考文献（各章の図版出典を含む）

第１章　科学・技術について考える現代的な意味

柵山茂三郎『科学史概論』小西書店、1923年。
ダニレフスキイ著、岡邦雄・桝本セツ訳『近代技術史』三笠書房、1937年。
桝本セツ『技術史』三笠書房、1938年。
リッビー，ウォルター著、岡邦雄・内山賢治訳『科学史概講』春秋社、1923年。

［第１部　近代以前の科学と技術］

第２章　技術のはじまりと戦争の起源

NHKスペシャル「人類誕生」制作班編、馬場悠男監修『NHKスペシャル 人類誕生』Gakken、2018年。
エンゲルス，F.著、村井康男・村田陽一訳『家族、私有財産および国家の起源』（国民文庫社）大月書店、1954年。
大阪市立大学経済研究所編『経済学辞典』岩波書店、1965年。
加藤邦興・慈道裕治・山崎正勝編著『新版　自然科学概論』青木書店、1991年。
金子常規『兵器と戦術の世界史』原書房、1979年。（中公文庫、2013年）
佐原真『戦争の考古学』岩波書店、2005年。
セミョーノフ，ユ・イ著、新堀友行・金光不二夫訳『人間社会の起源』築地書館、1991年。
ダイアモンド，J.著、長谷川真理子・長谷川寿一訳『人間はどこまでチンパンジーか？』新曜社、1993年。
田近英一監修『地球・生命の大進化：46億年の物語』新星出版社、2015年。
ダニレフスキイ，ヴェ著、岡邦雄・桝本セツ訳『近代技術史』三笠書房、1937年。
中村静治『技術論入門』有斐閣、1977年。
馬場悠男「人類の進化：最新研究から人間らしさの発達を探る」『Anthropological Science』第122号、2014年、102-108.
ハワード，マイケル著、奥村房夫・奥村大作訳『改訂版　ヨーロッパ史における戦争』（中公文庫）中央公論新社、2010年。
兵藤友博・小林学・中村真悟・山崎文徳『科学と技術のあゆみ』ムイスリ出版、2019年。
兵藤友博・雀部晶『技術のあゆみ　増補版』ムイスリ出版、2003年。
ベネット，マシューほか著、野下祥子訳『戦闘技術の歴史②　中世編』創元社、2009年。
ホワイト，Jr.リン著、内田星美訳『中世の技術と社会変動』思索社、1985年。
ポンティング，クライブ著、石弘之・京都大学環境史研究会訳『緑の世界史』（朝日選書）朝日新聞社、1994年。
前川貞次郎・堀越孝一『チャート式シリーズ　新世界史』数研出版、2014年。
マルクス・エンゲルス著、大内兵衛・細川嘉六監訳『マルクス・エンゲルス全集　第20巻』大月書店、1968年。
三井誠『人類進化の700万年』（講談社現代新書）講談社、2005年。
山崎正勝・奥山修平・内田正夫・日野川静枝編著『科学技術史概論』ムイスリ出版、1985年。
レーニン著、マルクス＝レーニン主義研究所訳「国家と革命」『レーニン全集　第25巻』大月書店、1957年a。
———「資本主義の最高の段階としての帝国主義」『レーニン全集　第22巻』大月書店、1957年b。
ローランド，アレックス著、塚本勝也訳『戦争と技術』創元社、2020年。

第３章　科学のあけぼのとギリシア自然哲学

図 3-2　Goode, G. B. and T. H. Bean, "Linophryne lucifer" in Oceanic Ichthyology: A Treatise on the Deep-Sea and Pelagic Fishes of the World, A Smithsonian Institution Special Bulletin, Washington; Government Printing Office, 1895, plate CXXI.

図 3-4　Villar, Eugene Alvin, Apparent retrograde motion of Mars in 2003, 2008.［Wikimedia Commons］

伊東俊太郎『近代科学の源流』（中公文庫）中央公論新社、2007 年。

斎藤憲『ユークリッド「原論」とは何か：二千年読みつがれた数学の古典』（岩波科学ライブラリー）岩波書店、2008 年。

シュレーディンガー，エルヴィン著、水谷淳訳『自然とギリシャ人　科学と人間性』（ちくま学芸文庫）筑摩書房、2014 年。

高橋憲一『天球回転論』みすず書房、1993 年。

茶谷直人『アリストテレスと目的論：自然・魂・幸福』晃洋書房、2019 年。

山口義久『アリストテレス入門』（ちくま新書）筑摩書房、2001 年。

第４章　中世とルネサンス

図 4-1　Work in the observatory of Taqi ad-Din, Shahinshahnāme, Istanbul University Library, F 1404, fol. 57a.［Wikimedia Commons］

図 4-3　Frontispiece illustration from Ptolemy's Almagest, Venice, 1496.［Wikimedia Commons］

伊東俊太郎『十二世紀ルネサンス：西欧世界へのアラビア文明の影響』（岩波セミナーブックス）岩波書店、1993 年。

ヴェルジュ，ジャック著、大高順雄訳『中世の大学』みすず書房、1979 年。

ウォーカー，クリストファー編、山本啓二・川和田晶子訳『望遠鏡以前の天文学：古代からケプラーまで』 恒星社厚生閣、2008 年。

大嶋誠「知識と社会：大学の成立と教皇の介入を中心として」『成長と飽和』（西欧中世史：中）ミネルヴァ書房、1995 年、205-230.

カッツ，ヴィクター・J. 著、中根美知代ほか訳『カッツ数学の歴史』共立出版、2005 年。

グタス，ディミトリ著、山本啓二訳『ギリシア思想とアラビア文化：初期アッバース朝の翻訳運動』勁草書房、2002 年。

中山茂『西洋占星術史：科学と魔術のあいだ』（講談社学術文庫）講談社、2019 年。

ハスキンズ，チャールズ・ホーマー著、別宮貞徳・朝倉文市訳『十二世紀のルネサンス：ヨーロッパの目覚め』（講談社学術文庫）講談社、2017 年。

堀越宏一『中世ヨーロッパの農村世界』（世界史リブレット 24）山川出版社、1997 年。

山本義隆『磁力と重力の発見』みすず書房、2003 年。

第５章　科学革命のはじまり

図 5-1　Theodor de Bry,"Nicolaus Copernicus Tornaeus Borussus Mathematicus ", engraving on copper, 1597.［Wikimedia Commons］

図 5-3　Galgano Cipriani, "Portrait of Galileo Galilei", ca. 1800.［Smithsonian Design Museum］

阿部謹也『ドイツ中世後期の世界』（阿部謹也著作集　第 10 巻）筑摩書房、2000 年。

池上俊一『イタリア・ルネサンス再考：花の都とアルベルティ』講談社、2007 年。

伊東俊太郎『ガリレオ』（人類の知的遺産 31）講談社、1985 年。

伊東孝之・井内敏夫・中井和夫編『ポーランド・ウクライナ・バルト史　新版』山川出版社、1998 年。

ギンガリッチ，オーウェン・マクラクラン，ジェームズ著、林大訳『コペルニクス：地球を動かし天空の美しい秩序へ』大月書店、2008 年。
クーン，トーマス著、常石敬一訳『コペルニクス革命』（講談社学術文庫）講談社、1989 年。
コペルニクス，ニコラウス著，高橋憲一訳『完訳　天球回転論：コペルニクス天文学集成』みすず書房、2017 年。
高橋憲一『コペルニクス』（ちくまプリマー新書）筑摩書房、2020 年。
田中一郎『ガリレオ裁判：400 年後の真実』（岩波新書）岩波書店、2015 年。
ドランジェ，フィリップ著、奥村優子ほか訳『ハンザ：12-17 世紀』みすず書房、2016 年。
山本義隆『一六世紀文化革命』全 2 巻、みすず書房、2007 年。
――――『世界の見方の転換』全 3 巻、みすず書房、2014 年。

［第 2 部　産業革命以降の科学・技術］

第６章　機械の登場と産業革命、そして大量生産へ

図 6-2（左）レイノルズ，T.S. 著、末尾至行・細川歆延・藤原良樹訳『水車の歴史：西欧の工業化と水力利用』平凡社、1989 年。
図 6-2（中）Black, N. H. and H. N. Davis, Practical physics for secondary schools; fundamental principles and applications to daily life, Macmillan and Company, 1913, p.219.［Internet Archive］
図 6-2（右）ディキンソン，H.W. 著、磯田浩訳『蒸気動力の歴史』平凡社、1994 年。
図 6-3　ロルト，L. T. C. 著、磯田浩訳『工作機械の歴史』平凡社、1989 年。
橋本毅彦『「ものづくり」の科学史：世界を変えた《標準革命》』（講談社学術文庫）講談社、2013 年。

第７章　科学革命と自然科学の制度化・数学化

図 7-1　Nauenberg, M., “Kepler's Area Law in the Principia: Filling in some details in Newton's proof of Proposition 1”, Historia Mathematica, Elsevier, 2003.
図 7-2　Lagrange, Joseph, Mécanique Analytique, 1788.［Internet Archive］
図 7-3　Leclerc I, Sébastien, “Louis XIV Visiting the Royal Academy of Sciences”, 1671.［The Metropolitan Museum of Art］
隠岐さや香『科学アカデミーと「有用な科学」：フォントネルの夢からコンドルセのユートピアへ』名古屋大学出版会、2011 年。
クリスティアンソン，ゲイル・E. 著、林大訳『ニュートン：あらゆる物体を平等にした革命』（オックスフォード科学の肖像）大月書店、2009 年。
シェイピン，スティーヴン・シャッファー，サイモン著、柴田和宏・坂本邦暢訳『リヴァイアサンと空気ポンプ：ホッブズ、ボイル、実験的生活』名古屋大学出版会、2016 年。
野家啓一『パラダイムとは何か：クーンの科学史革命』（講談社学術文庫）講談社、2008 年。
ヘンリー，ジョン著、東慎一郎訳『一七世紀科学革命』（ヨーロッパ史入門）岩波書店、2005 年。

第８章　近代日本における科学の発展

石附実『近代日本の海外留学史』ミネルヴァ書房、1972 年。
梅溪昇『お雇い外国人：明治日本の脇役たち』（講談社学術文庫）講談社、2007 年。
杉本勲編『体系日本史叢書 19　科学史』山川出版社、1967 年。
ポンペ著、沼田次郎・荒瀬進共訳『ポンペ日本滞在見聞記：日本における五年間』雄松堂書店、1968 年。
沼田次郎『洋学』吉川弘文館、1989 年。
矢島祐利・野村兼太郎編『明治文化史　第 5 巻学術』原書房、1979 年。
湯浅光朝『解説科学文化史年表　1971 年増補版』中央公論社、1971 年。

———『日本の科学技術 100 年史　上』中央公論社、1980 年。

第９章　科学依存型技術と産業化科学の登場

図 9-1　Harley 3469 f.32v 'Splendor Solis' by S. Trismosin, 1582. [British Library]（一部トリミング）
図 9-2（左）"Charles Tennant", Mezzotint by J. G. Murray after A. Geddes. [Wellcome Collection]
図 9-2（右）Glasgow Story TGSA 01140, Charles Tennant & Co's St Rollox Chemical Works. [The Mitchell Library, Special Collections]
図 9-3　Figuier, Louis,"Les merveilles de la science, ou Description populaire des inventions modernes." Tome 2, Furne, Jouvet et Cie. (Paris), 1877, p.53, Fig.20. [IRIS]
図 9-4 "Electrical appliances exhibited at the 1882 Electrical Exhibition, including chandeliers and the first telegraph instrument", Wood engraving, 1882. [Wellcome Collection]（一部抜粋）
図 9-5（左）『電氣之友』電友社、1932 年 12 月。
図 9-5（右）Lewis, Floyd A., The Incandescent Lihgt, Shorewood Publishers, 1959.
乾昭文ほか『電気機器技術史：事始めから現在まで』成文堂、2013 年。
加藤邦興『化学の技術史』オーム社、1980 年。
小泉袈裟勝『度量衡の歴史』原書房、1977 年。
中野明『腕木通信：ナポレオンが見たインターネットの夜明け』朝日新聞社、2003 年。
ヒューズ，T.P. 著、市場泰男訳『電力の歴史』平凡社、1996 年。
ヘイガー，トーマス著、渡会圭子訳『大気を変える錬金術：ハーバー、ボッシュと化学の世紀』みすず書房、2010 年。
ボールドウィン，ニール著、椿正晴訳『エジソン：20 世紀を発明した男』三田出版会、1997 年。
山崎俊雄・木本忠昭『新版　電気の技術史』オーム社、1992 年。

第 10 章　現代科学の登場と新しい自然観への転換

図 10-4　Young, Thomas, "On the Theory of Light and Colours," *Philosophical Transactions of the Royal Society of London*, 92 (1802), 12-48.
図 10-9　Michelson, A. A. and Morley, E. W., "On the relative motion of the Earth and the luminiferous ether", *American Journal of Science*, s3-34 (203), 1887, 333-345.
図 10-10　Einstein, A. "Zur Elektrodynamik bewegter Körper", *Annalen der Physik*, 322 (10) (1905), 891-921.
アインシュタイン著、高田誠二ほか訳『光量子論』（物理学古典論文叢書 2）東海大学出版会、1969 年。
アインシュタインほか著、上川友好ほか訳『相対論』（物理学古典論文叢書 4）東海大学出版会、1969 年。
アインシュタイン著、内山龍雄訳『相対性理論』（岩波文庫）岩波書店、1988 年。
エッケルト，ミヒャエル著、重光司訳『ハインリッヒ・ヘルツ』東京電機大学出版局、2016 年。
小長谷大介『熱輻射実験と量子概念の誕生』北海道大学出版会、2012 年。
ハーマン，P.M. 著、杉山滋郎訳『物理学の誕生』朝倉書店、1991 年。
パイス，アブラハム著、金子務ほか訳『神は老獪にして･･･アインシュタインの人と学問』産業図書、1987 年。
廣重徹『物理学史　Ⅰ・Ⅱ』培風館、1968 年。
フーリエ著、西村重人訳『フーリエ：熱の解析的理論』朝倉書店、2020 年。
物理学史研究刊行会編『熱輻射と量子』（物理学古典論文叢書 1）東海大学出版会、1970 年。
プランク，マックス著、西尾成子訳『熱輻射論講義』（岩波文庫）岩波書店、2021 年。
古川安『科学の社会史』（ちくま学芸文庫）筑摩書房、2018 年。
ヘルツ著、上川友好訳『力学原理』（物理科学の古典 3）東海大学出版会、1974 年。

マッハ，エルンスト著、岩野秀明訳『マッハ力学史　上・下』（ちくま学芸文庫）筑摩書房、2006年。
山本義隆『重力と力学的世界：古典としての古典力学　上・下』（ちくま学芸文庫）筑摩書房、2021年。
ラプラス著、内井惣七訳『確率の哲学的試論』（岩波文庫）岩波書店、1997年。

［第3部　科学・技術の軍事への展開］

第11章　資本主義社会の形成と軍事技術

今津晃・池本幸三・高橋章編『アメリカ史を学ぶ人のために』世界思想社、1987年。
大阪市立大学経済研究所編『経済学辞典』岩波書店、1965年。
金子常規『兵器と戦術の世界史』（中公文庫）中央公論新社、2013年。
國方敬司「イギリス農業革命研究の陥穽」『山形大学紀要（社会科学）』第41巻第2号、2011年。
熊谷直『軍用鉄道発達物語』潮書房光人社、2013年。
小池滋『英国鉄道物語』晶文社、1979年。
鈴木直志『ヨーロッパの傭兵』（世界史リブレット80）山川出版社、2003年。
外山三郎『西欧海戦史：サラミスからトラファルガーまで』原書房、1981年。
ハワード，マイケル著、奥村房夫・奥村大作訳『改訂版　ヨーロッパ史における戦争』（中公文庫）中央公論新社、2010年。
ヘッドリク著、原田勝正ほか訳『帝国の手先：ヨーロッパ膨張と技術』日本経済評論社、1989年。
前川貞次郎・堀越孝一『新世界史　新課程（チャート式シリーズ）』数研出版、2014年。
マクニール，ウィリアム著、高橋均訳『戦争の世界史　下：技術と軍隊と社会』（中公文庫）中央公論新社、2014年。
ヨルゲンセン，クリステルほか著、竹内喜・徳永優子訳『戦闘技術の歴史3』創元社、2010年。
ローランド，アレックス著、塚本勝也訳『戦争と技術』（シリーズ戦争学入門）創元社、2020年。

第12章　軍事生産の近代化と軍事産業の形成

Simpson, Bruce L., Development of the Metal Castings Industry, American Foundrymen's Association, 1948.
岡倉古志郎『死の商人』（新日本新書）新日本出版社、1999年。
加藤邦興『化学の技術史』オーム社、1980年。
加藤邦興・慈道裕治・山崎正勝編『自然科学概論　新版』青木書店、1991年。
久保田宏・伊香輪恒男『ルブランの末裔：明日の化学技術と環境のために』東海大学出版会、1978年。
小山弘建『近代軍事技術史』三笠書房、1941年。
シンガー，チャールズほか編、田辺振太郎訳編『増補版　技術の歴史　第8巻　産業革命　下』筑摩書房、1979年。
鈴木直次『アメリカ産業社会の盛衰』（岩波新書）岩波書店、1995年。
ダニレフスキイ著、岡邦雄・桝本セツ訳『近代技術史』三笠書房、1937年。
ディキンソン著、磯田浩訳『蒸気動力の歴史』平凡社、1994年。
中沢護人『ヨーロッパ　鋼の世紀：近代溶鋼技術の誕生と発展』東洋経済新報社、1987年。
――『鋼の時代』（岩波新書）岩波書店、1964年。
ハウンシェル，デーヴィッド著、和田一夫・金井光太朗・藤原道夫訳『アメリカン・システムから大量生産へ　1800-1932』名古屋大学出版会、1998年。
兵藤友博・小林学・中村真悟・山崎文徳『科学と技術のあゆみ』ムイスリ出版、2019年。
兵藤友博・雀部晶『技術のあゆみ　増補版』ムイスリ出版、2003年。
ベック，ルードウィヒ著、中沢護人訳『技術的・文化史的にみた　鉄の歴史』たたら書房、1968～

1970 年。
ベルドロウ著、福迫勇雄訳『クルップ』柏葉書院、1943 年。
星野芳郎編、大谷良一著『戦争と技術』雄渾社、1968 年。
ホルダーマン，カール著、和田野基訳『化学の魅力　カール・ボッシュ：その生涯と業績』文陽社、1965 年。
ホール，バート著、市場泰男訳『火器の誕生とヨーロッパの戦争』平凡社、1999 年。
ポンティング，クライブ著、伊藤綺訳『世界を変えた火薬の歴史』原書房、2013 年。
マクニール著、高橋均訳『戦争の世界史　下：技術と軍隊と社会』中央公論新社、2014 年。
マンチェスター，ウィリアム著、鈴木主税訳『クルップの歴史：1587-1968』フジ出版社、1982 年。
諸田實『ドイツ兵器王国の栄光と崩壊　クルップ』東洋経済新報社、1970 年。
山崎俊雄・木本忠昭『電気の技術史（新版）』オーム社、1992 年。
ロルト著、磯田浩訳『工作機械の歴史：職人の技からオートメーションへ』平凡社、1989 年。

第 13 章　2 つの世界大戦と兵器開発に結びつく科学者

Redhead, Paul A. "The Invention of the Cavity Magnetron and its Introduction into Canada and the U.S.A.", *Physics in Canada*, 57, no. 6 , 2001, 321-328.
井上尚英『生物兵器と化学兵器：種類・威力・防御法』（中公新書）中央公論新社、2003 年。
クランツバーグほか編、小林達也監訳『20 世紀の技術　下』東洋経済新報社、1976 年。
トムソン，ジョージ・P. 著、伏見康治訳『J·J·トムソン：電子の発見者』（現代の科学 21）、河出書房新社、1969 年。
藤原辰史『トラクターの世界史』（中公新書）中央公論新社、2017 年。
ブラッケット著、岸田純之助・立花昭訳『戦争研究』みすず書房、1964 年。
古川安『科学の社会史』（ちくま学芸文庫）筑摩書房、2018 年。
ヘッドリク著、原田勝正ほか訳『帝国の手先：ヨーロッパ膨張と技術』日本経済評論社、1989 年。
レスリー，スチュアート・W. 著、豊島耕一・三好永作訳『米国の科学と軍産学複合体』緑風出版、2021 年。

第 14 章　冷戦構造下における技術の軍事利用

NSF（National Science Foundation）a, Federal Funds for Research and Development: Detailed Historical Tables: Fiscal Years 1951-2001.
https://wayback.archive-it.org/5902/20150628162050/http://www.nsf.gov/statistics/nsf01334/htmstart.htm（2023 年 3 月 4 日閲覧）
NSFb, Survey of Federal Funds for Research and Development Fiscal Years 2018-19.
https://ncsesdata.nsf.gov/fedfunds/2018/（2023 年 3 月 4 日閲覧）
NSFc, National Patterns of R&D Resources: 2019-20 Data Update.
https://ncses.nsf.gov/pubs/nsf22320（2023 年 3 月 4 日閲覧）
NSFd, Survey of Federal Funds for Research and Development Fiscal Years 2020-21.
https://ncses.nsf.gov/pubs/nsf22323（2023 年 3 月 4 日閲覧）
U.S. GAO, Defense Industrial Base: An Overview of an Emerging Issue（GAO/NSIAD-93-68.）, 1993.
カルドー，メアリー著、芝生瑞和・柴田郁子訳『兵器と文明：そのバロック的現在の退廃』技術と人間、1986 年。
坂井昭夫『軍拡経済の構図：軍縮の経済的可能性はあるのか』有斐閣、1984 年。
西川純子『アメリカ航空宇宙産業：歴史と現在』日本経済評論社、2008 年。
藤岡惇「核冷戦は米国地域経済をどう変えたか」『立命館経済学』45（5）、1996 年。

山崎文徳「『被害』の最小化と精密誘導兵器」『技術史』5、2004年、25-40.
―――「アメリカ軍事産業基盤のグローバルな再構築：技術の対外「依存」と経済的な非効率性の「克服」」『経営研究』59（2）、2008年。
山田朗「現代における＜軍事力編成＞と戦争形態の変化」渡辺治、後藤道夫編『「新しい戦争」の時代と日本《講座　戦争と現代１》』大月書店、2003年。
「米ハイテク兵器　日本製部品が不可欠」『毎日新聞』1991年1月28日付。

第15章　日本における科学・技術と戦争

図15-3　"DS-F-117-07", The U.S. Army Center of Military History.
https://history.army.mil/photos/gulf_war/GW-Patriot1.htm（2023年2月25日閲覧）
図15-5　防衛省「多角的・多層的な安全保障協力」
https://www.mod.go.jp/j/approach/exchange/#block05（2023年2月25日閲覧）
池内了『科学者と戦争』（岩波新書）岩波書店、2016年。
科学技術・学術政策研究所『科学技術指標2024』2024年、図表1-2-4。
https://nistep.repo.nii.ac.jp/record/2000116/files/NISTEP-RM341-FullJ.pdf（2024年9月1日閲覧）
杉山滋郎『「軍事研究」の戦後史』ミネルヴァ書房、2017年。
レスリー著、豊島耕一・三好永作訳『米国の科学と軍産学複合体』緑風出版、2021年。
「特集　安全保障と学術の関係」『学術の動向』2017年5月号。
「特集　科学者・技術者と軍事研究」『学術の動向』2017年7月号。

［第4部　科学・技術の進展と現代社会］

第16章　情報技術の発展

図16-1（左）Reisch,G., *Margarita philosophica*, 1503.（右）"abacus", *Encyclopedia Britannica*, 9th edition, Vol.1, 1875.［National Library of Scotland］
図16-2　Turck,J.A.V., *Origin of Modern Calculating Machines*, Western Society of Engineers, Chicago, USA, 1921.［Internet Archive］
図16-3（左）Computer History Museum, The Leibniz Step Reckoner and Curta Calculators.
https://www.computerhistory.org/revolution/calculators/1/49（2023年3月5日閲覧）
https://www.computerhistory.org/revolution/calculators/1/49/198（2023年3月5日閲覧）
（右）Meyer, Wilhelm Franz, *Encyklopädie der Mathematischen Wissenschaften mit Einschluss ihrer Anwendungen*, Vol.2 Arithmetic und Algebra, Druck und Verlag von E. G. Teubner, Leipzig, Germany, 1904, p.964, fig.11を一部修正［Google Books］
図16-4　松下電器製造・技術研修所編『制御基礎講座１　プログラム学習によるリレーシーケンス制御』廣済堂出版、1978年、p.63。
図16-5　IBM, Standard Modular System - Customer Engineering Instruction-Reference, 1962, p.18.
図16-6　板垣朝子「ICチップと写真の深い関係？～回路を「焼き付ける」フォトリソグラフィ技術～」TDKウェブサイト、テクノ雑学 第123回。
https://www.tdk.com/ja/tech-mag/knowledge/123（2023年3月5日閲覧）
図16-8　Adamson,Steven et al., Advanced Satellite Communications: Potential Markets, Noyes Data Corporation, 1993; 1995, p.52.
キドウェル，ペギー・セルージ，ポール著、渡邉了介訳『目で見るデジタル計算の道具史』ジャストシステム、1995年。
キャンベル＝ケリー，マーティンほか著、喜多千草・宇田理訳『コンピューティング史：人間は情報をいかに取り扱ってきたか』共立出版、2021年。
ゴールドスタイン，ハーマン・H.著、末包良太・米口肇・犬伏茂之訳『計算機の歴史：パスカルからノイマンまで』共立出版、1979年。
嶋正利『マイクロコンピュータの誕生』岩波書店、1987年。
情報処理学会歴史特別委員会編『日本のコンピュータ史』オーム社、2010年。
セルージ，ポール著、山形浩生訳『コンピュータって：機械式計算機からスマホまで』東洋経済新報社、2013年。
高橋茂『コンピュータクロニクル』オーム社、1996年。
日経パソコン編『パーソナルコンピューティングの30年』日経BP社、2013年。
能澤徹『コンピュータの発明：エンジニアリングの軌跡』テクノレヴュー、2003年。
星野力『誰がどうやってコンピュータを創ったのか?』共立出版、1995年。

第17章　巨大科学の登場とその影響

Tyurin, Nikolai, "Forty years of high-energy physics in Protvino," *CERNCOURIER*, 1 November 2003. https://cerncourier.com/a/forty-years-of-high-energy-physics-in-protvino/（2023年3月4日閲覧）
Weinberg, Alvin M., "Impact of Large-Scale Science on the United States," *Science*, 134 (3473), 1961, 161-164.
カーオ，ヘリガ著、岡本拓司監訳『20世紀物理学史　上・下』名古屋大学出版会、2015年。
西尾成子『現代物理学の父ニールス・ボーア：開かれた研究所から開かれた世界へ』（中公新書）中央公論新社、1993年。
―――『こうして始まった20世紀の物理学』裳華房、1997年。
山崎正勝・日野川静枝編著『増補　原爆はこうして開発された』青木書店、1997年。
リヴィングストン，M.S.著、山口嘉夫・山田作衛訳『加速器の歴史』みすず書房、1972年。
「加速器の歴史」高エネルギー加速器研究機構ホームページ
https://www2.kek.jp/ja/newskek/2003/novdec/kasokuki.html（2023年3月4日閲覧）
CERNホームページ https://home.cern/（2023年3月4日閲覧）
オークリッジ国立研究所ホームページ https://www.ornl.gov/（2023年3月4日閲覧）

第18章　戦後日本における製造技術の発展

機械振興協会経済研究所『工作機械設備長期動向分析　調査変遷表　金属工作機械設備編』1989年。
―――『工作機械設備長期動向分析　調査変遷表　調査概要編』1988年。
自動車工学全書編集委員会編『自動車工学全書19　自動車の製造法』山海堂、1980年。
通産統計協会（1988）『工作機械設備長期動向分析　調査変遷表　調査概要編』機械振興協会経済研究所
通産統計協会（1989）『工作機械設備長期動向分析　調査変遷表　金属工作機械設備編』機械振興協会経済研究所
通商産業省重工業局自動車課編『日本の自動車工業　1966-67年版』通商産業研究社、1967年。
トヨタ自動車「トヨタ自動車75年史」ウェブサイト
https://www.toyota.co.jp/jpn/company/history/75years/（2023年1月18日閲覧）
韓載香「自動車工業：生産性と蓄積基盤」武田晴人編『高度成長期の日本経済』有斐閣、2011年。
平山勉「需要構造と産業構造」武田晴人編『高度成長期の日本経済』有斐閣、2011年。
森野勝好『現代技術革新と工作機械産業』ミネルヴァ書房、1995年。
呂寅満『日本自動車工業史』東京大学出版会、2011年。

第19章　医学史を通して複雑化する現代の科学・技術を考える

図19-1　Ernest Board,"Dr Jenner performing his first vaccination, 1796", Oil painting.［Wellcome Collection］

図19-2　Gillray, James, "The cow-pock, or, The wonderful effects of the new inoculation ; The pic-nic orchestra", engraving and etching.［The National Library of Medicine］

荻野美穂『中絶論争とアメリカ社会：身体をめぐる戦争』岩波書店、2001年。

香川千晶『生命倫理の成立：人体実験・臓器移植・治療停止』勁草書房、2000年。

ジャネッタ，アン著、廣川和花・木曾明子訳『種痘伝来：日本の〈開国〉と知の国際ネットワーク』岩波書店、2013年。

田中祐理子『科学と表象：「病原菌」の歴史』名古屋大学出版会、2013年。

第20章　これからの科学史、技術史の課題

図20-1　Emergency hospital during influenza epidemic（NCP 1603）, National Museum of Health and Medicine.［flickr］
https://www.flickr.com/photos/medicalmuseum/3300169510/（2022年9月25日閲覧）

図20-2　東京大学人体病理学・病理診断学分野ホームページ
http://pathol.umin.ac.jp/w/chronology/professor/（2023年3月4日閲覧）

図20-4　スタンフォード大学のジェンダード・イノベーションのウェブサイト
http://genderedinnovations.stanford.edu/what-is-gendered-innovations.html（2023年3月4日閲覧）

諌早庸一「科学史とグローバル・ヒストリー：時空間と科学を再考するための問題提起として」『科学史研究』53（269）、2014年、99-105.

伊東俊太郎『伊東俊太郎著作集』全12巻、麗澤大学出版会、2008-2010年。

岡本拓司『科学と社会：戦前期日本における国家・学問・戦争の諸相』サイエンス社、2014年。

小川眞里子「第5章　科学とジェンダー」『科学技術社会論の挑戦　2 科学技術と社会：具体的課題群』東京大学出版会、2020年、85-105.

小川眞里子「EUにおける女性研究者政策の10年」『人文論叢（三重大学）』第29号、2012年、147-162.

サイード，エドワード・W.著、今沢紀子訳『オリエンタリズム　上・下』（平凡社ライブラリー、11-12）平凡社、1993年。

塩満典子「科学技術・イノベーション分野における男女共同参画・ダイバーシティ推進政策の歴史と多様性向上の意義」『STI Horizon』vol.8、no.1、2022年、31-37.

ダイアモンド，ジャレド著、倉骨彰訳『銃・病原菌・鉄：一万三〇〇〇年にわたる人類史の謎　上・下』草思社、2000年（文庫化2012年）

詫摩佳代『人類と病：国際政治から見る感染症と健康格差』（中公新書）中央公論新社、2020年。

辻哲夫『日本の科学思想：その自立への模索』（こぶし文庫）こぶし書房、2013年。

ニーダム，ジョゼフ著、東畑精一・藪内清日本語版監修『中国の科学と文明』第1～11巻、思索社、1974-1981年。

羽田正『新しい世界史へ：地球市民のための構想』（岩波新書）岩波書店、2011年。

ベイリ，C.A.著、平田雅博・吉田正広・細川道久訳『近代世界の誕生：グローバルな連関と比較1780-1914　上・下』名古屋大学出版会、2018年。

ホイットロック，キャサリン・エバンス，ロードリ著、伊藤伸子訳『世界を変えた10人の女性科学者』化学同人、2021年。

水島司『グローバル・ヒストリー入門』（世界史リブレット127）山川出版社、2010年。

村上陽一郎『日本近代科学史』（講談社学術文庫）講談社、2018年。

矢野暢『ノーベル賞：二十世紀の普遍言語』（中公新書）中央公論社、1988 年。
弓削尚子『はじめての西洋ジェンダー史：家族史からグローバル・ヒストリーまで』山川出版社、2021 年。
吉田光邦『日本科学史』（講談社学術文庫）講談社、1987 年。
ジェンダード・イノベーションのウェブサイト（Gendered Innovations）スタンフォード大学
http://genderedinnovations.stanford.edu/what-is-gendered-innovations.html（2023 年 3 月 4 日閲覧）
インターセクショナル・デザインのウェブサイト（Intersectional Design Cards）
https://intersectionaldesign.com/（2023 年 3 月 4 日閲覧）
公益財団法人日本女性学習女性財団
https://www.jawe2011.jp/cgi/keyword/keyword.cgi?num=n000284&mode=detail&catlist=1&onlist=1&alphlist=1&shlist=1（2023 年 3 月 4 日閲覧）

＊図版制作（図 6-5 および図 10-1）鴨田沙耶。
＊カバーおよび表紙に、（時計回りに）図 9-5 右、6-4、16-1 右、NASA 公開画像、15-5、5-4、7-1、5-1、3-2（左右反転）、16-1 左、9-4、3-1 を使用。

事項索引

さ　行

た　行

な　行

は　行

ま　行

や　行

ら　行

わ　行

人名索引

あ 行

か 行

さ 行

た　行

な　行

は　行

ま 行

や 行

ら 行

わ 行

執筆者紹介（執筆順。＊は編者）

＊河村　豊（かわむら・ゆたか）〔第1, 6, 9, 13章〕→奥付参照。
＊山崎　文徳（やまざき・ふみのり）〔第2, 11, 12, 14章〕→奥付参照。

但馬　亨（たじま・とおる）〔第3, 7章〕
2007年、東京大学大学院総合文化研究科広域科学専攻博士課程単位取得満期退学。現在、四日市大学関孝和数学研究所研究員、同志社大学大学院理工学研究科嘱託講師。専門は数学史。著書に、『デカルト数学･自然学論集』（共著、法政大学出版局）、『数学史事典』（共著、丸善出版）、『哲学の眺望』（共著、晃洋書房）他。

中澤　聡（なかざわ・さとし）〔第4, 5章〕
2010年、東京大学大学院総合文化研究科博士課程単位取得満期退学。博士（学術）。現在、広島大学人間社会科学研究科准教授。専門は科学技術史。著書に、『近世オランダ治水史：「健全なる河川」と側方分水をめぐる知識と権力』（東京大学出版会）、『安全基準はどのようにできてきたか』（共著、東京大学出版会）他。

和田　正法（わだ・まさのり）〔第8章〕
2012年、東京工業大学大学院社会理工学研究科博士課程単位取得満期退学。博士（学術）。現在、三重大学教育推進・学生支援機構准教授。専門は近代工学史、高等教育史。著書に、*Accessing Technical Education in Modern Japan*（共著、Renaissance Books）他。

＊小長谷大介（こながや・だいすけ）〔第10, 17, 20章〕→奥付参照。

水沢　光（みずさわ・ひかり）〔第15章〕
2004年、東京工業大学大学院社会理工学研究科博士課程修了。博士（学術）。現在、国立公文書館アジア歴史資料センター研究員。専門は科学技術政策史、航空技術史。著書に、『日本の戦時科学技術動員体制』（吉川弘文館、近刊）、『軍用機の誕生』（吉川弘文館）、『科学コミュニケーション論　新装版』（共著、東京大学出版会）他。

佐野　正博（さの・まさひろ）〔第16章〕
1983年、東京大学理学系研究科科学史科学基礎論博士課程単位取得満期退学。現在、明治大学名誉教授。専門は技術戦略論、経営技術論、科学論、科学社会学・科学技術史。著書に、『テクノ・グローカリゼーション』（共著、梓出版社）、『科学革命における本質的緊張』（共訳、みすず書房）、『科学論の展開』（共訳、恒星社厚生閣）他。

永島　昂（ながしま・たかし）〔第18章〕
2014年、中央大学大学院経済学研究科博士後期課程修了。博士（経済学）。現在、立命館大学産業社会学部准教授。専門は産業史。著作に、「高度成長期の鋳物産業（上）（中）（下）」『立命館産業社会論集』54（4），55（4），57（1）他。

由井　秀樹（ゆい・ひでき）〔第19章〕
2014年、立命館大学大学院先端総合学術研究科一貫制博士課程修了。博士（学術）。現在、理化学研究所生命医科学研究センター 生命医科学倫理とコ・デザイン研究チーム研究員、および山梨大学特任助教。専門は医学史、生命倫理。著書に、『人工授精の近代：戦後の「家族」と医療・技術』（青弓社）、『少子化社会と妊娠・出産・子育て』（編著、北樹出版）他。

編者略歴

河村　豊（かわむら・ゆたか）〔第 1, 6, 9, 13 章〕
1988 年、東京工業大学大学院理工学研究科博士課程単位取得満期退学。博士（学術）。現在、東京工業高等専門学校名誉教授。専門は電気技術史、戦時科学史。著書に、『電気技術史概論』（共著、ムイスリ出版）、『科学史概論』（共著、ムイスリ出版）他。

小長谷大介（こながや・だいすけ）〔第 10, 17, 20 章〕
2009 年、東京工業大学大学院社会理工学研究科博士課程修了。博士（学術）。現在、龍谷大学経営学部教授。専門は現代物理学史。著書に、『熱輻射実験と量子概念の誕生』（北海道大学出版会）、『20 世紀物理学史：理論・実験・社会』（共訳、名古屋大学出版会）、『オットー・ハーン：科学者の義務と責任とは』（共訳、シュプリンガー・ジャパン）他。

山崎　文徳（やまざき・ふみのり）〔第 2, 11, 12, 14 章〕
2006 年、大阪市立大学経営学研究科博士課程単位取得満期退学。博士（商学）。現在、立命館大学経営学部教授。専門は技術史、技術論、技術経営論。著書に、『科学と技術のあゆみ』（共著、ムイスリ出版）、『日本における原子力発電のあゆみとフクシマ』（共著、晃洋書房）、『21 世紀のアメリカ資本主義』（共著、大月書店）他。

未来を考えるための科学史・技術史入門

2023 年 5 月 10 日　初版第 1 刷発行
2024 年10月 10 日　初版第 2 刷発行

編著者　河村　豊
小長谷大介
山崎　文徳

発行者　木村　慎也

定価はカバーに表示　　印刷・製本　モリモト印刷株式会社

発行所　株式会社　北 樹 出 版

〒 153-0061　東京都目黒区中目黒 1-2-6
URL：http://www.hokuju.jp
電話（03）3715-1525（代表）　FAX（03）5720-1488

ISBN 978-4-7793-0708-9　（落丁・乱丁の場合はお取り替えします）